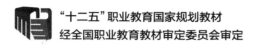

"十二五"职业教育国家规划教材

经全国职业教育教材审定委员会审定

U0298598

园林制图

Yuanlin Zhitu

园林绿化 / 园林技术专业

吴立威　陆　旦　主编

高等教育出版社·北京

内容提要

本书是"十二五"职业教育国家规划教材,是依据教育部《中等职业学校园林绿化专业教学标准》《中等职业学校园林技术专业教学标准》,并按照"理实一体化""做中学、做中教"等职业教育教学理念编写的的。

本书的编写依照项目－任务体例,分为几何体平面图制图、园林工程制图、AutoCAD 辅助园林工程制图 3 个项目 16 个任务:每个项目通过项目导入、主要任务、项目小结、项目测试四部分组织内容,每一个任务包括任务目标、任务准备、任务实施三方面内容。项目 1 主要任务有:绘制标准图框、绘制几何体的三面投影图、按比例绘制几何体的三面投影图、绘制几何体轴测图;项目 2 主要任务有:绘制园林植物种植设计施工图、园林竖向设计图、园路园桥设计施工图、园林建筑平立剖面图、园林工程设计施工图;项目 3 主要任务有:AutoCAD 绘制园林小品的三面投影图、园路园桥设计施工图、园林建筑平立剖面图、园林竖向设计图、园林植物种植图、园林工程图和 AutoCAD 图形输出。本书配套学习卡资源,请登录 Abook 网站 http://abook.hep.com.cn/sve 获取相关资源。详细说明见本书"郑重声明"页。

本书适用于中等职业学校园林绿化、园林技术专业,也可作为园林行业培训教材及在职职工自学用书。

图书在版编目(CIP)数据

园林制图 / 吴立威,陆旦主编 . -- 北京:高等教育出版社,2022.1(2024.2重印)

园林绿化 / 园林技术专业

ISBN 978-7-04-057040-3

Ⅰ.①园… Ⅱ.①吴… ②陆… Ⅲ.①园林设计－建筑制图－中等专业学校－教材 Ⅳ.①TU986.2

中国版本图书馆 CIP 数据核字(2021)第 192912 号

| 策划编辑 | 方朋飞 | 责任编辑 | 方朋飞 | 封面设计 | 李小璐 | 版式设计 | 徐艳妮 |
| 插图绘制 | 杨伟露 | 责任校对 | 刁丽丽 | 责任印制 | 赵振 | | |

出版发行	高等教育出版社	网 址	http://www.hep.edu.cn
社 址	北京市西城区德外大街 4 号		http://www.hep.com.cn
邮政编码	100120	网上订购	http://www.hepmall.com.cn
印 刷	北京鑫海金澳胶印有限公司		http://www.hepmall.com
开 本	889mm×1194mm 1/16		http://www.hepmall.cn
印 张	21.25		
字 数	350 千字	版 次	2022 年 1 月第 1 版
购书热线	010-58581118	印 次	2024 年 2 月第 3 次印刷
咨询电话	400-810-0598	定 价	41.50元

　　教材是教学过程的重要载体，加强教材建设是深化职业教育教学改革的有效途径，是推进人才培养模式改革的重要条件，也是推动中高职协调发展的基础性工程，对促进现代职业教育体系建设，提高职业教育人才培养质量具有十分重要的作用。

　　为进一步加强职业教育教材建设，2012 年，教育部制订了《关于"十二五"职业教育教材建设的若干意见》（教职成〔2012〕9 号），并启动了"十二五"职业教育国家规划教材的选题立项工作。作为全国最大的职业教育教材出版基地，高等教育出版社整合优质出版资源，积极参与此项工作，"计算机应用"等110 个专业的中等职业教育专业技能课教材选题通过立项，覆盖了《中等职业学校专业目录》中的全部大类专业，是涉及专业面最广、承担出版任务最多的出版单位，充分发挥了教材建设主力军和国家队的作用。2015 年 5 月，经全国职业教育教材审定委员会审定，教育部公布了首批中职"十二五"职业教育国家规划教材，高等教育出版社有 300 余种中职教材通过审定，涉及中职 10 个专业大类的 46 个专业，占首批公布的中职"十二五"国家规划教材的 30% 以上。我社今后还将按照教育部的统一部署，继续完成后续专业国家规划教材的编写、审定和出版工作。

　　高等教育出版社中职"十二五"国家规划教材的编者，有参与制订中等职业学校专业教学标准的专家，有学科领域的领军人物，有行业企业的专业技术人员，以及教学一线的教学名师、教学骨干，他们为保证教材编写质量奠定了基础。教材编写力图突出以下五个特点：

　　1. 执行新标准。以《中等职业学校专业教学标准（试行）》为依据，服务经济社会发展和产业转型升级。教材内容体现产教融合，对接职业标准和企业用人要求，反映新知识、新技术、新工艺、新方法。

　　2. 构建新体系。教材整体规划、统筹安排，注重系统培养，兼顾多样成才。遵循技术技能人才培养规律，构建服务于中高职衔接、职业教育与普通教育相互沟通的现代职业教育教材体系。

3．找准新起点。教材编写图文并茂，通顺易懂，遵循中职学生学习特点，贴近工作过程、技术流程，将技能训练、技术学习与理论知识有机结合，便于学生系统学习和掌握，符合职业教育的培养目标与学生认知规律。

4．推进新模式。改革教材编写体例，创新内容呈现形式，适应项目教学、案例教学、情景教学、工作过程导向教学等多元化教学方式，突出"做中学、做中教"的职业教育特色。

5．配套新资源。秉承高等教育出版社数字化教学资源建设的传统与优势，教材内容与数字化教学资源紧密结合，纸质教材配套多媒体、网络教学资源，形成数字化、立体化的教学资源体系，为促进职业教育教学信息化提供有力支持。

为更好地服务教学，高等教育出版社还将以国家规划教材为基础，广泛开展教师培训和教学研讨活动，为提高职业教育教学质量贡献更多力量。

高等教育出版社

2015 年 5 月

前　言

　　"园林制图"为中等职业学校园林绿化、园林技术专业的一门核心课程。本书依据教育部新颁《中等职业学校园林绿化专业教学标准》《中等职业学校园林技术专业教学标准》中对"园林制图"课程的教学要求，遵循"适用""够用"的原则，贯彻"做中学、做中教"的理实一体化教学理念，以项目、任务为体例进行编写。

　　本书的编写围绕园林绿化工程设计与施工的制图规范，同时充分考虑中职学生的认知规律，以实际园林设计项目各要素为任务载体，以"适用""够用"为原则，按照园林绿化工程图制作的操作步骤和规范要求，通过典型项目的实践操作，让学生学会园林工程制图的流程、掌握工程图制作技巧，并能运用 AutoCAD 进行园林绿化工程图绘制，同时通过由浅入深、由手工制图到利用软件绘图的训练，培养学生在园林工程图制作中的综合能力。在编写过程中力图改变传统教材中重理论轻实践的现象，努力实现理论与实践的统一。

　　本书分 3 个项目 16 个任务，每个项目通过项目导入、主要任务、项目小结、项目测试四部分组织内容，每一个任务通过任务目标分析明确任务要求，通过任务准备掌握相关知识，通过任务实施学习工作技能，提高综合能力，使学生明确方向、掌握技术、遵守规范，提高园林制图操作的熟练程度。

本书适用于中等职业学校园林绿化和园林技术专业，建议教学用时 108 学时。

项目任务	内容	建议学时
走进"园林制图"课程		2
项目 1	几何体平面图制图	18
任务 1.1	绘制标准图框	2
任务 1.2	绘制几何体的三面投影图	6
任务 1.3	按比例绘制几何体的三面投影图	4
任务 1.4	绘制几何体轴测图	6
项目 2	园林工程制图	36
任务 2.1	绘制园林植物种植设计施工图	8
任务 2.2	绘制园林竖向设计图	6
任务 2.3	绘制园路、园桥设计施工图	6
任务 2.4	绘制园林建筑平、立、剖面图	8
任务 2.5	绘制园林工程设计施工图	8
项目 3	AutoCAD 辅助园林工程制图	52
任务 3.1	AutoCAD 绘制园林小品三面投影图	6
任务 3.2	AutoCAD 绘制园路、园桥设计施工图	6
任务 3.3	AutoCAD 绘制园林建筑平、立、剖面图	12
任务 3.4	AutoCAD 绘制园林竖向设计图	8
任务 3.5	AutoCAD 绘制园林植物种植	6
任务 3.6	AutoCAD 绘制园林工程图	12
任务 3.7	AutoCAD 图形输出	2
合计		108

本书由宁波城市职业技术学院、杭州旅游职业技术学校、广东生态工程职业学院（广东省林业职业技术学校）、忻州市原平农业学校、内蒙古扎兰屯林业学校、宁波市园林管理局、宁波市花木有限公司等单位合作编写。吴立威、陆旦担任主编，

负责编写提纲确定、编写体例安排和统稿工作。龙骏、徐卫星任副主编，主要承担教材统稿、内容整合重组、图件整理编排与内容编写工作。陆旦、香春、张爱娣、王金福负责项目 1 的编写工作，陆旦、张成才、徐卫星、蔡鲁祥负责项目 2 的编写工作，陆旦、周春燕、陈育娟、黄艾负责项目 3 的编写工作。

　　由于编者水平有限，不足之处在所难免，希望读者反馈宝贵意见，以便再印时修正。反馈意见邮箱：zz_dzyj@hep.com.cn。

编　者

2021 年 6 月

目 录

走进"园林制图"课程

项目 1　几何体平面图制图

　　胡小山今年被本市一所职业学校的园林专业录取了。想到要进入新的学习生活，胡小山有点兴奋，可园林行业到底是干什么的呢？趁着暑假，他央求表哥的朋友周工程师带他参观正在施工的园林工程项目现场。

　　现场施工员在有条不紊地工作着（图 0-1-1），种植树木、堆叠假山、建造亭榭、挖筑水池、铺设道路，整个项目已初具雏形。

　　胡小山不禁感到惊讶，问周工程师："这么大的场地，施工员们是怎么知道设计师的意图，又是怎么找到位置，将这些园林景观建造出来的呢？"

　　周工程师笑着把胡小山带到该项目的工程部，拿出一套图纸对他说："秘密就在这里！我们在现场并没有看到设计师在指导，但是施工员们知道在哪里堆山挖池，在哪里种植树木，在哪里建造亭台楼阁，这些景观有多大，建多高，用什么材料，都是通过设计师绘制的图样了解到的。所以说，图样是设计师和施工员用来交流的无声语言，读懂图样，是对从事园林行业工作人员非常重要的一个要求，将来你一定要好好学习'园林制图'这门课程，掌握园林工程图样的识读方法，明确设计者的意图。"胡小山会意地点了点头，接过周工程师手中的图纸，

图 0-1-1　园林工程施工现场

仔细地看图纸上所绘制的图形（图 0-1-2），想看出点门道，但是一看到图纸上密密麻麻的线条、符号，就犯难了。

周工程师发觉了胡小山的困惑，于是解释道："看不懂吧。这是因为人们看到的植物、假山、亭子、水池都是三维立体的，但是施工人员所用的图样是二维平面的，如何用二维平面图表达三维物体，这里面可是有很大的学问哩，'园林制图'课程主要就是学习如何用二维平面图表达三维物体的形状和尺寸。"

胡小山若有所思地点了点头，但是马上又产生了新的疑问："设计师把自己的设计思路用图样表示出来的时候，怎么保证施工员在看图的时候，他所理解的和设计师想表达的是一样的呢？"

周工程师笑着说："这个问题提得很好，如果设计师想表达的和施工员所理解的不一样，或者不同施工员对同一张图样理解得不一样，那就会使完成的园林景观与设计的初衷有偏差，甚至出现施工质量不合格的大问题。其实国家制定了相应的制图标准，比如《风景园林制图标准》《房屋建筑制图统一标准》等，对

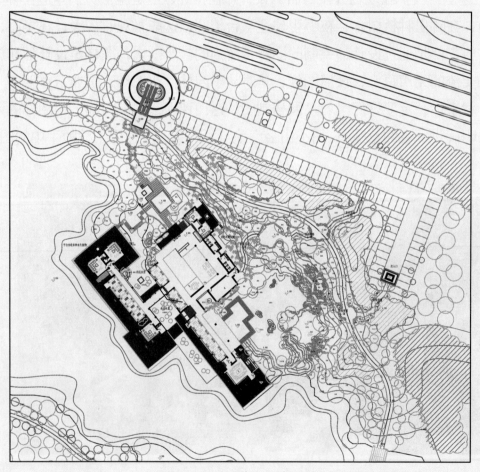

图 0-1-2　园林工程施工图

如何表示山、水、植物、建筑等园林要素的平面图和如何标注方位、尺寸、高度等规格进行了统一，所以，绘图时一定要严谨、认真地对待自己绘制的图样，避免因为制图出现了问题而使建造的园林变了样，以及出现不同人对同一张图样理解不同的情况。"

胡小山似懂非懂地点点头，周工程师于是对胡小山说："你可能还不太了解图样是怎么画出来的吧，走，我带你到公司设计室看一看"。

胡小山兴致勃勃地跟着周工程师来到设计室（图 0-1-3），一进门，就看见许多设计师对着电脑画图，惊讶地说："原来图样都是计算机画出来的啊。"

"对，这些设计师现在画的就是图样的内容，绘图的软件是制图中常用的AutoCAD，但是，计算机只是画图的工具，景物的形状、位置、尺寸要根据国家标准和制图要求画。"周工程师接着说道，"学习这些标准，要先从手工绘图开始，掌握了制图的规矩，再通过计算机提高制图的效率和精度。"

"哦，有计算机了我们还要学手工绘图啊。"胡小山觉得不可思议。

"是啊，抄绘图样是熟练掌握工程图语言的捷径，只有通过抄绘图样，才能看懂图样，否则你不知道图样要从哪里看起、怎么看。"周工程师解释说。

"哦，"胡小山若有所思，接着问，"'园林制图'课那么重要，那我在学习'园林制图'课程时，要注意哪些问题呢？"

周工程师回答说，以他从事专业工作的经验来看，要注意以下几点：

1. 制图的性质决定制图时必须遵循国家和行业制图标准及具体要求，使

图 0-1-3　设 计 室

所有人对图样的理解一致，所以要克服随意的思想，培养严谨认真的工作态度，努力避免绘图、读图出现差错。

2. 制图能力需要经过一定训练过程才能逐渐培养起来，所以在平时要多看图、多绘图，平时见到园林景观就想一想它们用图样应该如何表示，见到图样想一想它所表示的园林实景又应该是什么样的，从而培养自己的空间想象能力，为进一步学习园林设计、园林工程施工、园林工程预决算做准备。

3. 在学习过程中，同学之间要多交流，互相找识图、绘图中存在的问题，互相帮助，从而提高自己的制图水平。制图能力不是一朝一夕就能培养出来的，但也说明这样的专业岗位技术含量高，可替代性小，将来的工作更有意义和价值。

4. 识图、绘图能力都需要通过训练逐渐构成，所以在学习制图时要准备好绘图工具与材料，没有这些，很难参与到学习中。制图的精确度要求高，绘图时间相对较长，所以要培养耐心细致的工作作风。

周工程师还强调，在学习园林制图的过程中，必须学会以下内容：

（1）制图原理，即如何用二维平面表达三维物体。

（2）相关国家和行业标准，主要是园林要素的平面表现方法及制图符号、标注的要求。

（3）各类园林设计图的主要内容及绘图步骤和要求。

（4）计算机制图，学会 AutoCAD 软件命令的使用及应用 AutoCAD 绘制园林设计图的方法和技巧。

周工程师告诉胡小山，以后无论是做园林工程施工工作还是做园林设计工作，都需要好好学习"园林制图"课程，为将来就业打下坚实基础。胡小山通过周工程师的讲解，也深深认识到学习"园林制图"课程的重要性，准备在即将到来的新学期中，认真学习，争取早些读懂那些复杂的图样，打好从事园林工作的基础。

几何体平面图制图

任务 1.1　绘制标准图框
任务 1.2　绘制几何体的三面投影图
任务 1.3　按比例绘制几何体的三面投影图
任务 1.4　绘制几何体轴测图

项目导入

胡小山兴致勃勃地开始了全新的专业学习。看到课程表，他发现第二天就有"园林制图"课，心里嘀咕："周工程师讲了那么多关于学习'园林制图'的要求，一开始我又该做些什么具体的准备呢？"于是打电话向周工程师请教。

周工程师很高兴胡小山已经开始关心专业学习，就叮嘱他，制图既复杂又简单，万变不离其宗，这个"宗"就是制图的基本原理。理解了制图原理，制图课程的学习就成功了一半。为了不使绘制的图样产生歧义，绘图一定要遵照规范，所以要准备好各类与园林制图相关的国家和行业标准，在遇到问题时随时查阅，如《风景园林制图标准》《房屋建筑制图统一标准》《建筑制图标准》《总图制图标准》《城市规划制图标准》等。为了保证绘制的图样清晰、规范，绘图时必须使用绘图工具。常用的绘图工具有图板、丁字尺、三角板、铅笔（自动铅笔）、针管笔、模板、圆规、擦线板、曲线板、绘图纸及橡皮、透明胶带、卷笔刀、美工刀等。胡小山认真将周工程师的嘱咐记录下来，为开始"园林制图"的学习积极准备着。

几何体是对物体的抽象和简化，学习几何体平面图的画法是学习园林制图的基础。本项目主要学习制图的基本规范和基本原理、比例的用法和尺寸的标注方法、常用轴测图的画法。

本项目学习所要达到的知识要求：了解常用标准图纸的规格、常用标题栏的格式、图样中所标注尺寸的默认单位；了解图样中文字的字体及书写要求、图纸的编排和保存要求、线宽、线型的类型及各类型图线的画法；了解尺寸标注的组成及标注要求，理解正投影、三面正投影的形成及三面正投影的展开，理解比例的概念。理解轴测图的形成，掌握正等轴测图的基本特征、作图步骤，了解斜二轴测图、正二轴测图的画法。

　　本项目学习所要达到的技能要求：能正确使用绘图工具绘图，能按制图标准要求绘制各种类型的图线、图框，正确书写长仿宋体汉字、数字、符号，能按比例绘制几何体的三面投影图并正确标注尺寸，能绘制几何体的正等轴测图、斜二轴测图、正二轴测图。

任务 1.1 绘制标准图框

任务目标

知识目标: 1. 了解常用标准图纸的规格、常用标题栏的格式、图样尺寸的默认单位。

2. 了解图线线宽组的概念、图线绘制的线宽要求和画法。

3. 了解图样文字的字体及书写要求。

4. 了解图样的编排要求和保存要求。

技能目标: 1. 会使用图板、丁字尺、三角板、针管笔等制图工具,能按尺寸正确绘制不同线宽实线,能绘制不同规格图纸的图框。

2. 能正确书写长仿宋体汉字、数字、符号。

任务准备

一、图纸的规格

为了方便图纸的交流、存档、管理,国家相关主管部门在制定制图标准时,对图纸幅面、样式进行了统一的规定。

1. 图纸幅面

图纸幅面即图纸的画面,绘制园林工程图常用的图纸采用国际通用的 A 系列基本幅面,分别用 A0~A4 从大到小编排,常见的 "A4 纸" 是其中幅面最小的一种,称 "4 号图纸"。标准图纸由两个边框组成,外框为该型号图纸的幅面尺寸,即图纸的大小,内框为图框尺寸,即绘图区域的大小。相同型号图纸的幅面框与图框之间的距离不同,有装订边和保护边之分,如 "2 号图纸" 左侧装订边间距为 25 mm,其他三边保护边间距为 10 mm(图 1-1-1)。不同型号图纸装订边间距相同,均为 25 mm,但保护边的间距不同(表 1-1-1)。幅面框和图框之间有间隔,主要是为了在装订和保存过程中，能保证图框内的图形完整、清晰。

不同幅面图纸的尺寸不同，但有一定的规律，即上一个图纸幅面是下一个图纸幅面的两倍（图1-1-2）。如A2图幅对折即为A3图幅的大小，A2图幅的短边即是A3图幅的长边，A2图幅长边的一半即是A3图幅的短边。表1-1-1为图纸基本幅面及图框尺寸。根据制图需要，也可采用加长幅面的图纸，加长幅面的尺寸是由基本幅面的短边成整数倍增加后得出的。

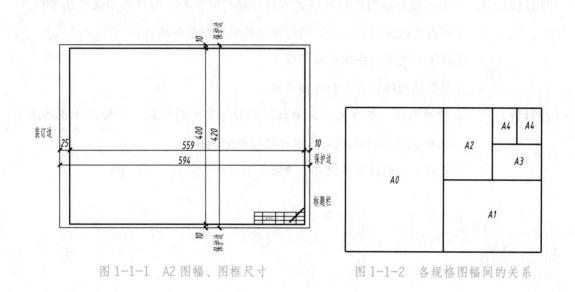

图1-1-1　A2图幅、图框尺寸　　　　　图1-1-2　各规格图幅间的关系

表1-1-1　图纸基本幅画及图框尺寸

幅面代号	幅面尺寸/mm	装订边/mm	保护边/mm
A0	841×1 189		
A1	594×841		10
A2	420×594	25	
A3	297×420		
A4	210×297		5

需要强调的是，表1-1-1中所有尺寸的单位均为mm（毫米）。图样中标注的数字一般不注写单位，除特殊情况外，长度尺寸的单位均默认是mm。由于长度尺寸单位存在10倍级差，故在读图和绘图时，注意不要读错尺寸的单

注意：mm与m之间为1 000倍的倍数差，即1 000 mm=1 m 或 0.001 m =1 mm。

位及与其他单位之间的换算，以避免造成重大失误。

2. 图纸样式

　　每张图纸上都必须画出标题栏，标题栏的位置应位于图纸的右下角（图 1-1-1）。标题栏的长边置于水平方向并与图纸的长边平行时，则构成 X 型图纸（图 1-1-3a）；若标题栏的长边与图纸的长边垂直，则构成 Y 型图纸（图 1-1-3b）。这时看图的方向与看标题栏的方向一致。为了利用预先印制的图纸，允许将 X 型图纸的短边置于水平位置使用，或将 Y 型图纸的长边置于水平位置使用。

　　一般情况下，同一套图纸的图幅应统一，且样式一致，除目录、表格采用A4 图幅外，不宜多于两种图幅。

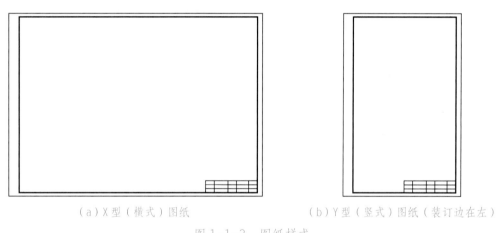

（a）X 型（横式）图纸　　　　　　（b）Y 型（竖式）图纸（装订边在左）

图 1-1-3　图纸样式

二、标题栏的格式

　　标题栏是填写图纸信息的表格。标题栏没有统一的尺寸和格式，制图员可根据需要选择确定其尺寸、格式及分区。签字栏应包括实名列和签名列，涉外工程的标题栏内，各项主要内容的中文下方应附有译文，设计单位的上方或左方，应加注"中华人民共和国"字样。

　　企业用标题栏可参考图 1-1-4。

　　学生制图作业的标题栏可参考图 1-1-5。

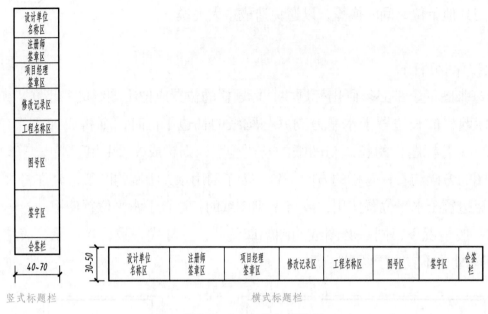

图 1-1-4　企业用标题栏
摘自《房屋建筑制图统一标准》（GB/T 50001—2010）

图 1-1-5　学生制图作业标题栏推荐格式

注意：一张图纸均有一个正方向，图形和尺寸、文字的正方向应与图纸的正方向一致，不能随意排列，避免读图困难或发生错误。

三、图线的画法

1. 图线的类型及画法

从组成图框的线条可以看出，在制图过程中，图形中不同部位的图线需用不同宽度的线条来表示。图样中的线宽分特粗、粗、中粗、细四种，它们之间的线宽比为特粗：粗：中粗：细 =4：3：2：1，四种不同宽度的线条组成线宽组，常用的线宽有 1.4 mm、1.0 mm、0.7 mm、0.5 mm、0.35 mm、0.25 mm、0.18 mm、0.13 mm 等。在绘图过程中，根据图形复杂程度与比例大小，首先选定基本线宽 b（特粗线宽度），再选用其他相应的线宽组（表 1-1-2）。

表 1-1-2　线　宽　组

线宽比	线宽组 /mm			
	Ⅰ	Ⅱ	Ⅲ	Ⅳ
b	1.4	1.0	0.7	0.5
$0.7b$	1.0	0.7	0.5	0.35
$0.5b$	0.7	0.5	0.35	0.25
$0.25b$	0.35	0.25	0.18	0.13

表 1-1-2 所列的线宽组中，实际绘图中最常用的是第 Ⅲ 线宽组：0.7 mm、0.5 mm、0.35 mm、0.18 mm。同一张图纸内，相同比例的各种图样，应选用相同的线宽组。一般情况下，重要的轮廓线用较粗线条，次要的轮廓线用较细的线条，辅助线、分隔线均用细线绘制（表 1-1-3）。在今后的学习中，会逐渐接触到各类图样中线宽组的不同用法，需要在实践中熟练掌握。

表 1-1-3　线宽组的用法

线宽组	用途		常用线宽 /mm
特粗	图框线	地坪线等	0.7
粗	标题栏外框线	水体轮廓线、建筑外轮廓线、剖面图轮廓线等	0.5
中	标题栏分格线	道路轮廓线、植物外轮廓线等	0.35
细	幅面线	次要轮廓线、分隔线、尺寸线、辅助线、图例填充线等	0.18

除了有不同宽度外，图线还有不同的类型。幅面线、图框线、标题栏分格线均为实线，此外，还有虚线、点画线、折断线、波浪线等不同线型，不同线型均有相应的绘图要求。

绘制实线应注意以下几点：

（1）实线端点、转折点要挺括，同一线宽的线条宽度要一致，实线与实线交接要明确，不要出现交接留有间隙或过长（图 1-1-6）。

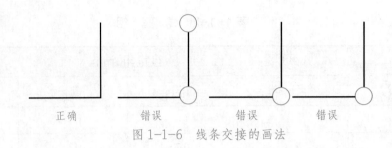

图 1-1-6　线条交接的画法

（2）互相平行的图线，其间距以线中到线中为准，绘图时以底稿线为中心向两边加粗（图 1-1-7），其间距不小于线宽且不宜小于 0.2 mm。间距较小时，可以以底稿线为边线向外侧加粗（图 1-1-7）。加粗时应先画粗线边线，然后涂黑，切勿来回反复描图。

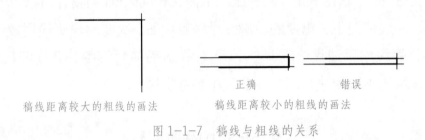

稿线距离较大的粗线的画法　　稿线距离较小的粗线的画法

图 1-1-7　稿线与粗线的关系

（3）图线不得与文字、数字或符号重叠、混淆，不可避免时，应首先保证文字、数字、符号的清晰（图 1-1-8）。

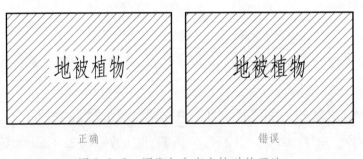

图 1-1-8　图线与文字交接时的画法

（4）实线与其他线型交接时，需符合相应的规范。

在绘图时，可参照以下步骤作图：

（1）按尺寸绘制底稿，底稿常用较硬的铅笔（H、HB），线条可见即可。

（2）定稿线在底稿线上下、左右加粗，按由浅至深、先细后粗的顺序作图，同一等级的线条，先上后下、先左后右依次绘制。

（3）曲线与直线连接时，应先作曲线，后作直线。

在作图过程中，尽量在较充裕的时间内连续完成，绘图时要严谨、细致，注意力集中，尽量减少擦改的次数，使线条清晰、完整，保证图面质量和制图效率。

2. 绘图工具的使用

为准确反映线宽，保证图面质量，提高绘图速度，必须借助一定的绘图工具和仪器完成。

（1）图板的使用。图板既用来固定图纸，又是绘图的垫板，故在使用时需注意保护图板表面平整光滑，避免其发生变形，影响绘图。图板有 0 号、1 号、2 号三种规格，制图时根据图纸大小选择相应的图板，学生制图一般采用 1 号图板。图板一般与丁字尺配合使用，以左侧为导边，所以图纸应固定在图板左上方以方便绘图，在使用过程中注意保持导边平直，以保证绘图的准确性（图 1-1-9）。

（2）丁字尺的使用。"丁"即丁字尺的形象，它由相互垂直的尺头和尺身组成。绘图时，左手扶住尺头紧靠图板左侧导边，使尺身处于水平状态。尺身用于绘图，一般画水平线或配合三角板作图。绘制水平线时从左向右画，自上而下推动丁字尺。离尺头较远时，应用手托住尺身以保持尺身水平（图 1-1-10）。丁字尺尺身要求平展、工作边平直、刻度清晰准确、尺头不松动，所以丁字尺放置时应平放或悬挂。

（3）三角板的使用。一副三角板有 30°、60°、90° 和 45°、45°、90° 两块，且后者的斜边等于前者的长直角边。三角板除了直接用来画任意直线外，主要用来配合丁字尺绘制垂直线和 30°、60°、45° 及 15° 倍角的斜线，绘制垂直线时自下而上画，绘制斜线时从左向右画（图 1-1-11），从左向右推动三角板。

图 1-1-9　图板的使用

（4）铅笔、针管笔的使用。绘图铅笔有各种不同的硬度。标号 B 表示软铅芯，数字越大，表示铅芯越软。标号 H 表示硬铅芯，数字越大，表示铅芯越硬。标号 HB 的铅芯软硬适中。制图中常用 2H—2B 铅笔，画底稿宜用 H 或 2H，细线、中粗线可用 HB，粗线可用 B 或 2B。铅笔应削成锥形，铅芯露出

图 1-1-10　丁字尺的使用

用三角板画15°倍角的斜线

用三角板画垂直线

用三角板画斜线

图1-1-11　三角板的使用

6～8 mm，注意保留有标号的一端，以便能知晓其软硬度。使用铅笔绘图时，用力要均匀，笔尖与尺边距离始终保持一致，铅笔顺势倾斜约60°，画长线时要边画边转动铅笔，使线条粗细一致。也可用自动铅笔作稿线。

针管笔是专门绘制墨线线条的绘图工具，每支针管笔笔杆上标有管径，即为该笔绘制的线宽（图1-1-12）。用针管笔绘图时，应将笔尖正对铅笔稿线并尽量与尺边贴近，笔与图纸基本保持垂直并用力均衡，使绘制的图线粗细一致。用较粗的针管笔作图时，下笔和收笔均不宜停顿，以免墨水堆积。为了避免尺缘沾上墨水而洇开，可以在尺底粘上厚度相同的纸片，使尺边略高于图纸。针管笔除用来作直线外，也可以用圆规附件将其和圆规连接起来作圆或圆弧（图1-1-13）。针管笔使用后要及时清洗、晾干，以保持笔管通畅，延长其使用寿命。

（5）图纸、硫酸纸的使用。手工绘图一般用图纸来绘制底稿，然后在其上覆盖透明性好的硫酸纸描绘墨线图。硫酸纸一般作为底稿保存，需要时将图晒制复印到图纸，供工程人员使用或甲、乙方单位保存。

硫酸纸吸水性较强，故在保存时注意防潮，以避免因潮湿引起变形，影响图面平整。硫酸纸也不能折叠，以免影响晒图质量。

图 1-1-12　针管笔构造　　图 1-1-13　针管笔连接圆规作圆弧

　　图纸、硫酸纸固定于图板上时，均应用透明胶带固定，不能用图钉固定，以免损伤图板和图纸、硫酸纸，影响固定和绘图。

　　（6）其他工具的使用。除了上述工具，绘图时还可能使用绘图模板、擦线板、橡皮、透明胶带、美工刀等工具辅助绘图。

　　绘图模板：有通用模板和专业模板两种。常用的通用模板有圆模板等，圆模板上刻有直径不一的圆形缺口，可在不指定圆心的情况下直接画圆（图 1-1-14），园林专业使用圆模板较为普遍。常用的专业模板有建筑模板等，模板上刻有常用的几何图形、符号缺口，用来辅助快速作图。

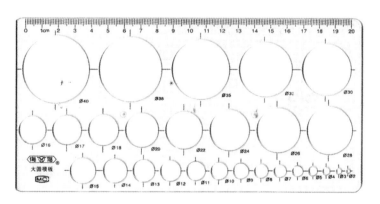

图 1-1-14　圆模板

　　擦线板：刻有各种类型图形缺口的不锈钢片。手工绘图中需擦除图线时，用擦线板上与图形相匹配的缺口对准需擦除的部分，将不需擦除的部分盖住，然后用橡皮擦去缺口中露出的线条。在擦除两线间距较小的图线时，擦线板能有效避免将需保留的线条一并擦除。擦线板较小，一般用于局部微小图形（图 1-1-15）。

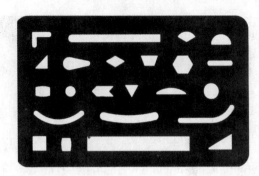

图1-1-15 擦线板

四、文字的注写

图纸上除绘制图形外，为了填写标题栏及说明图形尺寸、规格等详细信息，还需要注写汉字、阿拉伯数字、拉丁字母、罗马字母及标点、数学符号等。在注写时均应做到笔画清晰、字体端正、排列整齐，使读、绘图者不产生歧义。

1. 汉字字体与书写

图样中使用的汉字应为国家颁布的标准简化汉字，一般可采用长仿宋体或黑体，以长仿宋体应用最广泛。其文字的特点是：修长方整、横平竖直、起落顿笔、转折勾棱、粗细一致、结构均匀（图1-1-16）。图样中注写长仿宋体汉字时，字高应不小于 3.5 mm，字高与字宽比为 $\sqrt{2}:1$，行距约为字高的 1/3，字距约为字高的 1/4，其规格和使用范围见表1-1-4。

园林制图　仿宋体

竖向　植物　建筑　水体　假山　园路

修长方整　横平竖直　起落顿笔　转折勾棱　粗细一致　结构均匀

图1-1-16 汉字长仿宋体字例

表1-1-4　长仿宋体字体规格及使用范围　　　　　　　　　　　　mm

字高	20	14	10	7	5	3.5
字宽	14	10	7	5	3.5	2.5
行距	6.7	4.7	3.3	2.3	1.7	1.2

续表

字距	5	3.5	2.5	1.8	1.3	0.9
使用范围	封面或标题用字		标题栏、图标题用字		一般说明文字 尺寸、标高数字 各种标题、代号、编号	
				表格名称 详图及附注标题		

2. 数字、字母与符号字体及其注写

图样中的阿拉伯数字、拉丁字母、罗马字母及符号一般采用单线简体或 ROMAN 字体，可以直写，也可以斜写。斜体字的斜度是从字的底线逆时针向上倾斜 75°,字高和字宽与相应的直体字相等,字高应不小于 2.5 mm（图 1-1-17）。

图 1-1-17　阿拉伯数字和拉丁字母的笔画

数量的数值注写，应采用阿拉伯数字。各种计量单位凡前面有量值的，均应采用国家颁布的单位符号注写，单位符号应采用正体字母。

分数、百分数和比例数的注写，应采用阿拉伯数字和数学符号。

当注写的数字小于 1 时，应写出个位的"0"，小数点应采用圆点，齐基准线书写，如 0.235。

五、图纸的编排与保存

1．图纸的编排

图纸按图纸目录、总图、规划图、施工图、详图顺序，按总体到局部的主次关系，依逻辑关系编排。常见的规划图有现状分析图、功能分区图、竖向设计图、道路系统规划图、植物配置图、园林建筑规划图等，常见的施工图有种植施工图、园林建筑工程施工图、假山施工图、水景施工图、驳岸施工图、园路施工图、给排水施工图、电气施工图等。

2．图纸的保存

图纸折叠后会产生凹凸痕，在绘制图线时容易造成图线中断或弯曲，故空白图纸不宜折叠，一般卷成筒状放置在图纸筒内。绘制成图的图纸可按序装订，当图纸过大（A0、A1 图纸）时，可将图纸折叠后成套保存。对图纸应进行编号、登记，方便查找。保存地要防潮、防虫、防火，延长图纸使用寿命。

任务实施

绘制标准图框的步骤

本任务主要通过标准图框的绘制，理解并掌握与标准图框相关的规范要求，学会使用各种园林制图工具，具体步骤如下图：

准备绘图工具 → 固定图纸，绘制底稿 → 用不同型号针管笔绘制墨线 → 注写文字 → 填写任务检查单 → 进一步完善图纸，上交图纸 → 标准 A3 图框

第一步　准备绘图工具。

根据任务内容，准备好《房屋建筑制图统一标准》和 A2 图纸、图板、丁字尺、三角板、铅笔、针管笔、橡皮等绘图工具及胶带纸、美工刀等辅助材料。进一步明确包括图纸规格、样式，图幅和图框的大小，标题栏的位置和样式，图线的画法，绘图工具的使用方法，文字字体和书写要求，图纸的编排、保存要求等。

第二步　固定图纸，绘制底稿。

将图纸用透明胶带固定在图板上，用 HB 铅笔绘制 A3 幅面框、图框（横式或竖式均可）和标题栏。注意尺寸的准确性。

第三步　任选图 1-1-18 中的 1~2 幅，绘制墨线。

用不同型号针管笔绘制墨线，图线的画法、线宽组的使用符合制图要求。

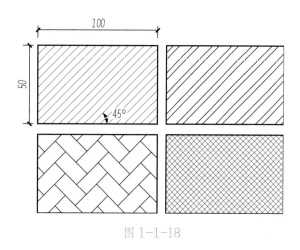

图 1-1-18

第四步　注写文字。

用长仿宋字体注写文字、说明，填写标题栏。

第五步　填写任务检查单。

对照检查单，对完成任务的过程做简要回顾并思考以下两个问题，同时提出修改意见（表 1-1-5）。

（1）在绘制标准图样中自己犯了哪些错误，这些错误对最终结果造成了什么影响？

（2）你认为一张标准图样的标准有哪些，自己绘制的图样哪些达到了，哪些还有待改进？

第六步　进一步完善图样内容，上交图纸。

表 1-1-5　任务检查单

图样名称		完成日期			
检查内容	完成要求	完成情况			
		学生自评			教师修改意见及评分
		是	否	修改意见	
一、课前准备	按要求准备好学习材料、绘图工具和辅助材料（10分）				
二、固定图纸，绘制底稿	1. 图幅、图框、标题栏尺寸准确（10分）				
	2. 图纸样式准确（5分）				
	3. 标题栏位置准确（5分）				
	4. 图面整洁、清晰（5分）				
	5. 绘图工具使用、保管正确（5分）				
三、绘制墨线	1. 图线挺括平直，交接清楚（5分）				
	2. 线宽组使用正确（5分）				
	3. 墨线中线与底稿线对齐，尺寸准确（5分）				
	4. 图面整洁、清晰（5分）				
四、注写文字	1. 注写文字为长仿宋字体（5分）				
	2. 书写端正，字迹清楚，内容完整（10分）				
	3. 字高符合要求（5分）				
五、学习情况	在遇到问题时，能查阅相关规范指导完成任务（10分）				
六、完成情况	在规定时间内完成任务，图纸保存完好（10分）				
任务得分					
记录与反思					

任务 1.2　绘制几何体的三面投影图

任务目标 🍃

知识目标： 1. 理解正投影、三面投影的形成及三面投影的展开。

2. 理解直线，曲线，复杂几何体的平、立面投影的形成。

3. 熟悉点画线、虚线的画法。

技能目标： 1. 能运用三面投影规律绘制单体平面几何体的平、立面图，熟练掌握实线的基本画法，能进一步熟悉线宽组的用法，能完成简单几何体的作图。

2. 能运用三面投影规律绘制单体曲面几何体的平、立面图，学会正确绘制点画线，学会绘制对称符号。

3. 能运用三面投影规律绘制组合几何体的平、立面图，学会正确绘制虚线。

任务准备 🍃

工程图样的基本要求是能在一个平面上准确地表达物体的形状和大小，所以只有掌握了将三维物体转为二维平面图的方法，才能绘制和识读各种园林工程图样，在制图上，这是借助"投影"来实现的。

一、投影的基本知识

1. 投影的概念

日常生活中，物体在光线的照射下，会在某个平面上产生影子，这种影子称为投影。照射光线称为投射线，所在的平面称为投影面。通过物体上某一点的投射线与投影面相交，所得交点就是该点在平面上的投影。

与自然界的光影只能显示物体的外轮廓线所不同的是，制图上的投影为了能反映物体的各个部分，所以假设投射线能穿透物体，反映被遮挡部分的物体轮廓线（图 1-2-1）。

2．投影的分类

根据投射光源的不同，投影可分为中心投影和平行投影两类。

（1）中心投影是指投射线由一点放射出来的投影（图1-2-1）。

中心投影法得到的投影一般不能反映物体的真实大小，所以不能作为工程图样的绘制方法。但是中心投影直观，与人的视野接近，故一般可作为辅助图形反映设计场景的效果。

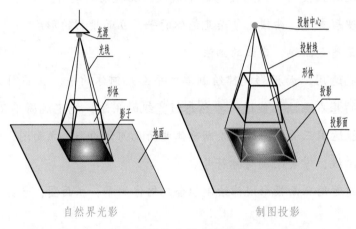

自然界光影　　　　　　　制图投影

图1-2-1　自然界的光影与制图投影的比较

（2）平行投影是指在一束平行光线照射下形成的投影（图1-2-2）。当投射线与投影面不垂直，也就是说，投射线与投影面相倾斜时，所得到的投影称为斜投影（图1-2-3）。由于投影线与物体有一定的夹角，斜投影产生的图样会产生一定的变形，故也不能作为工程图样的绘制方法，但是斜投影能反映物体的三个维度，具有较好的立体感，所以斜投影也常常作为制图时的辅助图形。

当投射线垂直于投影面时，所得到的投影称为正投影（图1-2-4）。

正投影能反映物体的真实形状和大小，度量性好，所以制图上一般以正投影作为制图法则。

二、正投影的特性

园林各要素的形态以不规则居多，它们的正投影相对也比较复杂，但是无论形态多么复杂，都可以看

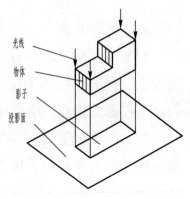

图1-2-2　平行投影

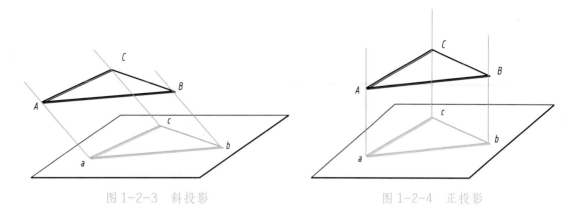

图 1-2-3　斜投影　　　　　　　　　　图 1-2-4　正投影

成是由点、线、面组成的，因此研究物体的正投影特性，可以从分析点、线、面的正投影特性入手。

（一）点、线、面的正投影特性

1. 点的正投影特性

几何概念的点只表示位置，没有面积、体积大小，所以点的正投影仍为一点（图 1-2-5）。

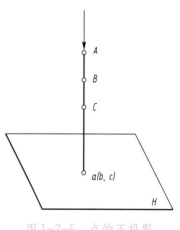

2. 直线的正投影特性

几何概念的直线为两个端点连成的直线段，当直线平行于投影面时，其投影仍为直线，且反映实长（图 1-2-6a）；当直线垂直于投影面时，其

图 1-2-5　点的正投影

投影积聚为一点（图 1-2-6b）；当直线倾斜于投影面时，其投影仍为直线，但其长度缩短，为直线两端点在该投影面上的投影点的距离（图 1-2-6c）。

3. 平面的正投影特性

当平面平行于投影面时，其投影仍为平面，且反映实际形状及大小（图 1-2-7a）。当平面垂直于投影面时，其投影积聚为一条直线（图 1-2-7b）。当平面倾斜于投影面时，其投影仍为平面，但其面积缩小，为平面轮廓线在该投影面投影所围合的平面（图 1-2-7c）。

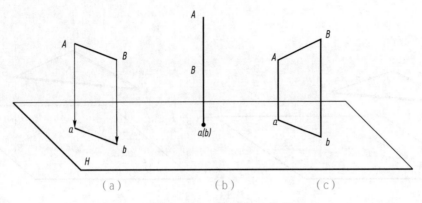

图 1-2-6　直线的正投影

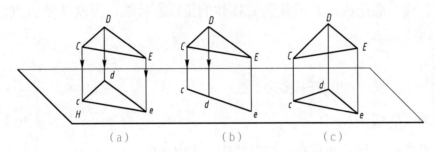

图 1-2-7　平面的正投影

（二）正投影的基本特性

由以上点、线、面的正投影特性，可以总结出正投影的基本特性：

1．真实性

直线（或平面图形）平行于投影面,其投影反映实长（或平面实形）(图 1-2-8)。

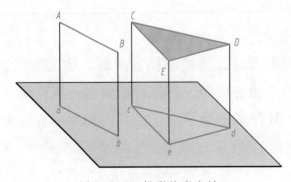

图 1-2-8　投影的真实性

2．积聚性

直线（或平面图形）垂直于投影面，其投影积聚为一点（或一直线）（图 1-2-9）。

3．类似性

直线（或平面图形）倾斜于投影面，其投影长度缩短（或面积缩小），但与原几何形状相似（图 1-2-10）。

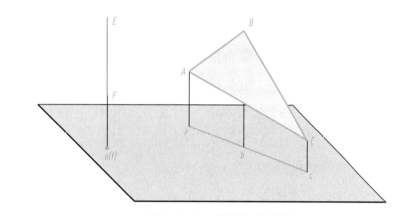

图 1-2-9　投影的积聚性

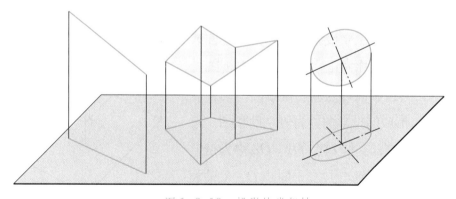

图 1-2-10　投影的类似性

三、三面投影的形成及展开

图样是工程施工操作的依据，应尽可能地反映物体的形状和大小。一个投影图往往只反映物体长、宽、高三维中两维的尺寸，不同形体在一个投影面上可以形成相同的投影（图 1-2-11），所以往往需要用多个投影图来表示同一物体。

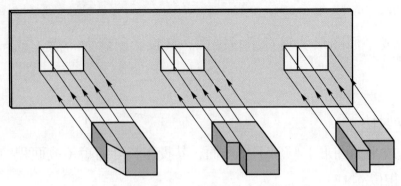

图 1-2-11　不同形体形成的相同投影

（一）三投影面体系的建立

用正投影法绘制出物体的投影称为视图。一个物体最多可以通过上、下，左、右，前、后 6 个视图来表示，在 3 组对称的视图中各选一个，即下、右、后三个视图，组成的投影体系称为三投影面体系，形成的俯视图、主视图、左视图三个视图又称为三面投影图。三面投影图是从三个不同方向对同一个物体进行投射的结果，能较完整地反映物体的结构（图 1-2-12）。

在三投影面体系中，俯视图处于水平位置，其投影面称为水平投影面，简称水平面或 H 面，形成的投影图称为水平投影图。主视图处于正立位置，其投影面称为正立投影面，简称正立面或 V 面，形成的投影图称为正立投影图。左视图处于侧立位置，其投影面称为侧立投影面，简称侧立面或 W 面，形成的投影图称为侧立投影图。三个投影面两两相交，交线 OX、OY、OZ 称为投影轴。三个投影轴两两垂直并交于原点 O，X 轴表示长度，Y 轴表示宽度，Z 轴表示高度（图 1-2-12）。

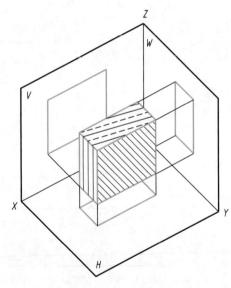

图 1-2-12　三面投影体系

（二）三投影面体系的展开

由于三个投影面是相互垂直的，所以三个投影图就不在同一个平面上（图 1-2-13a）。为了把三个投影面画在同一个平面上，就必须将三个相互垂直的投影面连同三个投影轴展开。制图上规定，V 面保持不动，将 H 面绕着 X 轴向下旋转 90°，W 面绕着 Z 轴向右旋转 90°（图 1-2-13b）。这样，三个投影面就位于一个平面上（图 1-2-13c）。这时 Y 轴分为两条，通常将 H 面上的 Y 轴称为 Y_H 轴，将 W 面

上的 Y 轴称为 Y_W 轴，两条轴同时表示物体的宽度。

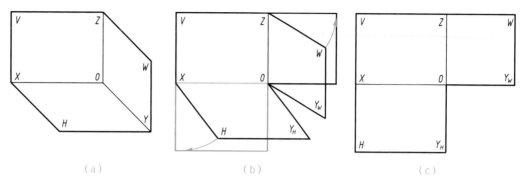

（a）　　　　　　　　（b）　　　　　　　　（c）

图 1-2-13　三投影面体系的展开

（三）三面投影规律

1. 三面投影的位置关系

三投影面体系中正立投影图在上方，水平投影图在正立投影图的正下方，侧立投影图在正立投影图的正右方（图 1-2-14）。

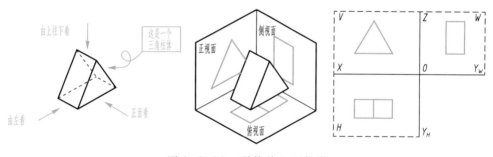

图 1-2-14　形体的三面投影

2. 三面投影的"三等"关系

正立投影图与水平投影图同时反映物体的 X 轴尺寸，各点对应的坐标在同一垂直线上；正立投影图与侧立投影图同时反映物体的 Z 轴尺寸，各点对应的坐标在同一水平线上；水平投影图与侧立投影图同时反映物体的 Y 轴尺寸，各点对应的坐标值相同，由此可以得出投影面之间的规律，即"长对正、宽相等、高平齐"（图 1-2-15）。

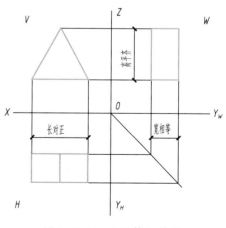

图 1-2-15　"三等"关系

四、点、线、面的三面投影

（一）点的三面投影

点的投影仍是点。将空间任意点用大写字母表示，点的投影用小写字母表示。如空间点 A，其正立投影为 a'、水平投影为 a、侧立投影为 a''（图 1-2-16）。

A 点的水平投影 a 与正面投影 a' 的连线垂直于 X 轴，即 $aa' \perp OX$；点的正面投影 a' 与侧面投影 a'' 的连线垂直于 Z 轴，即 $a'a'' \perp OZ$；点的水平投影 a 的 Y_H 轴坐标等于点的侧面投影 a'' 的 Y_W 轴坐标，即 $aa_x=a''a_z$（图 1-2-17），作图时，通常以 O 为圆心，以其中一点所在坐标为半径作圆弧或以 O 为起点作 45° 射线，延长坐标至射线作另一点的坐标，找出"宽相等"。

（二）直线的三面投影

1. 直线的投影

几何学中的直线，是由空间位置任意两点确定的。直线的投影可以看成是这条直线上两点的投影的连线，所以绘制直线的投影就是绘制点的投影的过程。

2. 直线的投影特性

根据直线与投影面的相对位置的不同，直线可分为一般位置直线和特殊位置直线。

既不平行也不垂直于任何一个投影面，与三个投影面都相倾斜的直线称为一般位置直线（图 1-2-18）。它在三个投影面的投影均为直线，且长度缩短，各投影均不反映其实际长度，其投影特点为三斜线（图 1-2-19）。

特殊位置直线可分为投影面平行线和投影面垂直线。与一个投影面平行同时

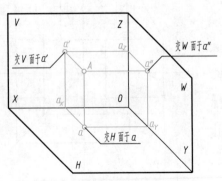

图 1-2-16　空间点 A 的三面投影

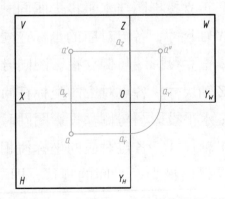

图 1-2-17　空间点 A 的三面投影展开图

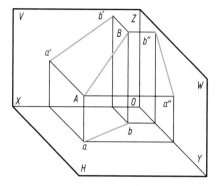

图 1-2-18 一般位置直线的空间位置

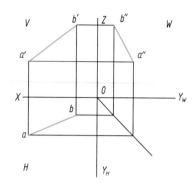

图 1-2-19 一般位置直线的投影图

倾斜于另外两个投影面的直线称为投影面平行线。投影面平行线有三种：平行于 H 面的直线称为水平面平行线（简称水平线），平行于 V 面的直线称为正面平行线（简称正平线），平行于 W 面的直线称为侧面平行线（简称侧平线）。

投影面平行线在平行的投影面上的投影反映实长，并反映直线与另两投影面真实倾角。在其他两个投影面上的投影比实长短，但分别平行于相应的投影轴。其投影特点为一斜二直，斜线在哪个投影面就是哪个投影面的平线，如图 1-2-20至图 1-2-22 所示。

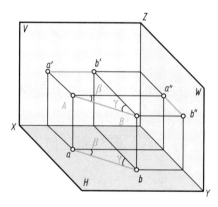

图 1-2-20 水平线的三面投影

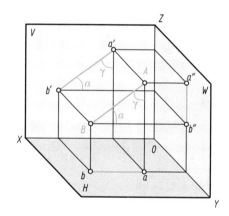

图 1-2-21 正平线的三面投影

与某一个投影面垂直且平行于其他两个投影面的直线称为投影面垂直线。投影面垂直线也分三种：垂直于 H 面，平行于 V 面、W 面的直线称为水平面垂直线（简称铅垂线）；垂直于 V 面，平行于 H 面、W 面的直线称为正面垂直线（简称正垂线）；垂直于 W 面，平行于 H 面、V 面的直线称为侧面垂直线（简称侧垂线）。投影面垂直线在它所垂直的投影面内的投影聚集为一点，在其他两个投影面均反映直线的实长，并分别垂直于相应的投影轴。其投影特点为一点二直，点在哪个投影面就是哪个投影面的垂线，如图 1-2-23 至图 1-2-25 所示。

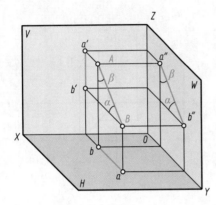

图 1-2-22　侧平线的三面投影

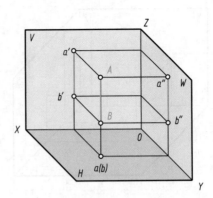

图 1-2-23　铅垂线的三面投影

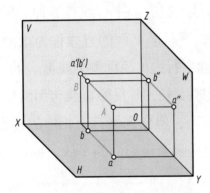

图 1-2-24　正垂线的三面投影

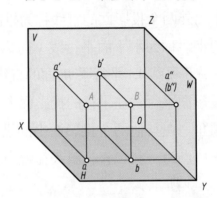

图 1-2-25　侧垂线的三面投影

（三）平面的三面投影

根据平面对投影面的相对位置的不同，平面可以分为一般位置平面和特殊位置平面。与三个投影面都倾斜的平面称为一般位置平面。因为它与三个投影面都倾斜，所以它在三个投影面的投影，都不反映它的实形，但与原几何形状相仿，其投影特点为三面（图1-2-26）。

特殊位置平面可分为投影面平行面和投影面垂直面。与某一个投影面平行，与其他两个投影面垂直的平面叫投影面平行面。投影面平行面有三种：平行于 H 面、垂直于 V 面和 W 面的平面称为水平面平行面（简称水平面）；平行于 V 面、垂直于 H 面和 W 面的平面称为正面平行面（简称正平面）；平行于 W 面、垂直 H 面和 V 面的平面称为侧面平行面（简称侧平面）。投影面平行面在它所平行的投影面内反映实际形状，在其他两个投影面的投影均积

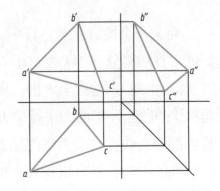

图 1-2-26　一般位置平面三面投影

聚为一条直线，并分别平行于相应的投影轴。其投影特点为一面二线，面在哪个投影面就是哪个投影面的平行面，如图 1-2-27 至图 1-2-29 所示。

与某一投影面垂直、与其他两个投影面倾斜的平面，称为投影面的垂直面。投影面的垂直面也分三种：垂直于 H 面、倾斜于其他两个投影面的平面称为水平面垂直面（简称铅垂面），垂直于 V 面、倾斜于其他两个投影面的平面称为正面垂直面（简称正垂面），垂直于 W 面、倾斜于其他两个投影面的平面称为侧面垂直面（简称侧垂面）。投影面垂直面在垂直的投影面内积聚为一条直线，这个积聚投影与投影轴的夹角，反映该平面与其他两个投影面的夹角。在其他两个投影面的投影都不反映实形，但与原形相仿。其投影特点为一线二面，线在哪个投影面就是哪个投影面的垂面，如图 1-2-30 至图 1-2-32 所示。

五、体的投影

任何复杂的物体都是由一些基本形体构成的。基本形体又称为几何体，几何体按其表面的几何性质可分为平面体和曲面体两类。

理论上，由于所处的位置不同，一个几何体会有无数个三面投影图，但在实际应用过程中，为清晰、准确、便捷地表示几何体的三面投影，通常在几何体的一个或几个面处于与投影面平行的情况下绘制其三面投影图。

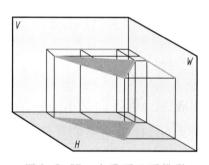

图 1-2-27　水平面三面投影

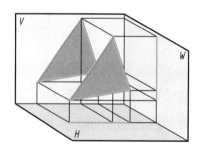

图 1-2-28　正平面三面投影

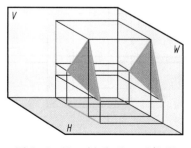

图 1-2-29　侧平面三面投影

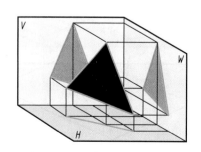

图 1-2-30　铅垂面三面投影

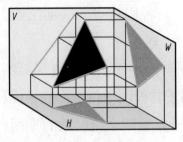

图 1-2-31　正垂面三面投影

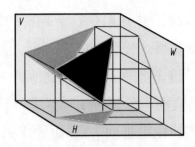

图 1-2-32　侧垂面三面投影

（一）平面体的投影

平面体由若干个平面围成。构成平面体的各个平面称为表面，各表面间的交线称为棱线。长方体、棱锥、棱柱等，它们的表面都是由平面围成的。因此，作平面体的投影实际上是求其表面或棱线的投影。在投影作图时遵循"长对正、高平齐、宽相等"的投影规律。

1. 长方体的三面投影

长方体由上、下、左、右、前、后 6 个平面和 12 条棱线组成。园林制图中长方体形态的要素较常见，如种植池、园椅、指示牌、垃圾箱及简易的园林建筑等。当前、后两个面为正平面，左、右两个面为侧平面，上、下两个面为水平面时，其正立投影反映长方体的长和高，上、下、左、右表面的投影积聚为直线，水平投影反映长方体的长和宽，前、后、左、右表面的投影积聚为直线，侧立面投影反映长方体的宽和高，上、下、前、后表面的投影积聚为直线，如图 1-2-33 所示。

2. 正六棱柱的三面投影

正六棱柱由上、下 2 个表面及 6 个侧面组成，上、下表面是水平面，6 个侧面中，前、后两个面为正平面，其他四个面为铅垂面，园林中常见的正六棱柱形物体有

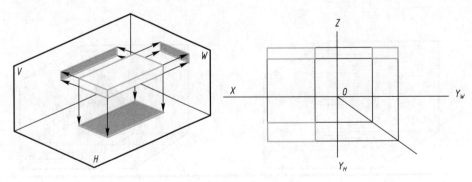

图 1-2-33　长方体的三面投影

六角亭、六角树池、六角水池等。为反映正六棱柱长宽的实际形状和尺寸，确定各条棱线的位置，作图时先画水平投影，后画其他两面投影，表示高度。

水平投影中，上、下表面反映实际形状，即正六边形，6个侧面积聚为正六边形的6条边，6条侧棱线积聚为正六边形的6个顶点，如图1-2-34a所示。

正立投影可以根据"长对正"的规律，找出前4条侧棱线所在的位置，后2条侧棱线与前2条侧棱线重叠。上、下表面积聚为两条直线，平行于X轴。在可见的前3个侧面中，位于前侧的正平面反映其实际形状和大小，位于投影的中间，其他2个侧面与正立投影面成一定夹角，长度缩小，但形状不变，位于两侧，后3个侧面与前3个侧面重叠，如图1-2-34b所示。

侧立投影可根据"高平齐""宽相等"的规律，找出上、下表面和6条侧棱线的位置。上、下表面和前、后侧面积聚成直线，左侧2个侧面与侧立投影面成一定夹角，长度缩小，但形状不变，右侧2个侧面与左侧重叠，如图1-2-34c所示。

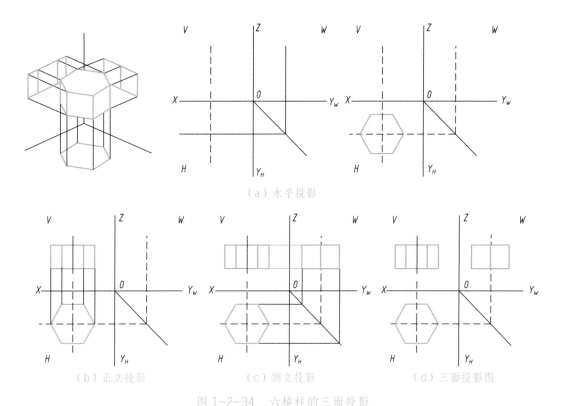

（a）水平投影

（b）正立投影　　　　（c）侧立投影　　　　（d）三面投影图

图1-2-34　六棱柱的三面投影

（二）曲面体的三面投影

由曲面或曲面和平面构成的几何体称为曲面体，常见的曲面体由直线或曲线围绕轴线旋转而成，如圆柱体、圆锥体和球体等。

画旋转体的投影时，应首先画出轴线，如果是圆，则要画两条互相垂直的轴线以确定圆心。

园林专业作图时，画轴线或中心线要用细点画线。细点画线由长度相等的长线段、短线段相间隔组成，短线段即是"点"，短线段和间隔长度都约为 1 mm，长线段视情况选取长度。细点画线必须以长线段结束，结束线段可视情况适当延长或缩短，但不应以点（短线段）结束。细点画线与细点画线交接或细点画线与其他图线交接时，均应是长线段相交。当轴线或中心线小于 12 mm 时，可用细实线代替细点画线。

1. 圆柱体的三面投影

圆柱体是由一个矩形沿其中一条边旋转而成的，旋转边成为圆柱的轴线，形成圆柱面的边称为母线。母线在旋转过程中位于圆柱面上的任何一个位置时称为圆柱面的素线。园林中圆柱体也较为常见，如建筑的柱子、圆形花钵、圆形种植桶等。圆柱体的投影实际是组成圆柱体的圆柱曲面和上下底面的投影。

圆柱体的水平投影是一个反映上下表面实际形状的圆，侧面由无数个铅垂线组成，投影积聚为圆上的点（图 1-2-35）。

由于圆柱面是光滑的曲面，没有明显的轮廓线，因此圆柱面的正立面投影应画圆柱面上最左和最右即直径两端的素线投影；圆柱面的侧立面投影应画圆柱面上最前和最后素线的投影。上下底面为水平面，与正立投影面和侧立投影面垂直，积聚成两条水平线，长度为圆的直径。所以圆柱体正、侧立投影为长方形，长方形的长、宽均为圆的直径，高为圆柱体的高度（图 1-2-35）。

旋转体的曲面均由无数条素线组成，故在绘制其投影时，只有最边缘素线的投影表示曲面投影，且由于旋转体围绕中心轴线旋转而成，故其任何角度的立面投影都相同。

2. 圆锥体的三面投影

圆锥体由一个直角三角形沿其一条直角边旋转一周，由圆锥面和底面圆平面所围成。底面为圆形的亭子的顶部即为一个圆锥面。

圆锥体的水平投影为圆和圆心，圆的大小等于底面圆的大小，表示圆锥面的投影及底面圆的投影，两者重叠。圆心为顶点的投影。

圆锥的正立面投影和侧立面投影，投影法则同圆柱体，由底面投影和侧面投

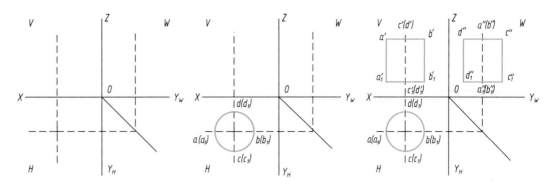

图 1-2-35 圆柱体的三面投影

影组成且相同，圆锥体正、侧立投影是由圆锥左、右和前、后素线及圆锥底面圆积聚成的水平线组成的等腰三角形，等腰三角形的底边边长为圆锥底面圆的直径，等腰三角形的腰为素线的长度，腰与底边的夹角为圆锥母线与水平面的夹角，等腰三角形底边所对应的高为圆锥的高，如图 1-2-36 所示。

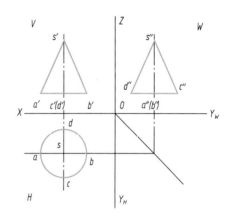

图 1-2-36 圆锥体的三面投影

3．球体的三面投影

球体是由一个半圆绕其直径旋转而成的。园林中可以常见修剪成球状的灌木。球的三面投影均是圆形素线的投影，故均为圆，投影圆的直径与球的直径相等，如图 1-2-37 所示。

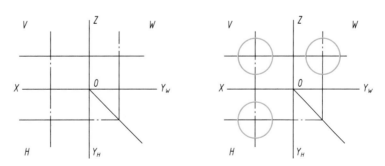

图 1-2-37 球体的三面投影

（三）复杂几何体的投影

常见的物体往往不是一个简单的几何体，而是由多个几何体叠加或切割而成的。在绘制复杂几何体的投影时，通常会把该形体假想分解为若干较简单的组成部分或多个基本形体，然后逐一弄清它们的形状、相对位置及其衔接方式。

根据组合方式的不同，组合体可分为叠加型、切割型、综合型三种。

1. 叠加型

叠加型指若干基本形体的表面重叠或相切、相交而构成的组合方式，如图 1-2-38 所示。

2. 切割型

切割型指从一个基本形体切去若干小块后形成组合体的组合方式，如图 1-2-39 所示。

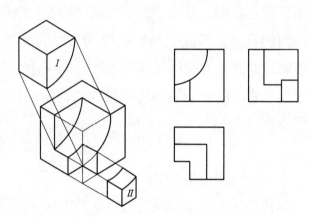

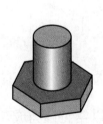

图 1-2-38　六棱柱和圆柱体的叠加　　　　图 1-2-39　正方体切割去某些部分

3. 综合型

综合型指同时有叠加与切割两种类型组合体的组合方式，如图 1-2-40 所示。

无论多么复杂的几何体，均由点、线、面组成，均可分解成点、线、面的投影，其投影图绘制均遵循"长对正、高平齐、宽相等"的投影规律。

需要说明的是，当绘制部分被几何体的其他部分遮挡或涵盖时，不可见部分均应用细虚线表示。

细虚线由长度相等的短线段组成。一般情况下，线段的长度为 4 ~ 6 mm，线段与线段的间距约为 1 mm。

细虚线与细虚线或与其他图线相交时，相交点必须明确。不能以细虚线的间隔与实线段相交或以细虚线的线段与其他线型的间隔相交；与细点画线相交时，必须以细虚线的线段与细点画线的长线段相交。

图 1-2-40　长方体的
叠加与切割组合

　　细虚线作为实线的延长线时，为明确实线与细虚线的交点，细虚线不得与实线交接。

任务实施

一、根据立体图作出平面体的三面投影图

　　作出图 1-2-41 所示棱台的三面投影图。

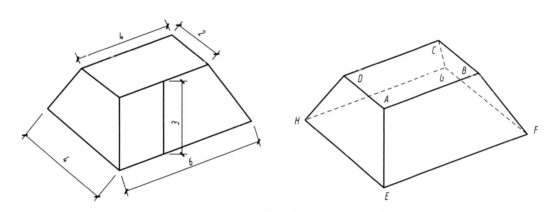

图 1-2-41　棱台的尺寸及顶点确定

　　作图步骤如下：

　　第一步　准备绘图工具。

　　准备图纸、三角板、铅笔和橡皮等。

　　第二步　分析立体图。

　　棱台共有 6 个表面，上、下表面为水平面，前、后、左、右表面为一般位置平面，4 条棱线均为一般位置直线（图 1-2-41）。选取适当的一面为正立投射方向。

第三步 绘制坐标轴。

水平方向和垂直方向各绘制长度为 10 cm 左右的线段，两条线段的交点为原点，标出轴线和投影面符号。

第四步 绘制水平投影。

H 面投影中，上表面 *ABCD* 和下表面 *EFGH* 平行于 H 面，反映上下表面的实形，为四边形 *abcd* 和 *efgh*。4 条棱线 *AE*、*BF*、*CG* 和 *DH* 都为一般位置直线，不反映棱线的实际长度，属于类似性。

第五步 绘制正立投影。

V 面投影中，上表面 *ABCD* 和下表面 *EFGH* 都垂直于 V 面，投影积聚为直线，上表面投影为线段 *a'*（*d'*）*b'*（*c'*），下表面投影为线段 *e'*（*h'*）*f'*（*g'*）。4 条棱线 *AE*、*BF*、*CG* 和 *DH* 为一般位置直线，不反映棱线的实际长度，属于类似性。

第六步 绘制侧立投影。

W 面投影中，上表面 *ABCD* 和下表面 *EFGH* 都垂直于 W 面，投影积聚为直线，上表面投影为线段 *d"*（*c"*）*a"*（*b"*），下表面投影为线段 *h"*（*g"*）*e"*（*f"*）。4 条棱线 *AE*、*BF*、*CG* 和 *DH* 为一般位置直线，不反映棱线的实际长度，属于类似性。

第七步 三面投影的形成，如图 1-2-42 所示。

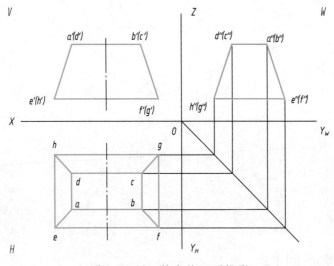

图 1-2-42 棱台的三面投影

二、根据立体图作出曲面体的三面投影图

作出图 1-2-43 所示曲面体的三面投影图。

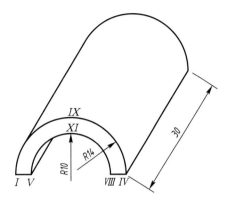

图 1-2-43　曲面体的尺寸及顶点确定

作图步骤如下：

第一步　准备绘图工具。

准备图纸、三角板、铅笔和橡皮等。

第二步　分析立体图。

此曲面体属于切割型，从直径为 28 mm 的大圆柱体的中心切去同样高度的直径为 20 mm 的同心圆柱体，之后把剩余部分以直径为中心线，切成一半，如图 1-2-43 所示。选取适当的一面为正立投射方向。

第三步　绘制坐标轴。

水平方向和垂直方向各绘制长度为 10 cm 左右的线段，两条线段的交点为原点，标出轴线和投影面符号。

第四步　绘制水平投影。

在 *H* 面投影中，只能看见曲面体的外表面，四边形 *1234* 为外表面的水平投影，内曲面是不可见的，其投影为四边形 *5678*，应用虚线表示。四边形 *1234* 的长为 30 mm、宽为 28 mm，四边形 *5678* 的长为 30 mm、宽为 20 mm。

第五步　绘制正立投影。

由点 *1*、*2* 向上作 *OX* 轴的垂线，并向上延长，在 *V* 面适当的位置确定 *4' 3'*，外曲面的前半部分为可见，其投影为 *9' 10' 3' 4'*，内曲面为不可见，其投影为

（11′）（12′）（7′）（8′）。

第六步 绘制侧立投影。

由点 2、6、10、7 和 3 向右作水平线，与 45° 线相交后向上作垂线，与由点
10′、12′、3′ 向右所作平行线相交，即形成 W 面的投影。

第七步 擦除多余线条，加深投影图图线，完成绘图（图1-2-44）。

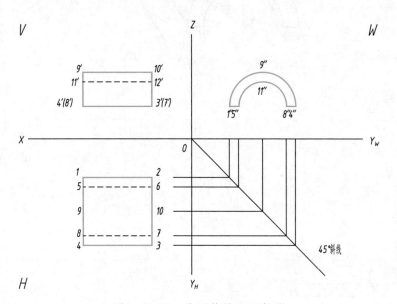

图1-2-44 曲面体的三面投影

三、根据立体图作出组合体的三面投影图

作出图1-2-45 所示组合体的三面投影图。

作图步骤如下：

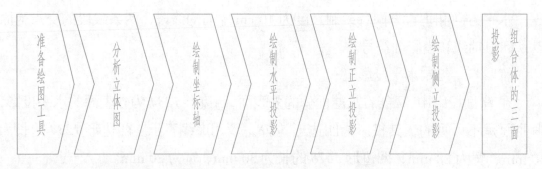

第一步 准备绘图工具。

准备图纸、三角板、铅笔和橡皮等。

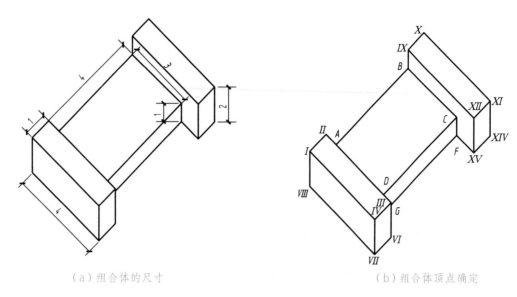

（a）组合体的尺寸　　　　　　　　　　（b）组合体顶点确定

图 1-2-45　组合体的尺寸及顶点确定

第二步　分析立体图。

如图 1-2-45 所示，此组合体属于叠加型，由 3 个长方体叠加而成。表面由水平面和正垂面组成。所以有些投影反映实际形状，有些投影积聚为一条直线。选取适当的一面为正立投射方向。

第三步　绘制坐标轴。

水平方向和垂直方向各绘制长度为 10 cm 左右的线段，两条线段的交点为原点，标出轴线和投影面符号。

第四步　绘制水平投影。

在 H 面投影中，能看见组合体的上表面，反映表面的实际形状，其投影为 3 个长方形，按尺寸绘制，分别是 *1234*、*9 10 11 12* 和 *abcd*。

第五步　绘制正立投影。

根据"长对正"规律绘制正立投影图。在 V 面投影中，能看见组合体的前表面，反映表面的实际形状，其投影为 3 个长方形，由点 *1*、*2*、*9*、*10* 向 *OX* 轴作垂直线，在适当位置确定下表面的投影 *7′*、*6′*、*15′*、*14′*，并向上作 2 cm 的延长线（左右长方体的高度），得到点 *4′*、*3′*、*12′*、*11′*，由点 *6′*、*15′* 向上作 1 cm 的延长线（中间长方体的高度），对应的点相互连接，即形成组合体正面投影。

第六步　绘制侧立投影。

根据"高平齐""宽相等"规律绘制侧立投影图。由点 *10*、*11*、*c* 向右作水平线，与 45° 线相交后向上作垂线，与 *11′*、*c′*、*14′* 向右所作水平线相交，即得两个长

方形 *1″ 4″ 7″ 8″* 和 *a″ d″ g″ 8″*。大长方形为组合体左表面的投影，小长方形为中间长方体的投影，是不可见的，用虚线表示，即为 *W* 面投影。

　　第七步　擦除多余线条，加深投影图图线，完成绘图（图1-2-46）。

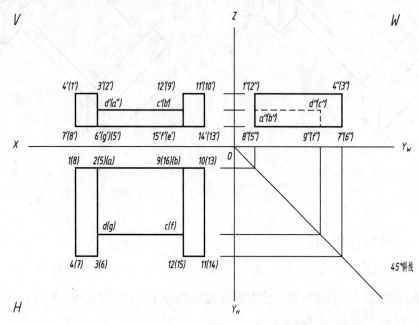

图 1-2-46　组合体的三面投影

任务 1.3　按比例绘制几何体的三面投影图

任务目标

知识目标：1. 理解比例的概念。

2. 掌握比例尺的用法及标注。

3. 了解常用的比例尺，掌握线性尺寸、半径、直径、角度标注的组成及标注要求。

技能目标：能根据物体实际尺寸按一定比例绘制图样；能按比例绘制几何体平、立面图，规范正确标注平、立面图中的线性尺寸、半径、直径和角度。

任务准备

一、比例

用图形表达物体时，会常常碰到这样的问题，就是物体的实际尺寸远远大于图纸尺寸，图纸容纳不下物体的实际投影，所以需将物体的投影缩小后再绘制到图纸中。为了在缩小过程中不改变物体的原有形状和各要素之间原有的距离关系，在绘图时引入"比例"这一概念。

1. 比例的含义

图样的比例是指图形与实际物体相对应的线形尺寸之比。比例的符号为"："，用阿拉伯数字注写，通常以"1：整数值"表示，如 1：50、1：200 等。比例的大小是指其比值的大小，如 1：50 大于 1：200，同样的图样用 1：50 的比例尺绘制大于用 1：200 的比例尺绘制。比例没有单位，换算时图形尺寸与实际尺寸单位相统一即可。

2．比例的标注方法

当一张图纸内的图样比例均相同时，比例可标注在标题栏中的比例栏内。当一张图纸内的图样比例不相同时，比例直接注写在图名的右侧，字的基准线应取平，比例的字高宜比图名的字高小一号或二号（图 1-3-1）。

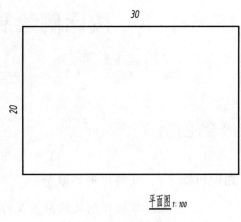

图 1-3-1 比例的注写

举例：有一个长方形场地，长度为 30 m、宽度为 20 m，按 1∶100 的比例绘制在图纸上。

计算：30 m=30 000 mm，按 1∶100 的比例，实际尺寸为 30 000 mm 的线段绘制时为 30 000 mm÷100=300 mm，即 30 cm。同理，20 m 长的线段在图纸上绘制的尺寸应为 20 cm。

3．比例的选用

在绘图时，应根据图样的用途及图形的复杂程度选取合适的比例尺，优先选用常用比例，常用比例有 1∶1、1∶2、1∶5、1∶10、1∶20、1∶50、1∶100、1∶150、1∶200、1∶500、1∶1 000、1∶2 000、1∶5 000 等。也可根据实际需要选用可用比例，可用比例有 1∶3、1∶4、1∶6、1∶15、1∶25、1∶30、1∶40、1∶60、1∶80、1∶250、1∶300、1∶400、1∶600 等。一般情况下，一个图样应选一种比例。

当图样中不规则图形较多，无法一一用尺寸直接表示时，还可以绘制线段比例尺表示图形的比例。线段比例尺可以根据图形的缩放而同时缩放，缩放后无须更改比例。

二、尺寸标注

投影图虽然已经能清楚地表达物体的形状和各部分之间的位置关系，但还应该注明尺寸，才能明确形体的实际大小和各部分之间的相对距离。在标注尺寸时，需要考虑两个问题：投影图上应标注哪些尺寸和尺寸应标注在投影图的什么位置。准确的尺寸标注对后期正确施工具有重要的意义，尺寸标注不全、不准确、不清晰的图样，在实际应用中其使用价值会大打折扣。

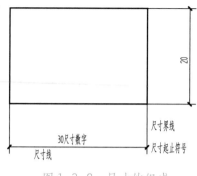

图 1-3-2 尺寸的组成

（一）尺寸组成的基本要素

一个完整的尺寸包括尺寸线、尺寸界线、尺寸起止符号和尺寸数字四个组成部分，如图 1-3-2 所示。

1. 尺寸线

尺寸线是平行于被标注长度的细实线，用来注写尺寸数字。尺寸线不能用图样本身替代。为保证数字和图形清晰，尺寸线与图形需间隔 10 mm 以上，如有多条尺寸线时，各条尺寸线需互相间隔 7 ~ 10 mm，并保持一致。

2. 尺寸界线

尺寸界线是垂直于尺寸线的细实线，表示标注尺寸的范围。为不与图形混淆，尺寸界线应与图样的轮廓线间隔 2 mm 以上，另一端宜超出尺寸线 2 ~ 3 mm（图 1-3-3）。必要时可利用轮廓线作为尺寸界线。同一层级的尺寸界线长度应相等，分尺寸界线可稍短于总尺寸界线。

3. 尺寸起止符号

当标有多个尺寸时，为明确尺寸的标注范围，在绘制尺寸界线的基础上，还要绘制尺寸起止符号。尺寸起止符号用中粗实线绘制，其倾斜方向应与尺寸界线成顺时针 45°，长度为 2 ~ 3 mm（图 1-3-3）。

4. 尺寸数字

制图标准规定，图样上标注的尺寸用阿拉伯数字注写，除标高及总平面图以 m 为单位外，其余以 mm 为单位，图上尺寸数字都不再注写单位。尺寸数字一般应依据其方向注写在尺寸线的上方中部，如没有足够的注写位置，尺寸数字可注写在尺寸界线的外侧或上下错开注写或使用引出线引注。标注的数字为被标注轮廓的实际尺寸，不得从图上直接量取（图 1-3-4）。当有分尺寸和总尺寸时，分尺寸在内，总尺寸在外。为保持尺寸数字清晰，尺寸数字不得与图线、文字、符号相交，如不可避免时，应首先保证尺寸数字的清晰。

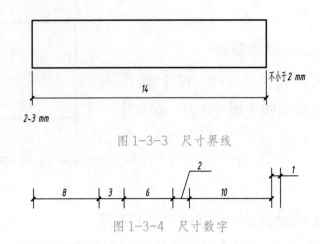

图 1-3-3　尺寸界线

图 1-3-4　尺寸数字

（二）半径、直径、角度的尺寸标注

1．半径的尺寸标注

半径的尺寸线应一端从圆心开始，另一端用实心箭头指向圆弧。半径数字前应加注半径符号"R"（图 1-3-5）。大圆弧半径的标注方法如图 1-3-6 所示，小圆弧半径的标注方法 如图 1-3-7 所示。

2．直径的尺寸标注

标注直径尺寸时，应在尺寸数字前加注符号"ϕ"。在圆内标注的尺寸线应通过圆心，两端画实心箭头指至圆弧（图 1-3-8）。

3．角度的尺寸标注

标注角度的尺寸界线应沿径向引出。尺寸线画成圆弧，其圆心为该角的顶点，半径取适当大小。尺寸起止符号为实心箭头，沿尺寸线呈一定弧度，箭头长及端部宽与半径、直径标注相同。角度数字一律写成水平方向，一般注写在尺寸线的中断处或尺寸线外侧，也可引出标注，角度尺寸必须注明单位，如图 1-3-9 所示。

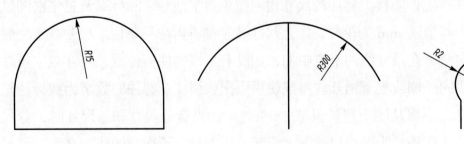

图 1-3-5　半径的标注　　　图 1-3-6　大圆弧半径的标注 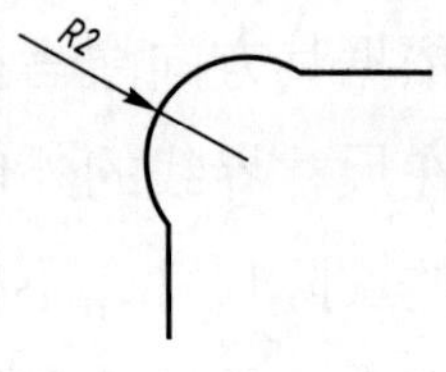　　　图 1-3-7　小圆弧半径的标注

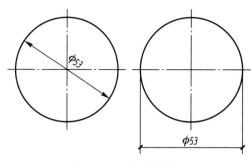

图 1-3-8 直径的标注

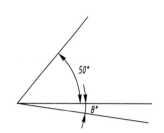

图 1-3-9 角度的标注

任务实施

按 1 : 20 绘制组合体的三面投影图

7 个长方体组成一个组合体,每个长方体的长为 50 cm、宽为 40 cm、高为 40 cm,如图 1-3-10 所示。按 1∶20 的比例绘制组合体的三面投影图。

作图步骤如下:

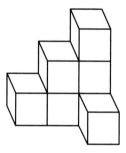

图 1-3-10 组合体

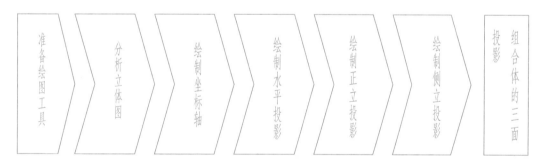

按比例绘制图形时,首先应根据实际物体尺寸及比例计算图纸图形尺寸。已知长方体实际尺寸为长 50 cm、宽 40 cm、高 40 cm,比例为 1∶20,则计算得图纸图形尺寸为长 2.5 cm、宽 2 cm、高 2 cm,即长 25 mm、宽 20 mm、高 20 mm。

第一步 准备绘图工具。

准备图纸、三角板、铅笔和橡皮等。

第二步 分析立体图。

组合体由 7 个全等的长方体组成,组合体的表面由水平面和铅垂面组成。

第三步 绘制坐标轴。

水平方向和垂直方向各绘制长度为 10 cm 左右的线段，两条线段的交点为原点。

第四步　绘制水平投影。

水平投影反映物体上下表面的实际形状，水平投影为 4 个全等的长方形，长度为 25 mm、宽度为 20 mm。

第五步　绘制正立投影。

正立投影反映物体前后表面的实际形状，正投影为 6 个全等的正方形，边长为 20 mm。

第六步　绘制侧立投影。

侧立投影反映物体左右表面的投影。通过水平投影中 4、5、6 点向右作水平线，与 45° 线相交后向上作垂线，与由正投影中顶点向右所作水平线相交，即得侧立投影，4 个全等的长方形，长度为 25 mm，宽度为 20 mm。

第七步　三面投影的形成，如图 1-3-11 所示。

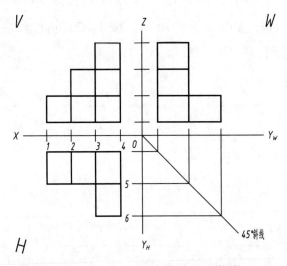

图 1-3-11　组合体的三面投影

任务 1.4　绘制几何体轴测图

任务目标

知识目标：1. 掌握轴测图的形成、类型和画法，掌握正等轴测图的基本特征、作图步骤。

　　　　　　2. 了解正二轴测图、斜二轴测图的基本特征、作图步骤。

技能目标：1. 能正确绘制几何体的正等轴测图。

　　　　　　2. 能基本掌握正二轴测图、斜二轴测图的画法。

任务准备

一、轴测图形成

　　通过前几个任务的学习和实践，学会了采用三面投影图来表达物体的形状与大小，它可以较完整、准确地表达物体各部分的形状，但不能直观地反映物体的空间形状，缺乏立体感（图 1-4-1）。所以在三面投影之外，常用一组平行投射线按某一特定方向，将形体连同 3 个坐标轴一起投射在一个新的投影面上，

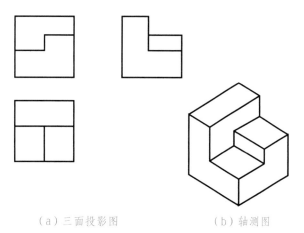

（a）三面投影图　　　　　（b）轴测图

图 1-4-1　三面投影图与轴测图

这样的投影能反映物体3个维度的形态，立体感强，更直观易懂，这样的投影图称为轴测图（见图1-4-2，其中 P 表示轴测投影面，S 表示投射方向）。由于投射线与投影面成一定夹角，在一个或多个维度有一定的变形，不能确切表达物体原来的形状与大小，因而轴测图在工程上一般仅用作辅助图样，表示物体的空间形态。

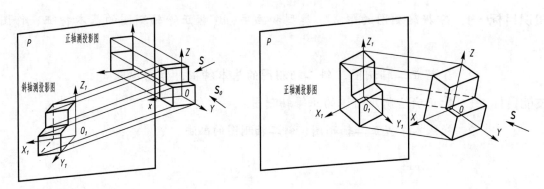

图1-4-2　轴测图的形成

二、轴测投影的相关概念和分类

1. 轴测投影的相关概念

（1）轴测轴。空间形体的3个坐标轴 X、Y、Z 在投影面上的投影 X_1、Y_1、Z_1 简称为轴测轴。

（2）轴间角。每两个轴测轴之间的夹角称为轴间角，如：$\angle X_1O_1Y_1$、$\angle Y_1O_1Z_1$、$\angle X_1O_1Z_1$。

（3）轴向伸缩系数。物体中平行于坐标轴的线段在轴测图上的长度与实际长度之比称为轴向伸缩系数（图1-4-3）。

2. 轴测投影的分类

根据投射方向与投影面垂直与否，可将轴测图投影分为正轴测投影和斜轴测投影两大类。

当形体长、宽、高三个方向的坐标轴与投影面倾斜，投射线与投影面相垂直，所形成的轴测投影，称为正轴测投影。

当形体两个方向的坐标轴与投影面平行，投射线与投影面倾斜时，所形成的轴测投影，称为斜轴测投影。

$$\frac{X_1O_1}{XO}=p \quad\text{——} X \text{轴的伸缩系数}$$

$$\frac{Y_1O_1}{YO}=q \quad\text{——} Y \text{轴的伸缩系数}$$

$$\frac{Z_1O_1}{ZO}=r \quad\text{——} Z \text{轴的伸缩系数}$$

图 1-4-3　轴测图概念

根据正（斜）轴测图按轴向伸缩系数是否相等又分别有下列三种不同的形式：

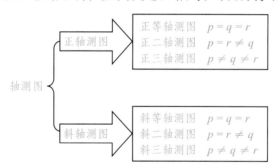

工程上常采用立体感较强、作图较简便的正等轴测图（简称正等测）、正二轴测图（简称正二测）和斜二轴测图（简称斜二测），而三轴测图由于作图较烦琐，很少实际应用。

三、轴测图的投影特性

由于轴测图是用平行投影法绘制的，所以具有平行投影的特性。

（1）物体上相互平行的线段，轴测投影仍相互平行；平行于坐标轴的线段，轴测投影仍平行于相应的轴测轴，

> **注意**：画轴测图时，物体上凡是与坐标轴平行的直线段，可沿轴测轴方向进行测量和作图。所谓"轴测"就是指"沿轴测量"。

且同一轴向所有线段的轴向伸缩系数相同。

（2）物体上不平行于轴测投影面的平面图形，在轴测图上变成原形的类似形。如正方形的轴测投影可能是菱形、圆的轴测投影可能是椭圆等。

四、轴测图的画法

（一）正等轴测图的画法

空间形体的三个坐标轴与轴测投影面的倾角相等时，则轴间角相等，轴向伸缩系数亦相等，这样得到的正轴测投影即为正等测，经三角函数计算，可知：

$$p = q = r = 0.82$$

为了画图方便，常采用简化伸缩系数，简化伸缩系数为 $p = q = r \approx 1$。按这种方法画出的正等轴测图，各轴向的长度分别都放大了 $1/0.82 \approx 1.22$ 倍，但形状没有改变，详见图 1-4-4 所示边长为 L 的正方体的轴测图。

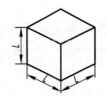

（a）按简化轴向伸缩系数绘制　　（b）按实际轴向伸缩系数绘制

图 1-4-4　正方体正等轴测图

同理，正等轴测中的轴间角 $\angle X_1O_1Y_1 = \angle Y_1O_1Z_1 = \angle X_1O_1Z_1 = 120°$。作图时，通常将 Z 轴画成铅垂位置，其余两轴与水平线的夹角为 30°，可直接用 60° 直角三角板和丁字尺配合作图（图 1-4-5）。在轴测图中，为使画出的图形清晰，不可见部分的虚线通常不画。

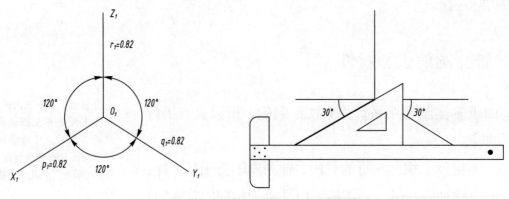

图 1-4-5　正等轴测轴的参数和画法

1．正等轴测图的基本作图步骤

（1）分析视图，确定作图方案。

（2）建立坐标系，并在合适的位置上画出正等测轴测轴。

（3）在水平投影面抄水平投影图或在正立投影面抄正立投影图（切记：作各轴的平行线进行描画）；抄水平投影图是立高方向即 Z 轴方向，抄正立投影图是立宽方向即 Y 轴方向，若抄侧立投影图则是立长方向即 X 轴方向。

（4）检查核对，上墨加粗，清理图面。

2．平面几何体的正等轴测图画法

（1）正六棱柱正等轴测图的画法。

① 分析视图，在正立投影图上选择顶面中心 O 作为坐标原点，并确定作图方案（图 1-4-6a）。

② 在合适的位置画轴测轴（图 1-4-6b）。

③ 在 X 轴上取 $OF=15$、$OC=15$，得 F、C 两点，用坐标法在 Y 轴上作 X 轴平行线画出顶面线段 AB、ED，然后将各点连成六边形（图 1-4-6c）。

④ 向下立高，利用平行原理作出底面的各个可见点的轴测投影（图 1-4-6d）。

⑤ 检查图形无误，擦去多余作图线，加深可见棱线，即得到正六棱柱的正等轴测图（图 1-4-6e）。

根据形体特点，通过形体分析可选择各种不同的作图方法，确定是抄正立投影图，还是抄水平投影图或是抄侧立投影图，遵循一个原则，作各轴的平行线进行抄图，哪个视图有斜线就先抄哪个视图，然后，画它的高或长、宽，单层的可由一个方向画，多层的可分不同方向画。

> **注意**：平行于坐标轴的线段，在轴测图中应与对应的轴测轴平行；而且，只有这种平行于坐标轴的线段，才可按简化伸缩系数 1 量取。

（2）复杂几何体正等轴测图的画法。

① 分析视图，在正投影图中选择右下角作为坐标原点 O，并确定作图方案（图 1-4-7a）。

② 画轴测轴（图 1-4-7b）。

③ 按 1：1 抄绘正立投影图，注意左右 2 条斜线是由中间的辅助线作出上表面线，再连起来的（图 1-4-7c）。

④ 向后立 Y 轴方向宽度，利用平行原理作出后表面的各个可见点的轴测投

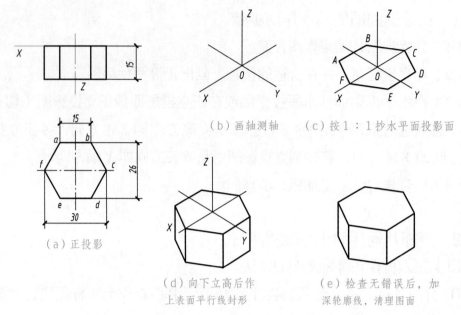

（b）画轴测轴　（c）按1：1抄水平面投影面

（a）正投影

（d）向下立高后作
上表面平行线封形

（e）检查无错误后，加
深轮廓线，清理图面

图1-4-6　正六棱柱正等轴测图画法

影（图1-4-7d）。

⑤检查图形无误，擦去多余作图线，加深可见棱线，即得到该视图的正等轴测图（图1-4-7e）。

3. 曲面体的正等轴测图画法

常见的曲面体有圆柱体、圆锥体、球体等，在绘制它们的正等轴测图时，首先要绘制出曲面体中平行于坐标面的圆的正等轴测图，然后再画出整个曲面体的正等轴测图。

（1）平行于坐标面的圆的正等轴测图画法。

平行于坐标面的圆，其正等轴测图是椭圆。画图时常用棱形四心近似椭圆画法和坐标法。

①棱形四心近似椭圆画法，是用光滑连接的四段圆弧代替椭圆曲线。作图时需求出这四段圆弧的圆心、切点及半径。

以下介绍水平圆正等轴测图的四心近似椭圆画法（图1-4-8）。作图步骤如下：

a. 以圆心 O 为坐标原点，X、Y 轴为坐标轴，作圆的外切正方形，找出 a、b、c、d 四个切点（图1-4-8a）。

b. 画轴测轴，用半径 R 在坐标轴上找出6个点，其中4个为切点 A、B、C、D，另外2个为短轴的圆心 O_1、O_2（图1-4-8b）；并作圆外切正方形的正等轴测图——菱形（图1-4-8c）。

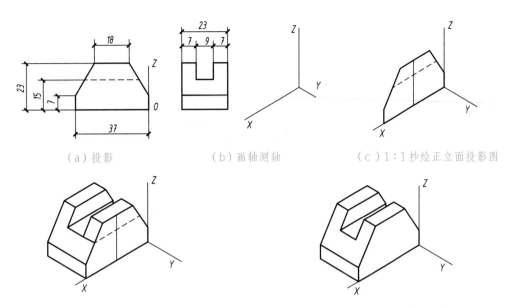

（a）投影　　　　　　　（b）画轴测轴　　　　　（c）1:1抄绘正立面投影图

（d）后立宽，作后表面平行线封形　　　　　　（e）查无错误时，加深轮廓线，清理图面

图 1-4-7　复杂几何体的正等轴测图画法

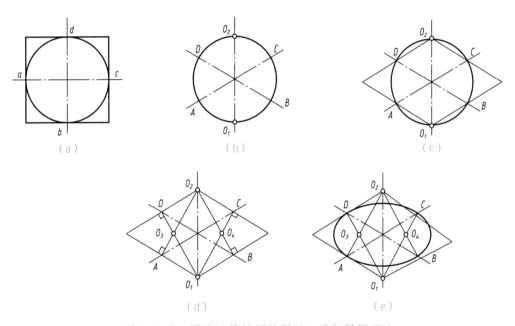

图 1-4-8　圆的正等轴测棱形四心近似椭圆画法

c. 连接 O_1C 和 O_1D、O_2A 和 O_2B 分别交于 O_3、O_4 两点，则 O_3、O_4 为长轴圆弧的圆心（图 1-4-8d）。

d. 分别以 O_1、O_2、O_3、O_4 为圆心，到各切点为半径画圆弧，即得到近似椭圆（图 1-4-8e）。

位于正立和侧立位置的圆的轴测图画法与上述方法相同，但要注意椭圆长轴和短轴方向（图 1-4-9）。

注意：短轴的圆心在本投影面没有的坐标轴上，如正立面，它的坐标只 x 和 z，那短轴的圆心在 Y 轴上，以此类推，侧立面短轴圆心在 X 轴上，水平面短轴圆心在 Z 轴上。

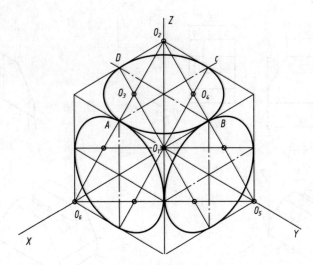

图 1-4-9　不同投影面的圆的正等轴测图画法

② 坐标法：根据圆周直径方向等分的长度，沿轴测轴作等分线，然后将各等分点连成封闭的曲线。用坐标法作圆的正等轴测图（图 1-4-10）步骤如下：

a. 在圆的正投影图作 Y 轴方向的等分，分别得到各坐标点：*1*、*2*、*3*、*4*、*5*、*6*、*7*、*8*（图 1-4-10a）。

b. 画轴测轴，过 Y 轴上的等分点作 X 轴的平行线，求出各坐标点（图 1-4-10b）。

c. 依次用圆滑曲线将各坐标点连接起来，椭圆就画好了（图 1-4-10c）。

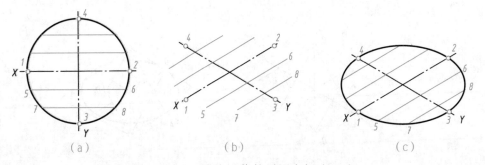

| (a) | (b) | (c) |

图 1-4-10　圆的正等轴测图坐标法画法

（2）圆柱体的正等轴测图画法。

① 在正投影图中选定坐标原点和坐标轴（图 1-4-11a）。

② 画轴测轴，按高 h 确定上、下底的中心，并作出上、下底菱形（图 1-4-11b）。

③ 用棱形四心近似椭圆画法画出上表面完整椭圆、下底的前半个椭圆（图 1-4-11c）。

④ 作上、下底椭圆的公切线，擦去多余作图线，加深可见轮廓线，即得到圆

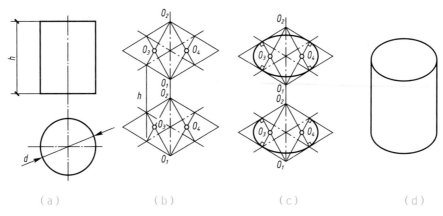

图 1-4-11 圆柱体的正等轴测图画法

柱的正等轴测图（图 1-4-11d）。

图 1-4-12 分别画出了底面平行于坐标面 *XOZ* 的正垂圆柱和底面平行于坐标面 *YOZ* 的侧垂圆柱的正等测。画法和图 1-4-11 类同，也可直接将前表面所求的椭圆圆心向轴测轴方向移一个柱长，按原来的半径画弧即可。

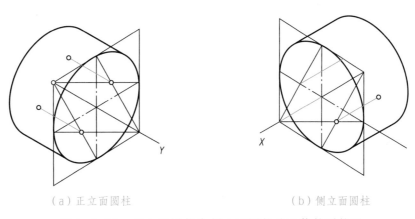

（a）正立面圆柱　　　　　　　　　　（b）侧立面圆柱

图 1-4-12 正立面圆柱和侧立面圆柱的正等轴测轴图

4. 圆角的正等轴测图画法

圆角的正等轴测图也是按上述近似椭圆的求法，平行于坐标面的圆角是圆的一部分，图 1-4-13a 所示为常见的四分之一圆周的圆角，其正等轴测图恰好是上述近似椭圆的四段圆弧中的一段。其作图步骤如下：

① 求出四棱台的轴测图，根据圆角的半径 r，在四棱台上表面相应的棱线上求出切点 A、B、C、D（图 1-4-13b）。

② 过切点 A、B 分别作相应棱线的垂线，得交点 O_1，过切点 C、D 作相应棱线的垂线，得交点 O_2（图 1-4-13b）。以 O_1 为圆心、O_1A 为半径作圆弧 AB，以

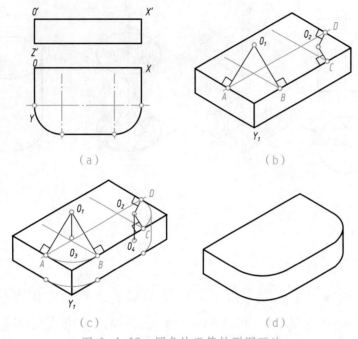

图 1-4-13   圆角的正等轴测图画法

O_2 为圆心、O_2C 为半径作圆弧 CD，即为四棱台上表面两圆角的正等轴测图（图 1-4-13c）。

③ 将圆心 O_1、O_2 下移四棱台的高度 h，再用与上表面圆弧相同的半径分别作两圆弧，在右角圆弧处作一切线连接上下圆弧，得四棱台下底面圆角的正等轴测图（图 1-4-13c）。

④ 擦去多余作图线，加深可见轮廓线（图 1-4-13d）。

（二）正二轴测图的画法

物体三个互相垂直的坐标轴中的两个坐标轴与轴测投影面的倾斜角度相同，这样得到的轴测投影为正二轴测投影，简称正二测（图 1-4-14）。在正二轴测图中，与轴测投影面倾角相同的两个轴的伸缩系数相等，三个轴间角也有两个相等。

正二测坐标系中，Z 轴为铅垂线，X 轴与水平面夹角为 7° 10′（可用 1 : 8 画出），Y 轴与水平线的夹角为 41° 25′（可用 7 : 8 画出）。Z 轴、X 轴与轴测投影面的倾角相同，它们的伸缩系数也相同，为 0.94（可简化为 1），Y 轴的轴向伸缩系数为 0.47（可简化为 0.5），即 $p = r = 0.94 \approx 1$，$q = 0.47 \approx 0.5$。用简化伸缩系数作出的图比实际投影沿轴向长度分别放大了 $\frac{1}{0.94} \approx 1.06$ 倍。

以图 1-4-15a 所示几何体为例，可按以下步骤绘制正二轴测图。

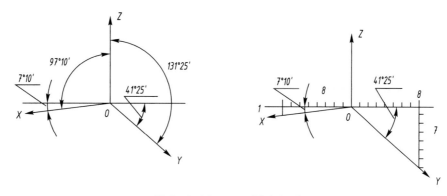

图 1-4-14　正二测坐标系

① 分析视图，确定作图方案（图 1-4-15a）。

② 确定坐标轴，绘制轴测轴（图 1-4-15b）。

③ 画完整长方体的正二轴测图（图 1-4-15c）。

④ 画切口、缺口和两切角（图 1-4-15d）。

⑤ 擦除多余作图线，加深可见轮廓线（图 1-4-15e）。

> **注意：** 正二轴测图两轴的伸缩系数不同，其中 X 轴、Z 轴的伸缩系数取 1，Y 轴的伸缩系数一般取 0.5，画图时注意与水平面夹角为 41°25′，长度均取原来的一半。

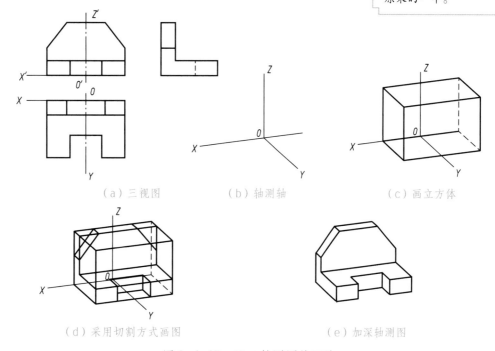

（a）三视图　　　　（b）轴测轴　　　　（c）画立方体

（d）采用切割方式画图　　　　（e）加深轴测图

图 1-4-15　正二轴测图的画法

（三）斜二轴测图的画法

几何体的一个面平行于轴测投影面，投射方向倾斜于轴测投影面时，所得的投影就是斜二轴测图，简称斜二测。常见的斜二测有正面斜二测和水平斜二测（图 1-4-16）。

1. 正面斜二轴测图的画法

当空间形体的正面平行于正立投影面，而且正立投影面作为轴测投影面时，所得到的斜轴测投影称为正面斜二轴测投影，也称正面斜轴测图。

由于 XOZ 坐标面平行于轴测投影面，其投影反映物体真实大小和形状，轴向伸缩系数 $p=r=1$，轴间角 $\angle X_1O_1Z_1 = 90°$。坐标轴 Y 与轴测投影面垂直，但由于投射线方向是倾斜的，Y 轴的轴测投影 Y_1 与轴测轴 X_1 呈一定的角度，一般取 45°，轴向伸缩系数 q 取 0.5（图 1-4-17）。轴测轴 Y_1 的方向可根据作图需要选择，如果图形对称，Y 轴可向左或向右；当图形不对称时，Y 轴的方向朝向有缺口方向画效果较好。

以图 1-4-18 台阶为例，根据其正立投影图和水平投影图，按步骤绘制正面斜二轴测图。

① 绘制轴测轴，按 1:1 抄正立投影图（图 1-4-18a）。

② 量取 Y 轴轴向线段的长度，按原长度的 1/2 绘制到轴测图的 Y_1 轴轴向上（图 1-4-18b）。

③ 连接各点，擦除多余作图线，加深可见轮廓线（图 1-4-18c、d）。

图 1-4-18d 和图 1-4-18e 是选取不同 Y 轴轴测方向的结果。

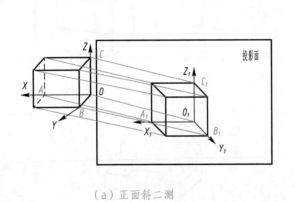

（a）正面斜二测　　　　　（b）水平斜二测

图 1-4-16　斜二测的形成

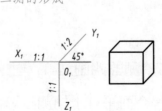

图 1-4-17　正面斜二测的参数

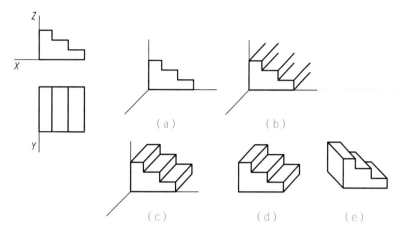

图 1-4-18　台阶的正面斜二轴测图的画法

　　画正面斜二轴测图的方法、步骤和正等轴测图的画法基本相同。但是平行于投影面的圆的正面斜二轴测图画法，与平行于投影面的圆的正等轴测图画法不同。如图 1-4-19 所示，平行于正立面的圆的正面斜二轴测图仍为大小相同的圆，平行于水平面和侧立面的圆的正面斜二轴测图是椭圆，可采用近似椭圆八点法作图。具体步骤如下：

　　① 作圆的外切正方形并连接对角线交圆周于 e、f、g、h 四点（图 1-4-20a）。

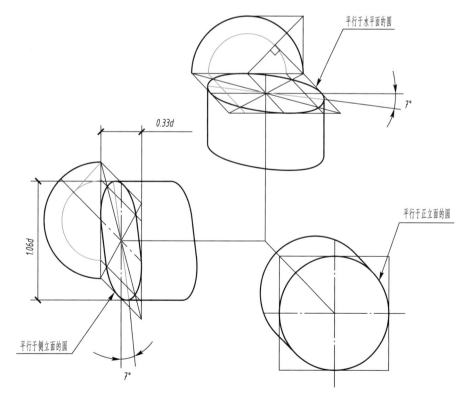

图 1-4-19　平行于各投影面圆的正面斜二轴测图
平行于水平面的圆绘制时将 X 轴旋转 7°，平行于侧立面的圆绘制时将 Z 轴旋转 7°

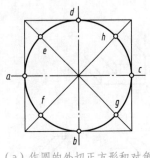

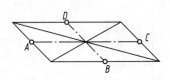

（a）作圆的外切正方形和对角线　　　　　（b）作外切正方形的正面斜二测图

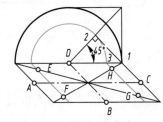

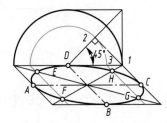

（c）用45°作出四个交点　　　　　　　　（d）画椭圆

图1-4-20　近似椭圆八点法的画法

② 作外切正方形的正面斜二测，找出四个切点 A、B、C、D 和对角线（图 1-4-20b）。

③ 以 $D1$ 为斜边作一个 45° 直角三角形；以 D 为圆心、$D2$ 为半径画弧交 $D1$ 于 3；过 3 点作 AB 的平行线，与对角线交于 H、G 两点，用同样的方法求出 E、F（图1-4-20c）。

④ 用光滑的曲线将八点连成椭圆（图1-4-20d）。

2．水平斜二轴测图的画法

当空间形体的底面平行于水平面，而且以该水平面作为轴测投影面时，所得到的斜轴测投影称为水平斜二轴测投影，也称水平斜二轴测图（图1-4-21a）。

（1）水平斜二轴测投影的特点和伸缩系数。空间形体的 XOY 坐标面平行于水平的轴测投影面，其投影反映物体真实大小和形状，所以 OX 和 OY 或平行于 OX 及 OY 方向的线段的轴测投影长度不变，即伸缩系数 $p=q=1$，其轴间角 $\angle X_1O_1Y_1$ 为 90°。坐标轴 OZ 与轴测投影面垂直。由于投射线方向 S 是倾斜的，轴测轴 O_1Z_1 则是一条倾斜线（图1-4-21b）。但习惯上仍将 O_1Z_1 画成铅垂线，而将 O_1X_1 和 O_1Y_1 相应偏转一个角度（图1-4-21c）。伸缩系数 r 应小于 1，但为了简化作图，通常仍取 $r=1$。

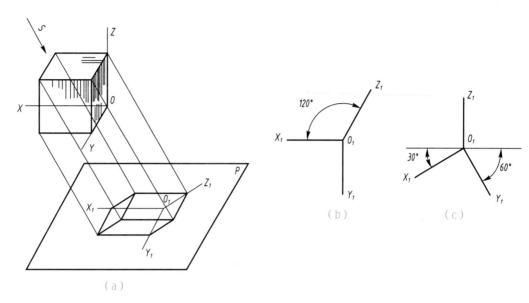

图 1-4-21　水平斜二轴测投影的形成和轴测轴

（2）水平斜二轴测图的画法。水平斜二轴测图在绘制时只需将水平投影转动一个角度（例如 30°），然后在平面图的转角处作垂线，绘制高度，即可画出其水平斜二轴测图，常用于绘制园林绿地的鸟瞰图。

以 图 1-4-22a 几何体为例，水平斜二轴测图可按以下步骤绘制：

① 绘轴测轴，按 1∶1 抄水平投影图（图 1-4-22b）。

② 在水平投影图的转角处画垂线，量出高度，连接各点（图 1-4-22c）。

③ 擦除多余作图线，加深可见轮廓线（图 1-4-22d）。

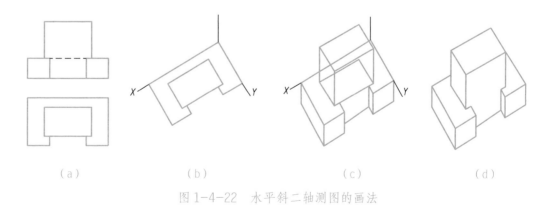

（a）　　　　　　（b）　　　　　　（c）　　　　　　（d）

图 1-4-22　水平斜二轴测图的画法

五、轴测图类型、方向及位置的选择

在作轴测投影图时，可根据不同类型物体的形态特征，选用恰当的轴测图类型和方向，以更加完整地反映物体的各部分形态。

（1）轴测图能反映物体各个主要部分的形态，特别是当中的孔洞、凹槽部分，尽量不要有所遮挡（图1-4-23），正等轴测图的表现效果较差，正二轴测图和正面斜二轴测图表现效果较好。

（2）轴测图要富有立体感，避免图线贯通与图形重叠。

轴测图都可根据正立投影图来绘制，在正立投影图中如果物体有与水平方向成45°的表面，就不应采用正等轴测图。这种方向的平面在正等轴测图上将积聚为一条直线，削弱了图形的立体感，故宜采用斜二轴测图或正二轴测图。

（3）作图要简便。正等轴测图可以直接用30°三角板作图，方法简便，一般情况下应用广泛。正二轴测图立体感较强，但作图方法较正等轴测图复杂。当形体在正立面上有曲线或复杂曲线时，宜采用斜二轴测图，因为斜二轴测图中有一个面的投影不发生变形（图1-4-24），用正等轴测图会较复杂和烦琐，用斜二轴测图较方便。在作园林设计全园效果图时，可考虑采用水平斜二轴测图，在作建筑效果图时可考虑采用正面斜二轴测图。

（4）合理选择投射方向。如图1-4-25所示，一般选择正立面的方向绘制轴测图，因正立投影图选择时是以最能反映形状特征的面作为投射方向，但有时也要根据情况来选择。

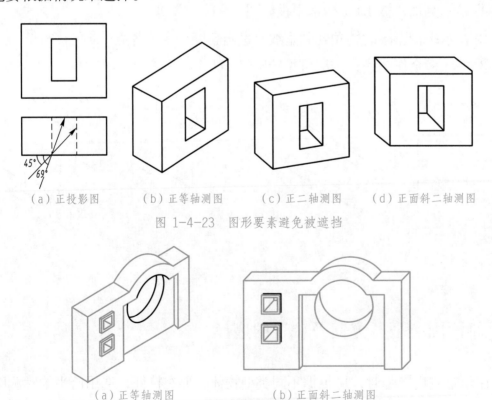

（a）正投影图　　　　（b）正等轴测图　　　　（c）正二轴测图　　　（d）正面斜二轴测图

图 1-4-23　图形要素避免被遮挡

（a）正等轴测图　　　　　　（b）正面斜二轴测图

图 1-4-24　作图简便的选择

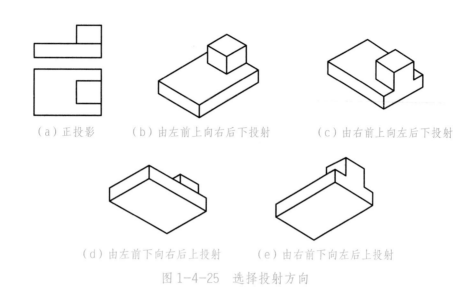

（a）正投影　　（b）由左前上向右后下投射　　（c）由右前上向左后下投射

（d）由左前下向右后上投射　　（e）由右前下向左后上投射

图1-4-25 选择投射方向

此外，圆的正等轴测图采用近似画法——菱形四心法，画法简便，多投影面有圆的物体宜采用正等测投影法。平行于正平面的圆或曲线宜采用正面斜二轴测投影，可以反映实际形状。

任务实施

绘制正等轴测图、正二轴测图、斜二轴测图

本任务主要通过绘制几何体的正等轴测图、正二轴测图和斜二轴测图，理解和掌握轴测图有关知识、作图方法及轴测图的表达方案。作图步骤如下：

第一步　准备绘图工具。

根据任务内容，准备好《房屋建筑制图统一标准》和A3图纸、图板、丁字尺、三角板、铅笔、针管笔、橡皮等绘图工具及透明胶带纸、美工刀等辅助材料。

第二步　分析视图，选择表达方案。

第三步 固定图纸，选取合适的比例尺，并在视图上标示出尺寸。

将图纸用透明胶带纸固定在图板上，选取合适的比例尺，在视图上标示出尺寸，并计算出换算比例后的尺寸。注意尺寸量取的准确性（单位为 mm）。

第四步 绘制轴测图。

在布图时要注意位置，图尽可能布在图纸的中部放置。作图时注意轴测轴和轴间夹角及伸缩系数，作图时不要擦除错线，可用铅笔在错线上打个 ×。

第五步 检查图形，擦除多余线条，加深图线。

图完成后要检查整图的正确性，将多余的线条擦干净，加深图线。图线的画法、线宽组的使用符合制图要求。

第六步 填写任务检查单。

对照任务检查单（表 1-4-1）对完成任务的过程做简要回顾，同时提出修改意见。

第七步 进一步完善图样内容，上交图纸。

表 1-4-1 任务检查单

图纸名称			完成日期	
检查内容	完成要求	完成情况		
		学生自评		教师修改意见及评分
		是	否	修改意见	
一、课前准备	按要求准备好学习材料、绘图工具和辅助材料（10 分）				
二、分析视图，选择表达方案	在视图标示出坐标轴和表达方案（5 分）				
三、固定图纸和选取比例尺	选取比例尺正确（5 分）				
四、绘制轴测图	1. 布图位置准确（5 分）				
	2. 轴测轴准确（5 分）				
	3. 尺寸精确度准确（20 分）				
	4. 图面整洁、清晰（5 分）				
	5. 绘图工具使用、保管正确（5 分）				
五、绘制墨线	1. 图线挺括平直，交接清楚，线宽组使用正确（5 分）				
	2. 墨线中线与底稿线对齐，尺寸准确（5 分）				
	3. 图面整洁、清晰（5 分）				

续表

图纸名称				完成日期	
检查内容	完成要求	完成情况			
		学生自评			教师修改意见及评分
		是	否	修改意见	
六、填写标题栏	1. 注写文字为长仿宋字体（1分）				
	2. 书写端正，字迹清楚，内容完整（2分）				
	3. 字高符合要求（2分）				
七、学习情况	在遇到问题时，能查阅相关规范指导完成任务（10分）				
八、完成情况	在规定时间内完成任务,图纸保存完好（10分）				
任务得分					
记录与反思					

项目小结

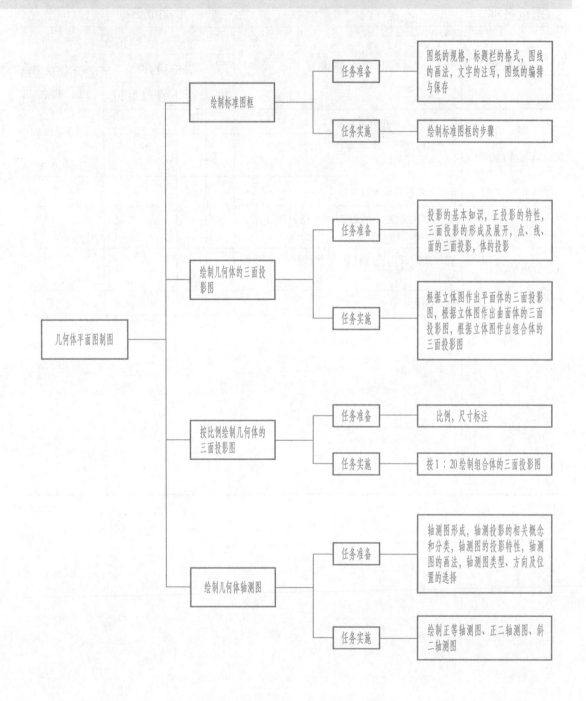

项目测试

一、填空题

1. A2 图纸的幅面尺寸是 _____ ；A3 图纸的幅面尺寸是 _____ 。A0= _____ 张 A1= _____ 张 A2= _____ 张 A3= _____ 张 A4。

2. 主要可见轮廓线应选用 _____ 线。不可见轮廓线应选用 _____ 线，中心线采用 _____ 线。

3. 三面投影的"三等"关系是指 _____ 、 _____ 、 _____ 。

4. 尺寸的基本四要素包括 _____ 、 _____ 、 _____ 、 _____ 。一个完整的尺寸由 _____ 、 _____ 和 _____ 组成。

5. 制图国家标准规定汉字应该书写成 _____ 体或 _____ 体；规定拉丁字母、阿拉伯数字与罗马数字，可根据需要书写成 _____ 或 _____ 。

6. 尺寸标注的分界线和尺寸线使用的线型是 _____ 。

7. 在标注尺寸时，一个尺寸只需标注 _____ 。

8. 在圆弧标注时尺寸线要经过 _____ ，箭头指在 _____ 上。

9. 当物体平行于投影面时，它的投影反映实形，这是 _____ 特性。

10. 当物体垂直于投影面时，线变成点，面变成线，这是反映 _____ 特性。

11. 当物体倾斜于投影面时，线还是线，面还是面，但可能会缩小或放大，这是反映 _____ 特性。

12. 已知 A 点坐标为（15，10，20），A 点到 W 面的距离是 _____ mm，A 点到 V 面的距离是 _____ mm，A 点到 H 面的距离是 _____ mm。

13. 当形体长、宽、高三个方向的坐标轴与投影面倾斜时，_____ 所形成的轴测投影叫正轴测投影。

14. 当形体两个方向的坐标轴与投影面平行时，_____ 所形成的轴测投影叫斜轴测投影。

15. 正等轴测图的每两轴测轴之间的夹角为 _____ 。

16. 正等轴测图的伸缩系数为 _____ ，简化为 _____ ；正面斜轴测图的伸缩系数为 _____ ；水平斜轴测图的伸缩系数为 _____ 。

17. 水平斜轴测图的画法是将俯视图逆时针旋转 _____ ，按 _____ 绘制。

二、已知点 A（25，15，20），求作其三面投影图（图 1-5-1）。

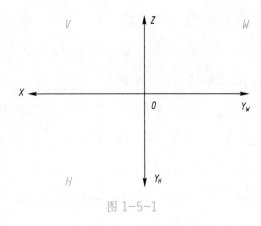

图 1-5-1

三、根据图 1-5-2 所示按尺寸 1：1 抄绘平面图形。

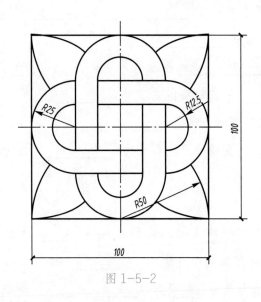

图 1-5-2

四、请画直径为 40 mm、高为 30 mm 的圆柱体、圆锥体、三棱锥、四棱锥、五棱锥等基本体的三面投影。

五、补全图 1-5-3、图 1-5-4 三视图中所缺的图线。

1.

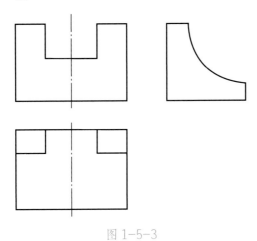

图 1-5-3

2.

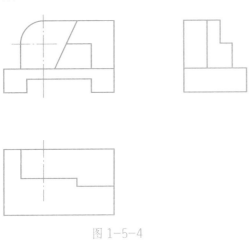

图 1-5-4

六、根据所给的平面投影，按要求绘制轴测图。

1. 绘制图 1-5-5 所示三面投影图的正等轴测图。

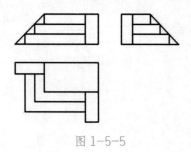

图 1-5-5

2. 绘制图 1-5-6、图 1-5-7 所示三面投影图的正面斜二轴测图。

（1）

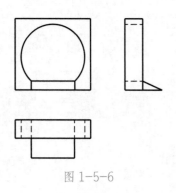

图 1-5-6

（2）

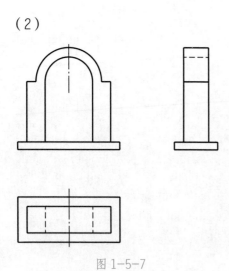

图 1-5-7

3. 绘制图 1-5-8 所示两面投影图的水平斜二轴测图。

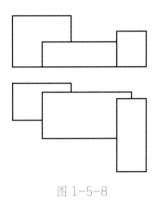

图 1-5-8

七、根据图 1-5-9 所示两面投影图，选择最佳表达方案，绘制轴测图。

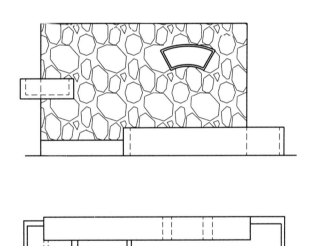

图 1-5-9

园林工程制图

项目导入

　　胡小山已经掌握了如何利用制图原理准确绘制几何体的三面投影图，但他很快又想到，自己所要表现的园林绿地并不是由简单的几何体组成的，如植物、建筑、水体、假山、道路等常见的园林要素，这些都比几何体复杂得多，又该如何表现呢？他利用上课间隙向"园林制图"课的老师说出心中的疑问。

　　老师首先称赞了胡小山能够主动思考问题，又马上打消他的疑虑说："无论多么复杂的物体，它们的平面表现方法都是遵循投影原理的。当然，在实际工作中需要根据园林各要素的形态特征，进行一定的归纳、简化、抽象，才能更清晰、准确地绘制它们"。老师进一步解释说："绘制图样时，首先是确定园林的方位、布局，这样的图称为'规划图'，我们在前面任务 1.1 的"图纸的编排与保存"中讲过。但是规划图不标示具体的规格、数量和细部做法，无法指导具体施工，所以要在规划图的基础上进行细化、详化，以指导施工人员施工，这样的图称为'施工图'。在学习园林工程图绘制方法时，既要学会规划图的画法，也要学会施工图的画法，这才算掌握了园林制图的核心技能"。胡小山这才意识到，原来学习园林工程制图到现在才真正开始哩！

园林工程图是根据《公园设计规范》《风景园林制图标准》《建筑制图标准》《城市规划制图标准》《总图制图标准》《房屋建筑制图统一标准》等相关标准，直观准确地绘制园林工程总体设计图，以及根据总体设计图而派生的各单体工程施工图，分规划图与施工图两大类，是园林工程施工建造的依据。

如前所述，园林工程规划主要图纸包括：现状分析图、功能分区图、竖向设计图、道路系统规划图、植物配置图、园林建筑规划图，但若工程较小，只需出总体规划设计图及其说明即可。园林工程施工主要图纸包括：种植施工图、园林建筑工程施工图、假山施工图、水景施工图、驳岸施工图、园路施工图、给排水施工图、电气施工图。

本项目主要学习园林工程各要素的平面表现方法，学会识读和绘制各类园林工程设计施工图。

本项目学习所要达到的知识目标有：掌握指北针、风玫瑰图、等高线、坡度、标高符号、轴线符号、剖切符号、详图符号、索引符号、连接符号、引出线的用法，理解常用建筑图例、园林图例的含义，了解各阶段园林工程制图的主要内容，理解并熟练掌握园林各要素的平（立、剖、断）面形成及表现方法，熟练掌握各项园林工程制图的主要内容、步骤和标准。

本项目学习所要达到的技能目标有：掌握正确表达各园林要素的平（立、剖、断）面表现方法。能识读并熟练使用制图工具，按标准绘制各项园林工程图。

任务 2.1 绘制园林植物种植设计施工图

任务目标

知识目标：1. 熟悉园林植物种植设计图中乔木、灌木、地被、藤本等植物的平面图例画法，知道园林植物种植设计图中线宽组的用法。

2. 理解植物种植施工图的内容，掌握植物种植施工图的画法和要求。

3. 了解各种植物的规格要求，知道植物配置表、苗木统计表的内容和排列顺序。

技能目标：1. 能辨别常绿、落叶，针叶、阔叶，乔木、灌木在平面表现法上的区别。

2. 能识读并按规范绘制园林植物种植设计图和植物种植施工图。

3. 会使用圆模板、曲线板等作图工具绘制园林植物图例。

任务准备

一、园林植物设计平面图的画法

学习绘制园林植物种植设计图之前，首先要学会各种植物的平面图画法。

园林植物种类繁多，如果完全按投影法则将植物具体形态绘制到图纸上，既复杂又不容易区分，所以在实际工作中，一般参照《风景园林制图标准》所制定的图例，根据植物不同的特征，采用不同的表现方法，并依据其原则和规律进行派生。图例是指图样上表达物体名称或规格的图形，为区分植物种类，在一张图样中，一种图例只能代表一种植物。

1. 乔木的平面图画法

乔木区别于灌木的显著特征有两个，一是乔木比较高大，在生命旺盛期植株的高度在 2.5 m 以上；二是乔木具有明显主干，分枝点在地面以上。人们看到的乔木在地面上的投影一般都接近于圆形（图 2-1-1）。

香樟　　　　　　　　　　　　　　　　　　悬铃木

图 2-1-1　乔木在地面的阴影

　　由此抽象简化之后，可以用圆及圆心所在的点来表示乔木的水平投影，圆的大小表示树冠的大小，圆心所在的点表示树干所在的位置（图 2-1-2）。在此基础上对这种表现方式进行衍生，以表示不同种类的乔木（图 2-1-3），也可以根据乔木的实际形态形象化表现，使图例显得更加生动（图 2-1-4）。表示树冠大小的外轮廓线用中粗实线绘制，在手工绘图中，一般使用圆模板绘制。其他图例线用细实线绘制。

　　尽管乔木的种类可用文字说明，但仍用不同方式表示不同类别的乔木。根据《风景园林制图标准》，用不同的外轮廓线区分针叶乔木和阔叶乔木。由于针叶乔木的叶呈针刺状，所

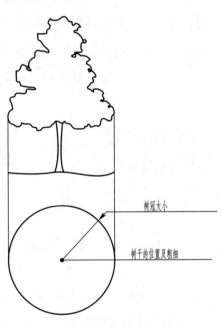

树冠大小

树干的位置及粗细

图 2-1-2　乔木平面图的一般表现方法

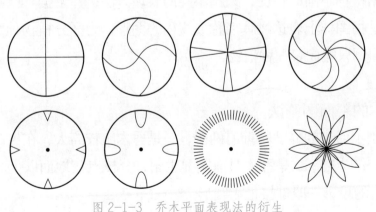

图 2-1-3　乔木平面表现法的衍生

图 2-1-4　乔木平面表现法的形象化画法
（从左至右可分别表示棕榈、苏铁、椰子、落叶阔叶乔木）

以在表示针叶乔木时，圆的外轮廓可以形象地用锯齿状或针刺状线条表示。常绿乔木和落叶乔木的图例区别在于，常绿乔木图例在轮廓线内用 45° 细实线表示，落叶乔木则不填充斜线（图 2-1-5）。

《风景园林制图标准》中还明确规定了一种约定俗成的表现方法以区分现有乔木和设计乔木。圆心位置为"〇"（粗线小圆）时，表示现有乔木；圆心位置为"+"（细线十字）时，表示设计乔木。这种表示方法常在设计方案图中见到，以区分现有乔木和设计乔木的分布情况（图 2-1-7）。

在较大图样中，特别是在总平面图（图 2-1-8）中，连片乔木形成的树群一般只绘制林缘线，交叉部分树冠及内部树冠、主干不一一绘出，树群所包含的植物种类用文字说明。在较小的图样中，可以按植物高度绘制，较高乔木遮挡住与较低乔木交叉的不可见部分，以增强图样的层次感（图 2-1-9）。

> **小贴士**：圆模板上所刻的尺寸为圆的直径，即表示图中乔木冠幅尺寸。植物种植设计图上所绘制的乔木冠幅是指该乔木生长旺盛期的冠幅大小，而不是栽植苗木的大小。

> **小贴士**：在植物种植设计图中，并没有规定哪一种图例必须代表哪一种植物，但在同一张图样中，必须一一对应，且图例不宜过于相似，以免混淆（图 2-1-6）。

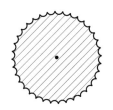 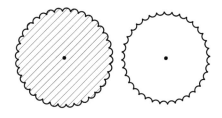 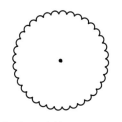

图 2-1-5　常绿针、阔叶乔木和落叶针、阔叶乔木的平面图例

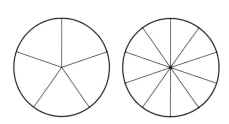

图 2-1-6　相似图例，易造成混淆

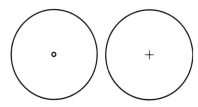

现有乔木　　　设计乔木

图 2-1-7　现有乔木和设计乔木在表现上的差异

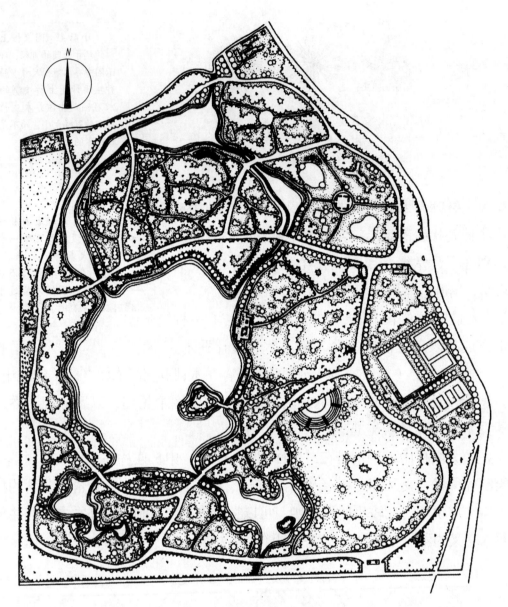

图 2-1-8　某绿地总平面图

2. 灌木的平面图画法

灌木没有明显的主干，在园林绿地中以丛植和片植为主，数量较多，若同乔木表现方法一样，每一株植株体绘制一个投影图，则绘图工作量很大，且视觉上不美观，容易喧宾夺主。故通常用轮廓表示灌木树冠的实际范围，在轮廓内均匀填充图例以区分种类。图例通常用矩形表示，指代不规则轮廓线，一般用曲线板绘制（图 2-1-10）。

值得注意的是，在绘制施工图时，可以用数字对不同种类灌木进行编号；在绘制规划设计图时，一般不用字母和数字来代替图例。

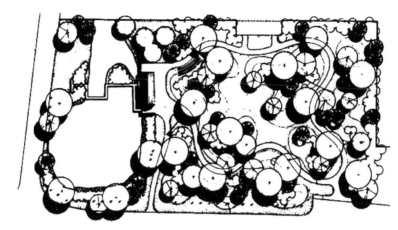

图 2-1-9　某绿地平面图

图 2-1-10　灌木平面图例

　　针叶、阔叶灌木和常绿、落叶灌木的区分与乔木的表现方法相同。灌木平面图的线宽组用法与乔木平面图的线宽组用法相同。类似小乔木的高大灌木组成的灌木群表现方法可类似于乔木群，即用林缘线表示，加点表示灌木种植位置。

　　单棵种植或修剪成球状的灌木、灌木丛，往往只保留一支主干，虽高度没有达到乔木的高度，但是平面形态与乔木相似，故此类灌木可按乔木的表示方法绘制（图 2-1-11）。

　　丛植和片植的水生植物的平面图可参照灌木的表现方法绘制。

　　竹丛一般用图 2-1-12 图例形象化表示。

　　规则式绿篱通常用平行线组表示轮廓，在此基础上填充图例。一般来说，加画填充线的表示常绿绿篱，只用平行线组的表示落叶绿篱；无论常绿或落叶绿篱，都可用多种平行线组来区分种类（图 2-1-13）。在种植施工图中，可用小圆圈表示绿篱植物的种植位置（图 2-1-14）。

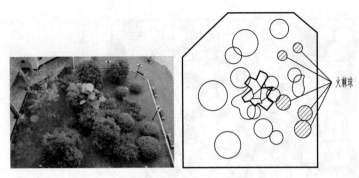

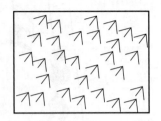

图 2-1-11 单棵种植火棘球的平面表现方法　　　　　图 2-1-12 竹丛的形象化图例

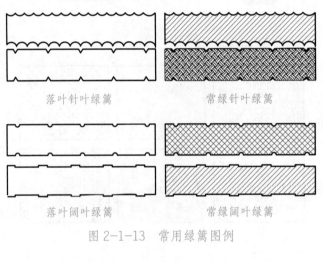

落叶针叶绿篱　　　　　　　　常绿针叶绿篱

落叶阔叶绿篱　　　　　　　　常绿阔叶绿篱

图 2-1-13 常用绿篱图例

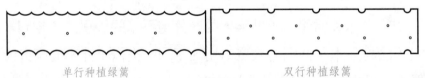

单行种植绿篱　　　　　　　　双行种植绿篱

图 2-1-14 绿篱种植施工图

3. 地被的平面图画法

在平面图中，地被草坪常用实心小圆点来表示，即用均匀的圆点表示草坪的种植区域。打点可以有疏密之分，在草坪轮廓线、树缘线、建筑外轮廓线边缘打密一些，空旷处打疏一些，以增强立体感，但无论疏密，都应该分布均匀，且过渡自然。

当草坪地被为花卉时，可以直观地用立面小花加以点缀，以示说明（图 2-1-15）。当地被植物种类较多时，可采用类似灌木的轮廓填充法加以区分。

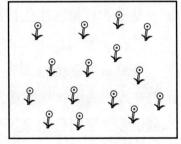

图 2-1-15 花卉草坪的平面图画法

当乔木树冠下有灌木或其他园林要素时，乔木的平面图例可以简单用轮廓线表示，以避让下面所要表现的内容，但地被植物、花卉一般可以不考虑树冠的避让。为增强规划设计图的表现力，还可以增加乔灌木的阴影并上色彩，增强植物的质感和立体感（图2-1-16）。

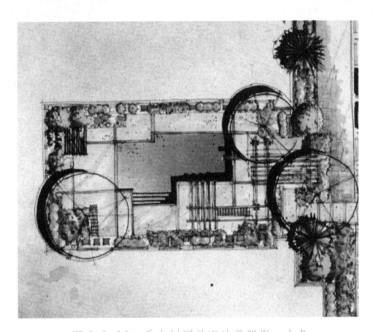

图2-1-16　乔木树冠的避让及阴影、上色

4. 藤本植物的平面图画法

园林中应用的藤本植物主要依靠花架等支撑或攀缘墙体生长。花架支撑的藤本植物一般表示其树冠形态（图2-1-17），攀缘藤本植物因平面树冠较小，一般用国家标准图例表示（图2-1-18），灌木状藤本植物和匍匐生长的藤本植物平面画法参照灌木和地被的平面画法。

5. 植物配置表

在园林设计图中，应将每种植物所对应的图例列表说明，以帮助准确识读图中植物的种类，这样的列表称为植物配置表。

在植物配置表中，植物的排列顺序通常是先列乔木、然后是灌木、最后是地被。在同一形态类型的植物中，先列常绿树种，后列落叶树种；先列针叶树种，后列阔叶树种（图2-1-19）。

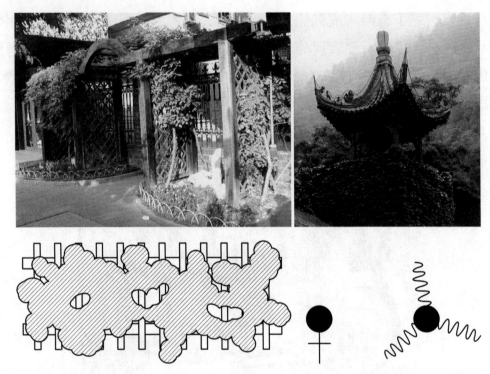

图 2-1-17　花架支撑的藤本植物图例　　　图 2-1-18　攀缘藤本植物图例

6. 植物立面图的画法及平、立面图的统一

植物的立面图一般只作为植物种植设计图的辅助图形，在需要时，还可以绘制绿地剖面图。植物立面图应能反映植物真实的形态、质感，并与平面图所表现的植物形态、尺寸一致（图 2-1-20）。

序号	图例	名称
1		香樟
2		桂花
3		银杏
4		红枫
5		铺地柏
6		沿阶草
7		凤尾蕨
8		马尼拉

图 2-1-19　植物配置表

二、园林植物种植施工图的绘制内容及要求

园林植物种植施工图是在园林植物种植设计图的基础上，对植物的具体位置、规格、数量等内容进行详化的图样，主要标明植物的种类、名称、株行距，群植位置、范围、数量，关键植物与建筑物、构筑物、道路或管线距离的尺寸，保留的原有树木的名称和数量，放线网格，苗木表，特别需要说明的植物种植剖面详图等，为组织施工、编制预算及定植后的养护管理提供依据。

1. 种植施工图

种植施工图应标明每种植物的准确位置，用"·"或"+"表示植物种植位置，

图 2-1-20 植物平、立面图的统一

用引出线标出各种植物的名称，也可用数字或代号简略标注。同一种乔木群植或丛植时，可用细线将其中心连接起来统一标注，并标明数量；同一种灌木或花卉群植或丛植时，可用轮廓线表示范围，标出名称或代号（图 2-1-21）。种植施工图的比例根据其复杂程度而定，若种植比较复杂，可分为乔木图、灌木图或分区种植施工图，常用的比例有 1：50、1：100、1：200、1：500，也可用 1：300 的比例。与园林植物种植设计图相较而言，园林种植施工图要求简洁、清楚，故可以不对植物的平面表现做过多的修饰，图中表现的植物冠幅大小按植物种植时的实际尺寸绘制（图 2-1-22）。

2. 坐标网格

植物的布置往往并不规则，所以对植物种植位置的标注没有像建筑或者道路那样精确，但是为了使施工后植物所达到的视线和空间景观效果尽量达

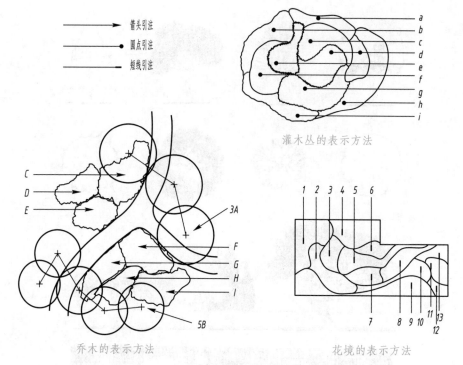

灌木丛的表示方法

乔木的表示方法　　　　　花境的表示方法

图 2-1-21　植物种植图的表示方法

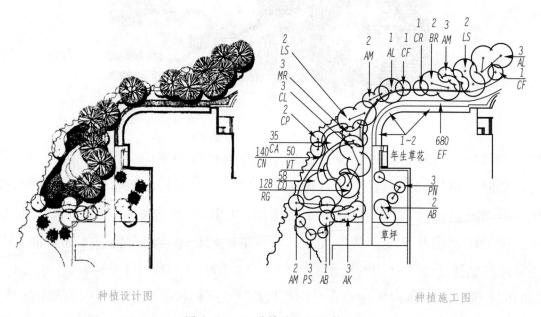

种植设计图　　　　　　　　　　　种植施工图

图 2-1-22　种植施工图的简化

到设计所预想的效果，植物范围和位置的定位也就需要尽量准确。植物所在点或种植范围所在的不规则曲线位置的确定，是利用数学中平面坐标的原理，以放样依据点为原点，在种植施工图上，绘制虚拟的直角坐标网格。植物所在位置和范围，可通过坐标网格定位坐标点，尽量利用现有的施工网格或定位轴线。坐标网格的尺寸一般为 2 m×2 m ～ 10 m×10 m（图 2-1-23）。

3. 苗木统计表

植物种植施工图随图需附苗木统计表，作为施工时选择苗木的重要依据。苗木统计表应包括与种植施工图中一致的编号或代号，植物名称、拉丁学名，植物规格、数量、种植密度以及相关备注。规格包括植物的胸径（ϕ）、高度（H）、冠幅（P）等，备注栏中一般注写灌木种植间距或单位面积内的株数或其他需要说明的内容。花坛、花境用的草本花卉还可以列出高度、花色、花期等（表 2-1-1）。

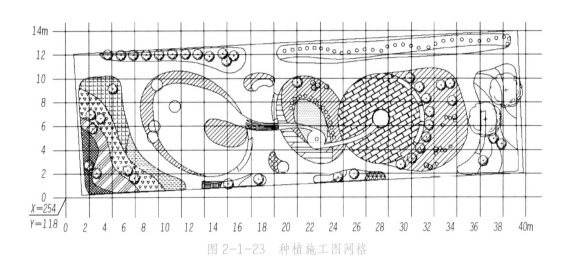

图 2-1-23　种植施工图网格

表 2-1-1　苗木统计表（拉丁学名、图例略）

序号	名称	规格			数量／株	备注
		胸径（ϕ）/cm	冠幅（P）/cm	高度（H）/m		
1	香樟	8～10			12	间距 7 m
2	雪松		250～300	3.5～4.0	15	
3	棕榈			1.7～2.0	22	
4	桂花		150～200	2.5～3.5	25	
5	合欢	5～6			5	
6	金合欢	2.5～3			5	
7	紫薇	2.5～3			30	
8	紫荆			1.8～2.0	20	7～9分枝
9	夹竹桃			1.6～1.8	50	5～7分枝
10	垂丝海棠			2.0～2.2	15	
11	樱花	4～5			10	

序号	名称	规格			数量/株	备注
		胸径（ϕ）/cm	冠幅（P）/cm	高度（H）/m		
12	红叶李			1.9 ~ 2.0	15	
13	含笑			1.6 ~ 1.8	32	
14	红枫	2 ~ 2.5	100 ~ 150		40	
15	孝顺竹			2.5 ~ 3	7	30 ~ 35 枝/丛
16	紫藤				2	二年生
17	法国冬青			1.6 ~ 1.7	200	双排，4 株/m
18	海桐		90 ~ 100		10	球形
19	瓜子黄杨		70 ~ 80		10	球形
20	八角金盘		30 ~ 35		30	25 株/m²
21	云南黄馨				250	二年生 25 株/m²
22	金叶女贞		20 ~ 25		500	36 株/m²
23	红花檵木		25 ~ 30		500	36 株/m²
24	小龙柏		25 ~ 30		200	36 株/m²
25	金丝桃		20 ~ 25		450	36 株/m²
26	丰花月季		25 ~ 30		500	25 株/m²
27	常绿草坪	30 cm×30 cm				500 m²

4. 种植详图

在种植施工图无法全面表达细部尺寸、材料和做法时，需用详图对细部节点进行详细说明。种植详图常以剖面图的形式表示种植穴的尺寸、材料、构造和排水，回填土的厚度，支撑固定桩的做法等。规则图形直接表示尺寸，任意曲线也可用网格定位，文字说明用引出线引注，剖切符号、索引符号和详图符号按标准要求绘制。种植详图常用比例有 1∶5、1∶10、1∶20，也可用 1∶25 的比例绘图（图 2-1-24、图 2-1-25、图 2-1-26）。

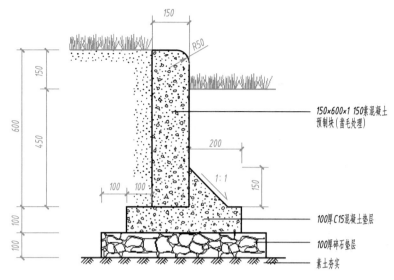

图 2-1-24　种植节点详图

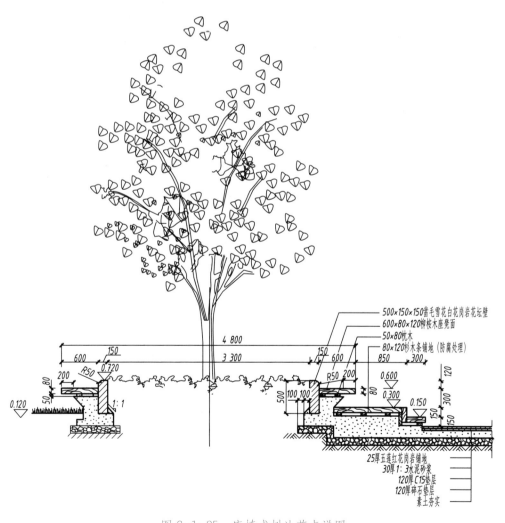

图 2-1-25　座椅式树池节点详图

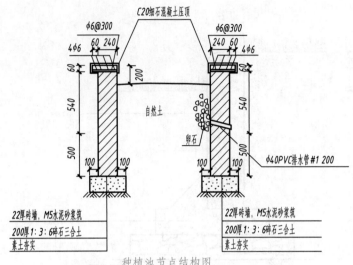

种植池节点结构图

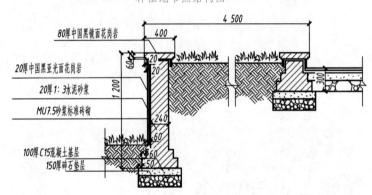

花坛节点结构图

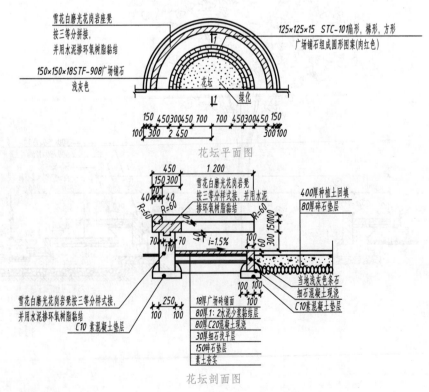

花坛平面图

花坛剖面图

图 2-1-26 种植池与花坛详图

任务实施

绘制一幅园林植物种植设计施工图

本任务主要通过实地测量，在增强感性认识的基础上，绘制园林植物种植设计施工图，理解并掌握园林植物种植设计图、种植施工图的内容、绘制步骤及画法。本任务以小组合作的形式完成。具体步骤如下：

准备绘图、测量工具及辅助用品，分组分工 → 以小组为单位实地测量，确定并记录植物位置及尺寸 → 以小组为单位绘制植物种植设计图，开展组间评图 → 修正并独立完成植物种植施工图 → 组内评图，填写任务检查单 → 进一步完善图样内容，上墨线并上交图纸 → 园林植物设计图

第一步　准备工作。

1. 准备工具

（1）测量工具：30 m 皮卷尺、3 m 钢卷尺。

（2）绘图工具：图板、图纸、硫酸纸、丁字尺、三角板、圆模板、铅笔、针管笔及其他辅助工具。

2. 分组分工

4～6人组成一个学习小组，组员推选一名组长，组长负责分工、落实任务及组织评价，负责填写表 2-1-2。

表 2-1-2　小组成员任务分工记录表

序号	组内分工	完成人	完成任务情况	小组总结
1	绘制草图并记录			
2	定位测量			
3	读数、汇报			
4	绘制植物种植设计图			

第二步　实地测量。

选取校园、街道绿地或自己居住小区内绿地的一部分，将其平面图绘制到图纸上，并列出植物配置表。要求绿地中的植物种类相对比较丰富，具有各种类型植物。

（1）绘制植物现状分布平面图草图，确定正北方向。

（2）测量并记录植物名称、种植位置、冠幅、种植范围，植物株距，乔灌木的树池尺寸、花坛种植池尺寸，植物与主要建筑、管线、道路间距等。

（3）绘制植物种植设计图，列出植物配置表，图例间有一定的区分度，图例类型与植物类型匹配。

第三步　组间评图。

每组选派 1 名代表，结合本组绘制的植物种植设计图做汇报，其他非同组组员就图存在的问题提出修改意见。在评图与被评过程中，修改本组图样，弄清植物平面的表现方法、绘图步骤，巩固学习成果。

第四步　绘制植物种植施工图。

根据植物种植设计图绘制植物种植施工图，绘制的种植施工图明确植物的种类、数量、位置、范围及节点具体做法，能指导实际施工并用于编制预算。

（1）按 A2 图幅大小选择合适绘图比例。

（2）选择适宜密度绘制坐标网格，确定网格 0 坐标并注写网格尺寸。

（3）绘制绿地范围线及主要道路、建筑平面图。

（4）根据测量数据，确定植物的位置、范围，绘制植物平面图。

（5）标注定位尺寸，标注植物种类及数量。

（6）编制苗木统计表。

（7）绘制必要的种植详图。

（8）绘制指北针、比例尺，注写设计说明，填写标题栏。

第五步　组内评图，填写任务检查单。

小组长组织组内评图，对照任务检查单对各组员完成任务的过程和质量做简要回顾、评价，同时提出修改意见，各组员记录绘图中存在的困难、易混淆的概念，写出正确方法或引注相关资料，填写任务检查单（表 2-1-3）。

表 2-1-3　任务检查单

图纸名称		完成日期			
检查内容	完成要求	完成情况			
		组内评图			教师修改意见及评分
		是	否	修改意见	
一、课前准备	按要求准备好学习材料、绘图工具和辅助材料，组内分工明确（5分）				
二、绘制植物种植设计图	1. 按分工保质保量完成任务（5分）				
	2. 能与成员开展配合协作（5分）				
	3. 积极参与组间评图（5分）				
三、绘制植物种植施工图	1. 比例使用正确，图形尺寸正确，无变形（10分）				
	2. 使用坐标网格适宜，定点坐标标注正确（5分）				
	3. 植物图例绘制符合标准。无相似图例。图例类型与植物类型匹配（15分）				
	4. 植物位置、范围绘制准确，种类、数量标注准确（10分）				
	5. 苗木统计表编制有序、清楚（5分）				
	6. 种植详图能说明必要的施工要求，说明注写正确（10分）				
	7. 有指北针、比例尺，绘制符合标准（5分）				
四、完成质量和效率	1. 图线线型、线宽组使用准确。图线画法正确。图面整洁、清晰、美观（10分）				
	2. 尺寸标注符合标准。用长仿宋体注写文字，字迹清楚、注写完整（5分）				
	3. 绘图工具使用正确。在规定时间内完成任务，图纸保存完好（5分）				
任务得分					
主要问题及解决办法					

任务 2.2　绘制园林竖向设计图

任务目标 ◎

知识目标：1.　复习地形三种常见的表示方法（等高线法、高程标注法、网格法）。理解
　　　　　　　等高线的形成和用法。

　　　　　2.　理解指北针的画法，了解风玫瑰图表示的含义。

　　　　　3.　理解假山设计施工图中线宽组的表示方法。

　　　　　4.　理解水体设计施工图中线宽组的表示方法。

　　　　　5.　理解驳岸设计施工图中线宽组的表示方法。

技能目标：1.　能识读并按规范绘制地形图。

　　　　　2.　能正确运用等高线绘制地形并标注地面标高和坡度。

　　　　　3.　能正确绘制指北针。

　　　　　4.　能识读并按规范绘制假山设计施工图。

　　　　　5.　能识读并按规范绘制水景设计施工图。

　　　　　6.　能正确绘制规则式、自然式水体平面图。

　　　　　7.　能识读并按规范绘制驳岸设计施工图。

任务准备 ◎

一、地形竖向设计图表示方法

　　竖向设计是指在一块场地上进行垂直于水平面方向的布置和处理。

　　竖向设计的目的是改造和利用地形，使确定的设计标高和设计地面能够满足园
林道路、场地、建筑及其他建设工程对地形的合理要求，保证地面水能够有组织地
排除，并力争使土石方量最小，最终使园林中各个景点、各种设施及地貌等在高程
上达到合理。竖向设计主要有等高线法、高程标注法、网格法等几种表示方法。

1. 等高线法

在地形变化不很复杂的丘陵、低山区进行园林竖向设计，大多要采用等高线法。这种方法能够比较完整地将任何一个设计用地或一条道路与原来的自然地貌作比较，一目了然地判别出设计的地面或路面的挖填方情况。

等高线是一组垂直间距相等、平行于水平面的假想面与自然地貌相截所得交线的水平正投影图（图2-2-1）。两相邻水平截面间的垂直距离称为等高距，它是个定量。在地形图中，两相邻等高线间的水平距离称为等高线平距，是个变量。等高线按其作用不同，分为首曲线、计曲线、间曲线与助曲线四种。首曲线：又叫基本等高线，是按规定的等高距测绘的细实线，用以显示地貌的基本形态；计曲线：又叫加粗等高线，从规定的高程起算面起，每隔五个等高距将首曲线加粗为一条粗实线，以便在地图上判读和计算高程；间曲线：又叫半距等高线，是按二分之一等高距描绘的细长虚线，主要用以显示首曲线不能显示的某段微型地貌；助曲线：又叫辅助等高线，是按四分之一等高距描绘的细短虚线，用以显示间曲线仍不能显示的某段微型地貌。一般地形图中只有首曲线和计曲线。

在同一条等高线上的所有点，其高程都相等。每一条等高线都是闭合的，由于用地范围或图框的限制，图样上不一定每一条等高线都能闭合，但实际上它们还是闭合的。等高线平距的大小（疏密）表示地形的缓或陡，疏则缓，密则陡。等高线平距相等，表示该坡面的角度相同；如果该组等高线平直，则表示该地形是一处平整过的同一坡度的斜坡。等高线一般不重叠或相交，在某些垂直于地平面的峭壁、地坎或挡土墙、泊岸处等高线才会交叠在一起。等高线在图样上不能直接横穿过河谷、堤岸和道路等。

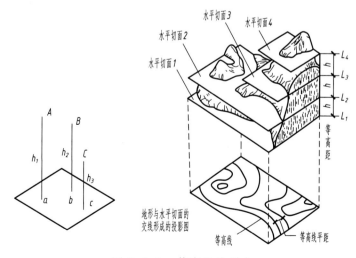

图 2-2-1　等高线的形成

在绘有原地形等高线的底图上用设计等高线进行地形改造或创作，在同一张图样上便可表示原有地形、设计地形状况及地形范围的平面布局、各部分的高程关系，大大方便了设计过程中进行方案的比较、修改，也便于进一步的土方计算工作。有时为了避免混淆，原地形等高线用虚线绘制，设计等高线用实线绘制。

2. 高程标注法

对于地形图中某些特殊的地形点，用十字或圆点作为标记，并在标记旁注上该点到参照面的高程。这些点常处于等高线之间，高程注写到小数点后第二位，这种地形表示法称为高程标注法。高程标注法适用于标注建筑物的转角、墙体和坡面的顶面、底面以及变坡处高程，地形图中最高和最低等特殊点的高程，适用于场地设计、场地平整等施工图中（图2-2-2）。

3. 网格法

网格法是以网格为制图单元，反映制图对象特征的一种地图表示方法。其制图精度取决于网眼大小，网眼越小，精度越高。网眼大小的确定，取决于制图目的、比例尺和掌握制图资料的详细程度等。网格法既可表示制图对象的数量特征，也

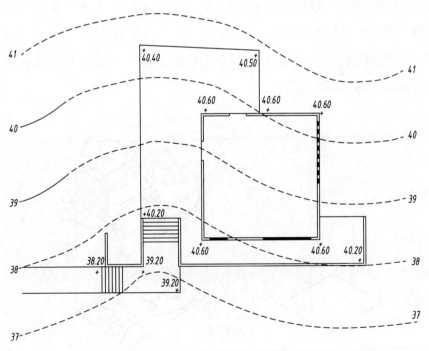

图 2-2-2　高程标注法

可表示其质量特征。使用该法制图时，首先把制图区域按照一定原则，用规定的网眼尺寸画出格网，然后根据掌握的制图资料、野外考察得到的制图对象的分布特征，分别用每个网眼赋值。当表示数量差异时，填入分级级别；表示质量特征时，填入类型代码等。最后用色彩或面状网线符号区分它们。这种方法在计算机辅助制图、统计制图中得到广泛应用（图 2-2-3）。

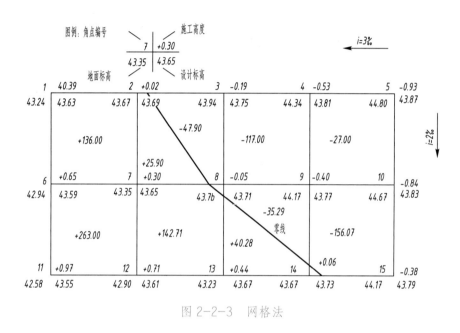

图 2-2-3　网格法

二、指北针、风玫瑰图的含义及表示方法

1. 指北针用途
在总平面图及底层建筑平面图上一般都画有指北针，以指明建筑物的朝向。

2. 指北针画法
（1）圆的直径宜为 24 mm，用细实线绘制。

（2）指针尾端的宽度为 3 mm；需用较大直径绘制指北针时，指针尾部宽度宜为圆的直径的 1/8。

（3）指针涂成黑色，针尖指向北方，并注"北"或"N"字（图 2-2-4）。

3. 风玫瑰图用途
风玫瑰图用来表示该地区常年的风向频率和房屋的朝向。

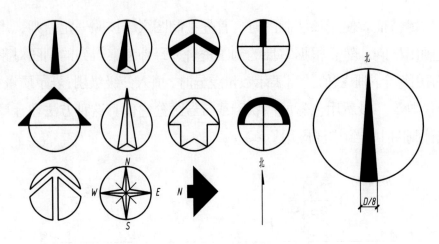

图 2-2-4　指北针

4．风玫瑰图画法

风玫瑰图也叫风向频率玫瑰图，它是根据某一地区多年平均统计的各个方向风和风速的百分数值按一定比例绘制的，一般多用 8 个或 16 个罗盘方位表示，由于该图形似玫瑰花朵，故名"风玫瑰"。其中：粗实线表示全年平均风向，虚线表示夏季平均风向，细实线表示冬季平均风向，风向为从外指向中心。

5．风玫瑰图阅读

风的吹向是指从外吹向中心。实线范围表示全年风向频率，虚线范围表示夏季风向频率（图 2-2-5）。

图中 A 点表示东南风（由东南吹向西北）。

B 点表示东北风（由东北吹向西南）。B 点代表东北风出现的频率最高，因为在所有点中，B 点是离坐标原点最远的。

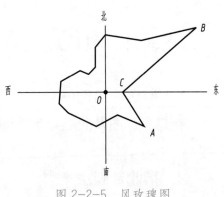

图 2-2-5　风玫瑰图

C 点代表东风（由东吹向西）在每年中出现的次数最少、频率最低，因为 C 点是所有点中距坐标原点最近的。

三、常见山石的表示方法

山石的表示方法通常是采用粗实线勾勒轮廓、细实线表现纹理。不同的山石质地，其纹理不同，表现方法各异。如湖石类的山石，其石面上有沟、隙、洞、缝，因而玲珑剔透，多用曲线表现；黄石的棱角明显，纹理平直，多用直线、折线来表现；青石具有片状特点，多用有力的水平线条进行刻画；石笋外形修长如竹笋，可用直线或曲线表现其垂直的纹理。

1. 山石的平面画法

山石的平面画法表现山石平面方向的山石外形、大小及纹理（图 2-2-6）。

绘制方法：用细实线绘出形状，细实线切割或叠出基本轮廓；依据山石材料质地、纹理特征，用细实线画出石块面、纹理细部特征；依据山石的形状特点、阴阳向背，描深线条，外轮廓用粗实线，石块面、纹理线用细实线绘制。

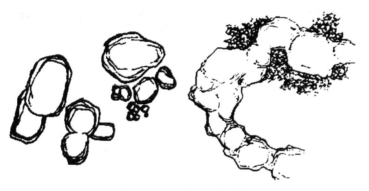

图 2-2-6　山石平面图

2. 山石的立面画法

山石的立面图的轮廓线要粗，石块面、纹理可用较细、较浅线条勾绘，体现石块的体积感（图 2-2-7）。

常用石材：湖石，多用曲线表现外形的自然曲折，刻画内部纹理的起伏变化及洞穴；黄石，体形敦厚，棱角分明，纹理平直，多用直线和折线表现外轮廓，内部纹理应以平直为主；青石，纹理为相互交叉的斜纹，多用直线和折线表现；石笋，以表现垂直纹理为主，可用直线，也可用曲线;卵石，体态圆润，表面光滑，多以曲线表现外轮廓，内部用少量曲线稍加修饰。

3. 群体山石绘制与表现

群体山石绘制时叠石大石与小石穿插，大石间小石或小石间大石表现层次，线条转折要流畅有力（图 2-2-8）。

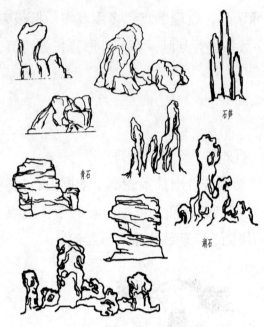

图 2-2-7　山石立面图　　　　　　图 2-2-8　群体山石的表现

四、假山施工图内容及表示方法

1. 假山施工图

假山施工图主要包括：平面图、立面图、剖（断）面图、基础平面图（图 2-2-9）。

（1）平面图表示假山的平面布置、各部的平面形状。

（2）立面图表现山体的立面造型及主要部位高度。为了完整地表现山体各面形态，便于施工，一般应绘出前、后、左、右四个方向立面图。

（3）剖（断）面图表示假山某处内部构造及结构形式，断面形状，材料、做法和施工要求。

（4）基础平面图表示基础的平面位置及形状。

（5）细部形状控制：假山施工图中，由于山石素材形态奇特，因此，不可能也没有必要将各部尺寸一一标注，一般采用坐标方格网法控制。

2. 假山设计施工图表示方法

山石均采用其水平投影轮廓线概括表示，以粗实线绘出边缘轮廓，以细实线绘出纹理。

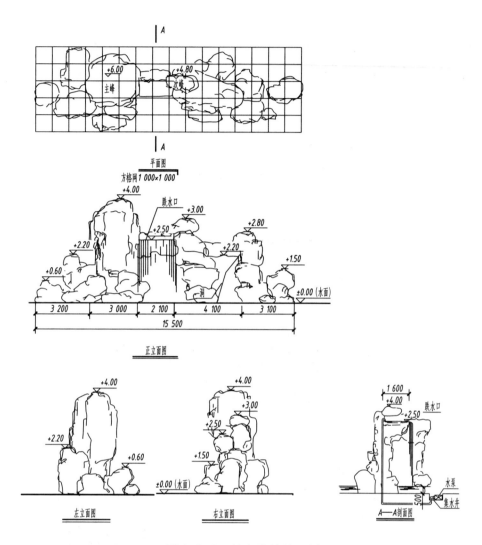

图 2-2-9　假山设计施工图

五、常见水景的表示方法

水面表示一般采用线条法、等深线法、平涂法。

1. 水景平面表示方法

（1）景观规划图中的图例表示（图 2-2-10）。

（2）线条法。用平行排列的线条表示水面的方法称作线条法。作图时，可将整个水面全部用线条均匀地布满，也可局部留白，或只局部画线条（图 2-2-11）。

（3）等深线法。在靠近岸线的水面中，依岸线的曲折作两三根曲线，外面一条表示水体边界线，用实粗线绘制；里面一条或两条表示水面，用细实线绘制（图 2-2-12）。

（4）平涂法。用水彩或墨水平涂来表示水面的方法称作平涂法。平涂时，可先用铅笔作线稿，运用退晕的方法，一层层进行渲染，使离岸远的水面颜色较深；也可不考虑深浅，均匀平涂（图 2-2-13）。

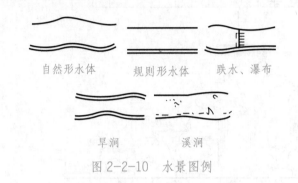

图 2-2-10　水景图例

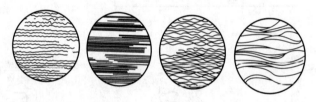

图 2-2-11　线条表示的水面

图 2-2-12　等深线表示的水面　　　　图 2-2-13　平涂表示的水面

2. 水景立面的表示方法

（1）普通装饰性喷泉。它是由各种普通的水花图案组成的固定喷水型喷泉（图 2-2-14a）。

（2）与雕塑结合的喷泉。喷泉的各种喷水花型与雕塑、水盘、观赏柱等共同组成景观（图 2-2-14b）。

（3）水雕喷泉。用人工或机械塑造出各种抽象的或具象的喷水水形，其水形呈某种艺术性"形体"的造型（图 2-2-14c）。

（4）自控喷泉。它是利用各种电子技术，按设计程序来控制水、光、音、色的变化，从而形成变幻多姿的奇异水景（图 2-2-14d）。

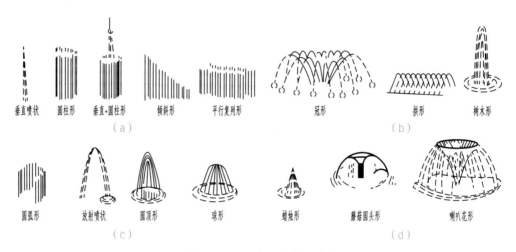

图 2-2-14　常见水景示例

六、水景施工图内容及表示方法

水景设计施工图主要表示整个水景工程各构筑物在平面和立面的布置情况。主要包括总体布局图、构筑物结构图和水池工程施工图（图 2-2-15）。

1. 总体布局图

总体布局图为平面图，一般画在地形图上。图中一般只注写构筑物的外形轮廓尺寸、主要定位尺寸、主要部位的高程和填挖方坡度。总体布局图的内容包括：

（1）工程设施所在地区的地形现状、河流及流向、水面、地理方位（指北针）等。

（2）各工程构筑物的相互位置、主要外形尺寸、主要高程。

（3）工程构筑物与地面交线、填挖方的边坡线。

2. 构筑物结构图

构筑物结构图包括平面图、立面图、剖面图、详图和配筋图，绘图比例一般为 1∶5 ~ 1∶100。

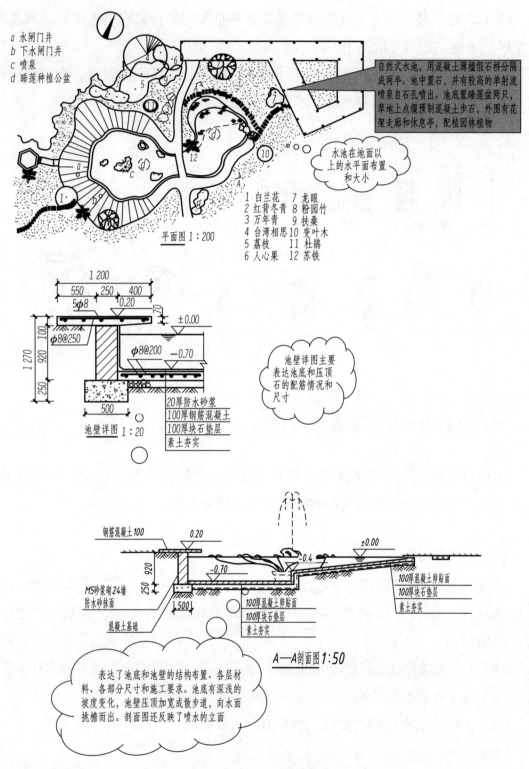

a 水闸门井
b 下水闸门井
c 喷泉
d 睡莲种植公盆

自然式水池，用混凝土薄檐假石桥分隔成两半。池中置石，并有较高的单射流喷泉自石孔喷出。池底置睡莲盆两只，草地上点缀预制混凝土步石，外围有花架走廊和休息亭，配植园林植物

水池在地面以上的水平面布置和大小

平面图 1:200

1 白兰花　　7 龙眼
2 红背冬青　8 粉园竹
3 万年青　　9 扶桑
4 台湾相思　10 变叶木
5 荔枝　　　11 杜鹃
6 人心果　　12 苏铁

池壁详图主要表达池底和压顶石的配筋情况和尺寸

20厚防水砂浆
100厚钢筋混凝土
100厚块石垫层
素土夯实

池壁详图 1:20

钢筋混凝土 100
M5砂浆砌 24墙
防水砂抹面
混凝土基础

100厚混凝土卵贴面
100厚块石垫层
素土夯实

100厚混凝土卵贴面
100厚块石垫层
素土夯实

A—A 剖面图 1:50

表达了池底和池壁的结构布置、各层材料、各部分尺寸和施工要求。池底有深浅的坡度变化，池壁压顶加宽成散步道，向水面挑檐而出。剖面图还反映了喷水的立面

图 2-2-15　水池设计施工图

构筑物结构图必须把构筑物的结构形状、尺寸大小、材料、内部配筋及相邻结构的连接方式等都表达清楚。

3. 水池工程施工图

喷水池土建部分用喷水池结构图表达，包括水池各组成部分的位置、形状和周围环境的平面布置图，结构布置的剖面图和池壁、池底结构详图和配筋图。

常见的喷水池结构有两种：钢筋混凝土水池和砖、石壁水池。钢筋混凝土水池的池底和池壁都采用钢筋混凝土结构。砖、石壁水池池壁用砖、石墙砌筑，池底采用素混凝土或钢筋混凝土。

七、驳岸的表示方法

在总规划图中，常用图例来表示驳岸，图 2-2-16 左图为假山石自然式驳岸，右图为整形砌筑规划式驳岸。

图 2-2-16　驳岸图例

驳岸设计施工图包括驳岸平面图和断面详图（图 2-2-17）。

驳岸线平面形状多为自然曲线，无法标注各部尺寸，为了便于施工，一般采用方格网控制。方格网的轴线编号应与总平面图相符。详图表示某一区段的构造、尺寸、材料、做法要求及主要部位标高（岸顶、常水位、最高水位、最低水位、基础底面）。

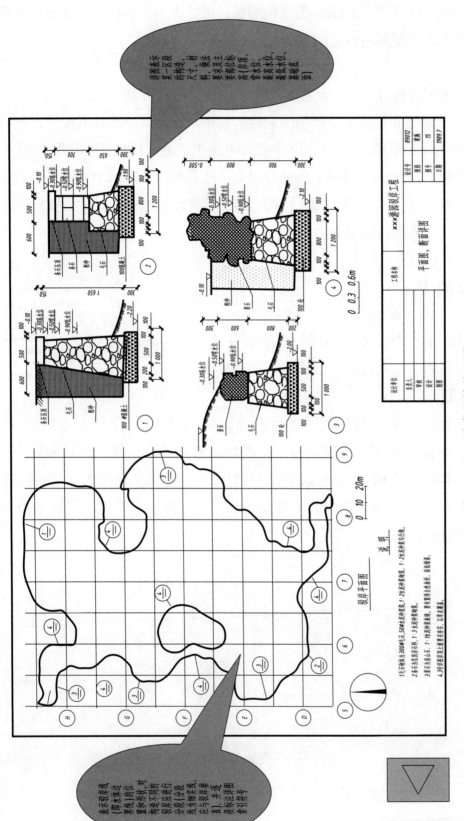

图 2-2-17 驳岸设计施工图

任务实施

一、绘制园林竖向设计图

竖向设计图在总体规划中起着重要作用，本任务主要通过绘制某游园的地形设计图，理解并掌握地形设计图的内容及绘制要求，学会使用丁字尺、曲线板等绘图工具。具体步骤如下：

第一步　根据任务内容，准备好 A2 图纸、图板、丁字尺、三角板、曲线板、铅笔、针管笔、橡皮等绘图工具及透明胶带、美工刀等辅助材料。进一步明确园林竖向设计图的画法。

第二步　确定比例及等高距,平面图比例尺选择与总平面图相同。等高距（两条相邻等高线之间的高程差）根据地形起伏变化大小及绘图比例选定，绘图比例为 1∶200、1∶500、1∶1 000 时，等高距分别为 0.2 m、0.5 m、1 m。

第三步　绘制等高线和水位线，地形设计采用等高线法等方法绘制于图面上，并标注其设计高程。设计地形等高线用细实线绘制，原地形等高线用细虚线绘制。等高线上应标注高程，高程数字处等高线应断开，高程数字的字头应朝向山头，数字要排列整齐。假设周围平整地面高程定为 0.00 m，高于地面为正，数字前 "+"号省略；低于地面为负,数字前应注写 "—"号。高程单位为 m,要求保留两位小数。

第四步　标注排水方向，地下管道或构筑物用粗虚线绘制。并用单箭头标注出规划区域内的排水方向。

第五步　绘制方格网，为了便于施工放线，地形设计图中应设置方格网，用细实线绘制。

第六步　注写设计说明，用简明扼要的语言，注写设计意图，说明施工的技术要求及做法等，或附设计说明书。

第七步　填写任务检查单（表 2-2-1）；进一步完善图样内容，上交图纸。

二、识读假山施工图

本任务主要通过识读假山施工图，理解并掌握假山施工图的内容及绘制要求，学会假山施工图的阅读技巧，具体步骤如下：

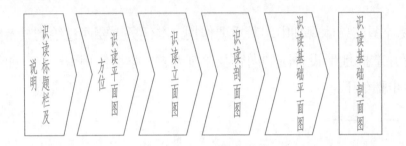

第一步　识读图名、比例、文字标注及说明、风玫瑰图或指北针。

第二步　识读图纸中假山施工图的平面，基本确定假山的大小尺寸。

第三步　识读立面图：了解假山各部分的内部形状和高度。

第四步　识读剖面图：了解剖面形状、结构形式、材料、做法及各部分高度。

第五步　识读基础平面图和基础剖面图，了解基础平面形状、大小、结构、材料和做法。

三、绘制假山施工图

本任务主要通过绘制假山施工图，进一步理解并掌握假山施工图的绘制要求及规范，学会使用各类绘图工具快速、准确地绘制假山平面、立面、剖面图，具体步骤如下：

第一步　根据任务内容，准备好 A2 图纸、图板、丁字尺、三角板、曲线板、铅笔、针管笔、橡皮等绘图工具及透明胶带、美工刀等辅助材料。进一步明确假山平面、立面、剖面、结构图的画法。

第二步　绘制假山平面图：包括平面轮廓、绘制假山纹理、标注高程、绘制定位网格、写图名。

第三步　绘制假山立面图：确定假山底部宽度，确定假山各个部分的高度，绘制假山纹理，标注高程，绘制定位网格，写图名。

第四步　绘制假山剖面图：确定剖切位置（在假山有洞穴、瀑布等景观节点处为宜），根据剖切位置绘制宽度和高度，绘制被剖切部分的材质、纹理，绘制其余假山的表面纹理，写图名。

第五步　绘制假山基础平面图和结构图：根据基础的形式绘制其平面和断面，最后写上图名。

第六步　完成文字说明，主要说明施工要求和工艺流程，并在图框的相应位置填写文字。

第七步　填写任务检查单（表 2-2-1），进一步完善图样内容，上交图纸。

四、识读水景施工图

本任务主要通过识读水景施工图，理解并掌握水景施工图的内容及绘制要求，学会水景施工图的阅读技巧，具体步骤如下：

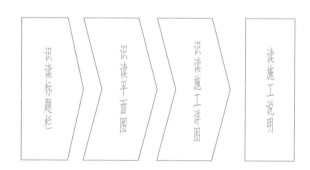

第一步　识读图名、比例、文字标注及说明、风玫瑰图或指北针。

第二步　识读图纸中水景施工图的平面，基本确定水体大致的形状和大小。

第三步　识读施工详图：看水体的驳岸设计施工图，了解不同部位的驳岸的结构、高度、池底的做法；了解水体的常水位和枯水位的情况。

第四步　读施工说明，了解施工的具体情况。

五、绘制水景施工图

本任务主要通过绘制水景施工图，进一步理解并掌握水景施工图的绘制要求及规范，学会使用各类绘图工具快速、准确地绘制水景平面、立面、剖面图，具体步骤如下：

第一步　根据任务内容，准备好 A2 图纸、图板、丁字尺、三角板、曲线板、铅笔、针管笔、橡皮等绘图工具及透明胶带、美工刀等辅助材料。进一步明确水景工程平面、剖面、结构尺寸图的画法。

第二步　绘制水景平面图：包括绘制平面图、标注尺寸、确定驳岸需要剖切的位置，绘制剖切符号。

第三步　绘制驳岸施工详图：根据确定的剖切点，绘制水体驳岸或护坡的施工图，要求标注尺寸、材料情况、水位标高情况，绘制详图符号。

第四步　补充施工说明：如施工工艺、施工要求、顶部土坡的处理手法等。

第五步　填写任务检查单（表 2-2-1）。

第六步　进一步完善图样内容，上交图纸。

表 2-2-1　任务检查单

图纸名称		完成日期		
检查内容	完成要求	完成情况		
		学生自评		教师修改意见及评分
		是	否	修改意见	
一、课前准备	按要求准备好学习材料、绘图工具和辅助材料（10分）				
二、固定图纸，绘制底稿	1. 图幅、图框、标题栏尺寸准确（10分）				
	2. 图纸样式准确（5分）				
	3. 标题栏位置准确（5分）				
	4. 图面整洁、清晰（5分）				
	5. 绘图工具使用、保管正确（5分）				

续表

图纸名称		完成日期			
检查内容	完成要求	完成情况			
		学生自评			教师修改意见及评分
		是	否	修改意见	
三、上墨线	1. 图线挺括平直，交接清楚（5分）				
	2. 线宽组使用准确（5分）				
	3. 墨线中线与底稿线对齐，尺寸准确（5分）				
	4. 图面整洁、清晰（5分）				
四、注写文字	1. 注写文字为长仿宋字体（5分）				
	2. 书写端正，字迹清楚，内容完整（10分）				
	3. 字高符合要求（5分）				
五、学习情况	在遇到问题时，能查阅相关规范指导完成任务（10分）				
六、完成情况	在规定时间内完成任务，图纸保存完好（10分）				
任务得分					
记录与反思					

任务 2.3　绘制园路、园桥设计施工图

任务目标 🍃

知识目标：1. 理解园路平面、断面、详图的表示方法
　　　　　　2. 理解园桥平面、断面、详图的表示方法。
　　　　　　3. 理解引出线的用法。

技能目标：1. 能识读并按规范绘制园路设计施工图。
　　　　　　2. 能识读并按规范绘制园桥设计施工图。
　　　　　　3. 能正确应用引出线进行分层说明。

任务准备 🍃

一、园路

　　园路是园林的脉络，是联系各个风景点的纽带。园路在园林中起着组织交通的作用，同时更重要的功能是引导游览、组织景观、划分空间、构成园景。园路的构造要求基础稳定、基层结实、路面铺装自然美观。园路的宽度一般分为三级：即主干道、次干道和游步道。主干道宽 6 ～ 7 m，贯穿全园各景区，多呈环状分布。次干道宽 2.5 ～ 4 m，是各景区内的主要游览交通路线。游步道是深入景区内游览和供游人漫步休息的道路，双人游步道宽 1.5 ～ 2 m，单人游步道宽 0.6 ～ 0.8 m。道路的坡度要考虑排水效果，一般不小于 3%。纵坡一般不大于 8%。如自然地势过大，则要考虑采用台阶。不同级别的道路的承载要求不同，因此要根据不同等级确定断面层数和材料。

　　园路工程图主要包括园路平面图、园路断面图、铺装详图。在园路、园桥等工程图中，常用"断面图"表示园路剖切面，而不涉及剖面图中"除园路断面以外的其他部分"，也就是说，断面图只是被剖开一个截口的投影，是面的投影；

剖面图是被剖开的形体的投影，是体的投影。断面图是剖面图的一部分。

（一）园路平面图的画法

园路的平面由车行道、人行道、绿带、路牙（肩）和边沟组成，主要用规划场地的水平正投影来表示，表达园路的平面形状、线形状况及方向，以及园路两侧一定范围内的地形和地物。园林道路平面表示的重点在于道路的线型、路宽、形式及路面式样。

1. 规划设计阶段的园路平面表示方法

在规划设计阶段，园路设计的主要任务是与地形、水体、植物、建筑物铺装场地及其他设施合理结合，形成完整的风景构图；连续展示园林景观的空间或欣赏前方景物的透视线，并使路的转折、衔接通顺，符合游人的行为规律。因此，规划设计阶段园路的平面表示以图形为主，基本不涉及数据的标注。

（1）主要道路和次要道路：它们的画法较简单，一般用流畅的曲线画出路面的两边线即可，较宽的道路线型相对较粗。

（2）游憩小路：其平面图的画法可用两条细线画出路面宽度或按照路面的材料示意画出。

（3）异形路：在平面图中根据步石的大小绘出平面形状即可，应注意表现出一定的规律。

规划设计阶段的园路表示方法如下（图 2-3-1）。

（4）园路路线平面图及表示方法。在大型园林中，设计阶段需要画出园路路线平面图，路线平面图的任务是表达路线的线型（直线或曲线）状况和方向，以及沿线两侧一定范围内的地形和地物等（图 2-3-2）。地形和地物一般用等高线和图例来表示，图例画法应符合总图制图标准的规定。

路线平面图一般所用比例较小，通常采用 1：500 ～ 1：2000 的比例。所以在路线平面图中依道路中心画一条粗实线来表示路线。如比例较大，也可按路面宽画双线表示路线。新建道路用中粗线，原有道路用细实线。

园路平面由直线段和曲线段（平曲线）组成。园路平面图图例如图 2-3-3 所示，R9 表示转弯半径为 9 m，150.00 m 为路面中心标高，纵向坡度为 6%，变坡点间距 101.00 m，JD2、JD17 是交角点编号，JD17 表示第 17 号交角点。平曲线要素（图2-3-3a）：交角点里程桩、转折角 α（按前进方向右转或左转）、曲线半径 R、切

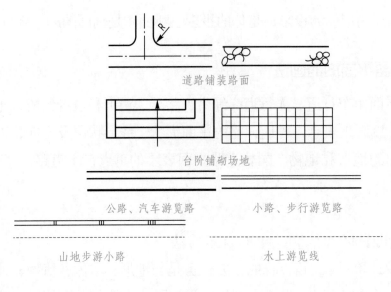

图 2-3-1　园路平面表示法

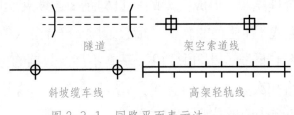

图 2-3-2　园路路线平面图

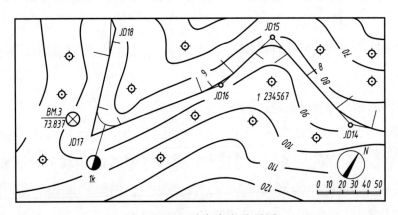

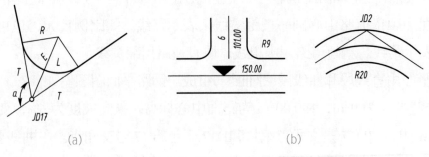

(a)　　　　　　　　　　　(b)

图 2-3-3　园路平面图图例

线长 T、曲线长 L、外距 E（交角点到曲线中心距离）。

2.施工阶段的园路平面表示方法

（1）图、地一一对应，即施工图上的每一个点、每一条线都能在实地上一一对应地准确找到。因此，施工阶段的园路平面图必须有准确的方格网和坐标，方格网的基准点必须在实地有准确的固定的位置。

（2）标注相应的数据。

（3）园路施工平面图通常还需要大样图，以表示一些细节上的设计内容，如路面的纹样设计。

3.绘制园路平面图的基本步骤

（1）确立道路中线。

（2）根据设计路宽确定道路边线。

（3）确定转角处的转弯半径或其他衔接方式，并可酌情表示路面材料。

4.园路铺地样式

园路铺地纹样图例见图 2-3-4。

（二）园路断面图的画法

园路断面图的绘制主要用于施工阶段，园路断面图又可分为横断面图和纵断面图。

1.横断面表示法

园路中线沿法线方向的剖面图称为园路横断面图。横断面图反映了园路在横剖面上的组成、形状和几何尺寸，是园路的重要设计内容之一（图 2-3-5）。

2.纵断面表示法

为了满足游览和园务工作的需要，对有特殊要求或路面起伏较大的园路，应绘制纵断面图。园路纵断面图用于表示路线中心地面起伏状况。纵断面图是用铅垂剖切面沿着道路的中心线进行剖切，然后将剖切面展开成一立面，纵断面的横向长度就是路线的长度。园路纵断面由直线和竖曲线（凸形竖曲线和凹

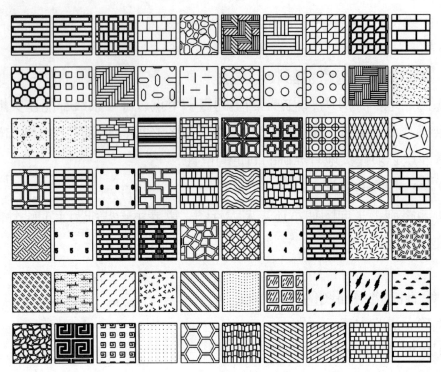

图 2-3-4　园路铺地纹样图例

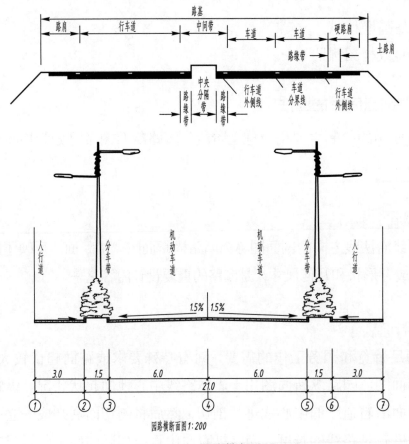

园路横断面图 1:200

图 2-3-5　园路横断面图

形竖曲线）组成。

　　由于园路的横向长度和纵向高度之比相差很大，故园路纵断面图通常采用两种比例，例如长度采用 1∶2 000，高度采用 1∶200，相差 10 倍。

　　园路纵断面图用粗实线表示顺路线方向的设计坡度线，简称设计线。地面线用细实线绘制，具体画法是将水准测量测得的各桩高程，按图样比例点绘在相应的里程桩上，然后用细实线顺序把各点连接起来，故纵断面图上的地面线为不规则曲折状。

　　设计线的坡度变更处，两相邻纵坡坡度之差超过规定数值时，变坡处需设置一段圆弧竖曲线来连接两相邻纵坡。应在设计线上方表示凸形竖曲线和凹形竖曲线，标出相邻纵坡交点的里程桩和标高，竖曲线半径、切线长、外距、竖曲线的始点和终点。如变坡点不设置竖曲线时，则应在变坡点注明"不设"。路线上的桥涵构筑物和水准点都应按所在里程注在设计线上，标出名称、种类、大小、桩号等，如图 2-3-6 所示。

（三）铺装详图

　　铺装详图用于表达园路的面层结构，如断面形状、尺寸、各层材料、做法、施工要求和铺装图案（如路面布置形式及艺术效果）。

1. 园路按面层材料分类
　　（1）整体路面：水泥路面和沥青路面等。
　　（2）块材路面：由各种天然块石、陶瓷砖及预制水泥混凝土块料等构成。
　　（3）碎料路面：用各种片石、砖瓦片、卵石等碎料拼成的路面。
　　（4）简易路面：由煤渣、三合土等组成的路面。

2. 道牙分类
　　一般分为立道牙和平道牙两种形式（图 2-3-7）。

3. 断面组成
　　由路基、路面（垫层、基层、结合层和面层）、横坡（1% ～ 4%）组成（图 2-3-8）。
　　（1）路基的作用和设计要求。经验认为，如无特殊要求，一般黏土或砂性土开挖后用蛙式打夯夯实 3 遍，就可直接作为路基。在严寒地区，严重的过湿冻胀

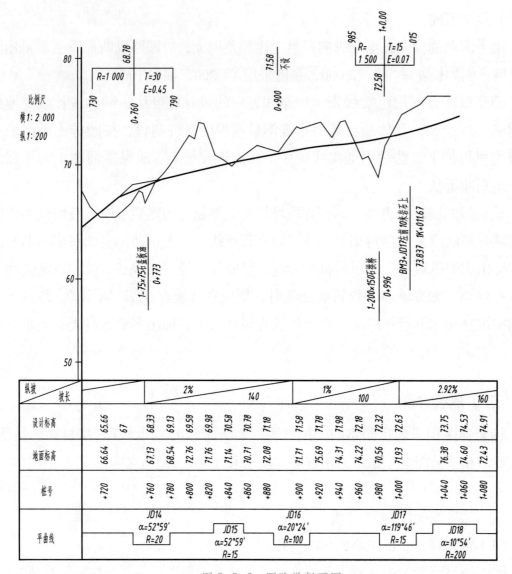

图 2-3-6　园路纵断面图

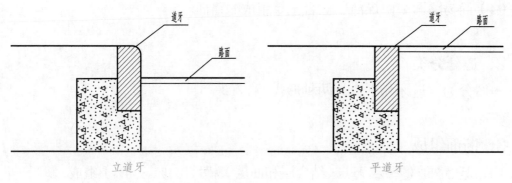

图 2-3-7　道牙

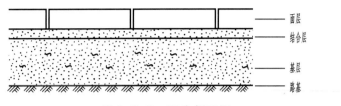

图 2-3-8　园路断面图

土或湿软呈橡皮状土，宜采用 1∶9 或 2∶8 灰土加固路基，其厚度一般为 15 cm。

（2）面层：直接承受人流、车辆和大气等因素的破坏。从工程上讲，面层设计要做到坚固、平稳，耐磨耗，具有一定的粗糙度，少尘埃。

（3）基层：一般在路基上，起承重作用。一般用碎石、灰土或各种工业废渣等筑成。

（4）结合层：在采用块料铺筑面层时，在面层和基层之间，为了结合和找平而设置的一层，一般用 3 ~ 5 cm 厚的粗砂、水泥砂浆或白灰砂浆即可。

（5）垫层：在路基排水不良或有冻胀、翻浆的路线上，为了排水、隔温、防冻的需要，用煤渣土、石灰土等筑成。

4．常用材料表示方法

常用材料图例见图 2-3-9。

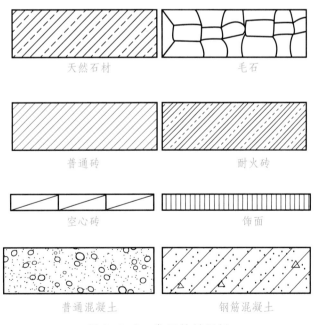

天然石材　　　　　　　　毛石

普通砖　　　　　　　　　耐火砖

空心砖　　　　　　　　　饰面

普通混凝土　　　　　　　钢筋混凝土

图 2-3-9　常用材料图例

5. 引出线的表示方法

图中某些部位具体内容无法标注时用引出线，引出线用细实线。如园路的断面铺装需多文字说明时须用引出线（图 2-3-10，图 2-3-11）。

引出线应自所指部分的可见轮廓内引出，并在末端画一圆点；若所指部分（很薄或涂黑的剖面）内不便画圆点时，可在引出线的末端画出箭头，并指向该部分的轮廓。

引出线采用水平方向的直线和与水平方向成角的直线表示，引出线相互不能相交。当通过有剖面线的区域时，引出线不应与剖面线平行。

文字说明注在横线的上方，索引详图的引出线，对准索引符号的圆心。

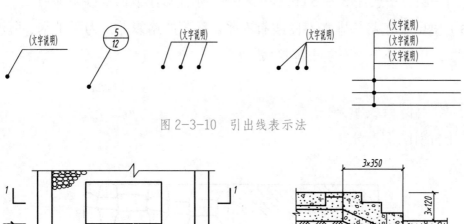

图 2-3-10　引出线表示法

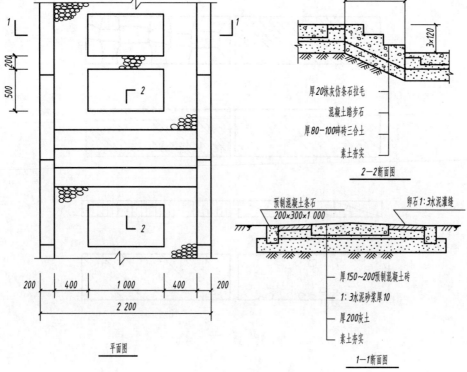

图 2-3-11　引出线使用实例

二、园桥

园桥是园路的特殊形式，它不仅有联系交通、组织游览的作用，而且有分割水面、构成景点的作用，既有园林道路的特征，又有园林建筑的特征。园桥的种类繁多，形式千变万化（图 2-3-12）。

园桥施工图主要包括平面图、立面图、剖（断）面图、局部设计详图（图 2-3-13）。

园桥平面图、立面图主要用正投影的方法进行绘制，用来表示园桥的平面、立面形状。

园桥剖（断）面图是假设用铅垂剖切平面沿着园桥的中心线进行剖切后将所得的剖面图展开而形成的，用来表示园桥的结构形式和施工做法。

局部详图是园桥某一节点的大样图，详细表达节点尺寸与施工做法。

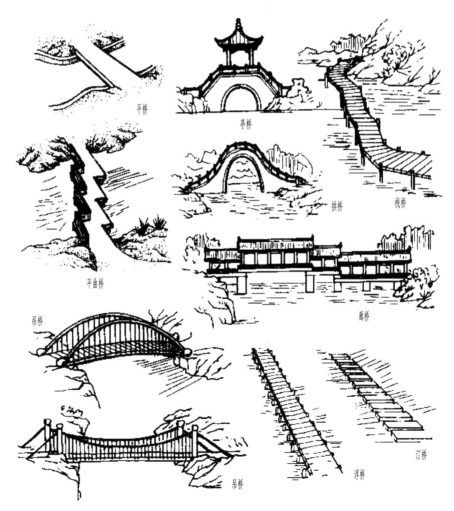

图 2-3-12 园桥种类

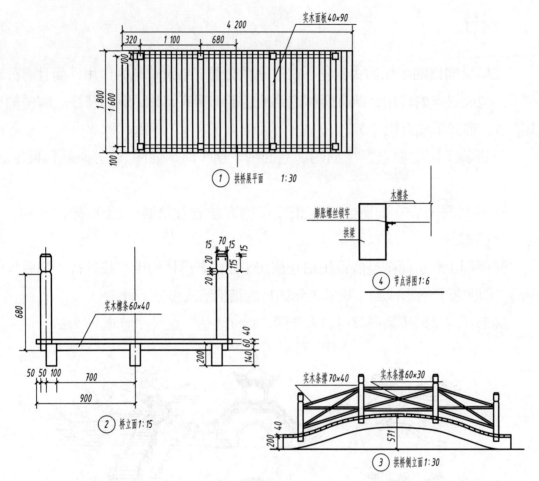

图 2-3-13 园桥施工图

（一）园桥平面图的画法

1. 平面图表示法

园桥平面图见图 2-3-14。

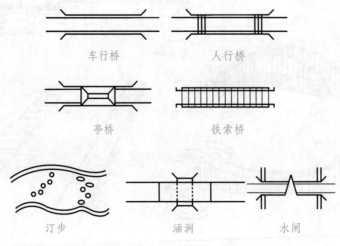

图 2-3-14 园桥平面图

2. 施工阶段平面图画法步骤

（1）选用比例：一般为 1 ： 200 ～ 1 ： 50。

（2）绘制平面形状。

（3）标注尺寸。

（4）注写必要的文字说明。

（二）园桥断面图的画法步骤

剖断面图标注园桥纵、横断面的尺寸，表达园桥结构及表层、基础的施工做法等。

（1）选用比例：一般为 1 ： 50 ～ 1 ： 20。

（2）绘制剖断面形状。

（3）按绘制要求，加深有关轮廓线。

（4）标注尺寸，注写必要的文字注释。

（5）注写必要的文字说明。

（三）园桥详图

园桥详图对园桥栏杆、柱、基础等结构部件的详细构造和尺寸进行表达，绘图比例一般为 1 ： 50 ～ 1 ： 100。下面是常见平曲桥和石拱桥的作图方法。

1. 平曲桥

平曲桥在结构形式上可采用板梁柱式。桥面用预制的混凝土空心板或现浇钢筋混凝土板均可。空心板产品的标准宽度在 400 ～ 1 200 mm 之间，常用的是 500mm、600 mm 宽；其标准长度在 2 100 ～ 4 200 mm 之间，常用的是 2 700 ～ 3 600 mm；可根据桥面的设计宽度和桥孔的跨度来选用。桥面板上用水泥砂浆抹面、水磨石饰面、青砖墁地、石板铺地都可以。桥面若设计得较宽，则可在两边边缘各设一条矮护栏。若桥面较窄，只在一边设置矮护栏即可。为简化结构，可缩小桥孔跨度，省去钢筋混凝土桥梁，直接用桥面板铺设在桥墩上。桥墩用整形毛石砌筑或用混凝土柱、砖砌体都可以。砖砌桥墩一般只用在小型平曲桥中。桥墩下的基础部分，在夯实的地基上先用 C15 混凝土做一个 1 100 mm 厚的垫层，再用 C20 钢筋混凝土做 200 mm 厚基础层。平曲桥设计示例如图 2-3-15 所示。

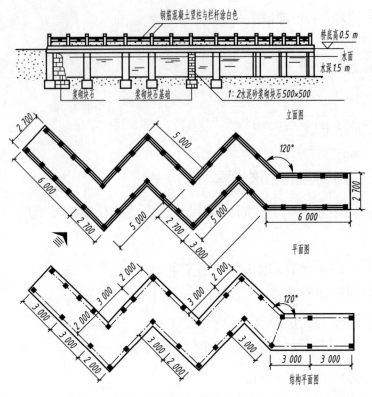

图 2-3-15　平曲桥示例图

2. 石拱桥

石拱桥（图 2-3-16）的桥址应选在河面最窄处或湖堤的中段某处。桥的平面形状可由三段构成，桥面中间一段为平直形，其下做桥孔；桥两头各一段，向外八字形展开，主要布置桥面的阶梯。桥面一般用石板、条石铺砌。在桥面铺石层下应做防水层，采用 1 mm 厚沥青和石棉沥青各一层作底。石棉沥青用七级石棉 30%、60 号石油沥青 70% 混合而成。在其上铺沥青麻布一层，再敷石棉沥青和纯沥青各一道作防水面层。

在立面设计中，桥孔的跨径不宜过大，控制在 4 m 以内为好。若水面较宽，可设多个桥孔。桥孔高度，取正常水位至孔顶之高度，一般为跨径的 0.45 ~ 0.55 倍。桥孔之间的边墙用毛石或整形条石以 1∶2 水泥砂浆砌筑。在桥两端的边墙上，应各设一道变形缝（含伸缩缝），缝宽 15 ~ 20 mm，缝内用浸过沥青的毛毡填塞，表面加做防水层，以防雨水浸入或异物阻塞。桥边的栏杆由望柱和栏板构成。根据设计，望柱一般高 900 mm，但也可再低一些；栏板高 500 ~ 600 mm 即可。

石拱桥的结构形式是拱券式，桥孔由石料拱券承重，其主要受力构件就是拱圈石层。拱圈石层的厚度，取桥拱半径的 1/12 ~ 1/6。拱圈石应选细密质地的花

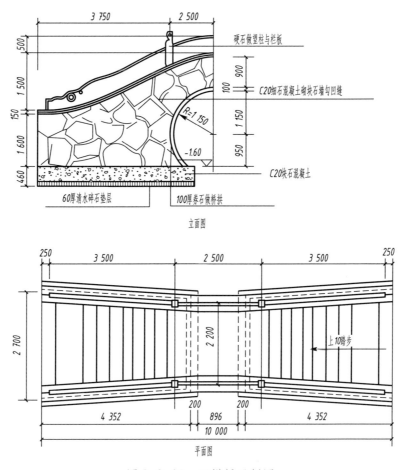

图 2-3-16　石拱桥示例图

岗石、砂岩石等，加工成上宽下窄的楔形石块。石块一侧做有榫头，另一侧做有榫眼，拱券时相互扣合，再用 1 : 2 水泥砂浆砌筑连接。桥墩应是桥孔的向下延续部分，也用整形条石砌筑，砌筑形状要与桥孔一致。

拱桥的基础，应置放到清除淤泥和浮土后的硬土（老土）层上，同时必须埋深在冻土线以下 300 mm，一般都是埋深到清除河泥的最低点以下 500 mm 处。如果实际条件不允许埋这么深，或者软土层太厚，那么就要采用桩基加固基土。在夯实的土基上，可用 60 ~ 80 mm 厚碎石作垫层，垫层之上，用 300 ~ 500 mm 厚的 C20 块石混凝土作基础。

任务实施

一、绘制园路施工图

本任务主要通过绘制园路施工图，进一步理解并掌握园路施工图的绘制要求及规范，学会使用各类绘图工具快速准确地绘制园路平面图、剖面图，具体步骤如下：

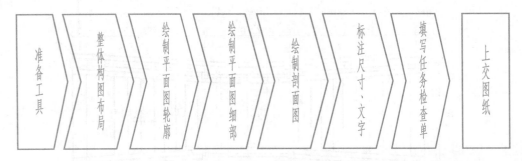

准备工具 → 整体构图布局 → 绘制平面图轮廓 → 绘制平面图细部 → 绘制剖面图 → 标注尺寸、文字 → 填写任务检查单 → 上交图纸

第一步 根据任务内容，准备好图板、丁字尺、三角板、三棱比例尺、曲线板、绘图仪、绘图笔及其他辅助工具仪器等；准备好 A3 绘图纸、黑墨汁材料。进一步明确园路设计施工图绘制方法。

第二步 根据园路的设计尺寸，确定一张图纸的绘图内容和比例，并合理安排它们在图纸中的位置，注意要为后续尺寸标注和文字标注留有足够的位置，以免出现局部绘制拥挤的情况。本例选用 1∶20 比例，同时平面图安排在图纸左侧，剖面图安排在右侧，断面图安排在另一纸上。

第三步 根据设计园路的形状，在图纸合适位置确定比例绘制平面图轮廓。因为绘制的只是园路中的一段，所以平面图中园路的长度根据图纸的大小比例自行调整，要求能完整地表现出道路的线形及路面铺装的情况（图 2-3-17）。

第四步 接下来根据园路的具体设计，绘制细部，注意图案，尺寸、排列方式。

第五步 根据设计按由下至上的顺序，绘制剖面图中各层。根据材料的不同，用对应的图案对每

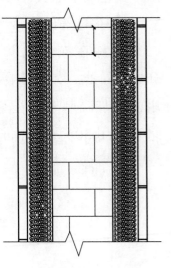

图 2-3-17　园路平面图

个结构层进行图案的填充。对线型进行调整,如地面线用粗线等(图 2-3-18)。

　　第六步　对各个尺寸进行标注,文字标注部分用引线,注意文字大小一致,引线对齐,保证图面的美观(图 2-3-19)。

　　第七步　填写任务检查单(表 2-3-1)。对照检查单对完成任务的过程做简要回顾并思考。同时提出修改意见。

　　第八步　进一步完善图纸内容,上交图纸。

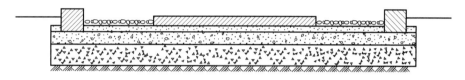

图 2-3-18　园路剖面图

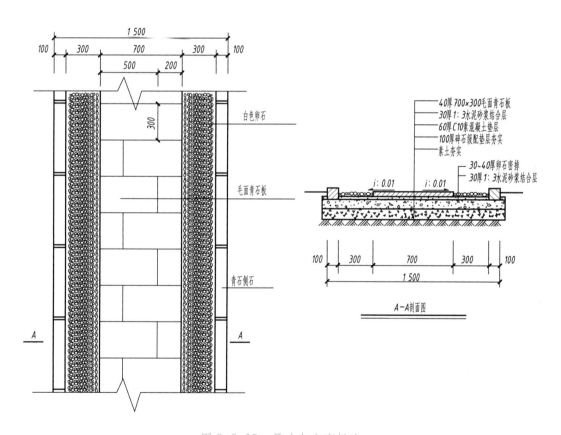

图 2-3-19　尺寸与文字标注

表 2-3-1 任务检查单

图纸名称		完成日期			
检查内容	完成要求	完成情况			
		学生自评			教师修改意见及评分
		是	否	修改意见	
一、课前准备	按要求准备好学习材料、绘图工具和辅助材料（10分）				
二、固定图纸，绘制底稿	1. 图幅、图框、标题栏尺寸准确（10分）				
	2. 图纸样式准确（5分）				
	3. 标题栏位置准确（5分）				
	4. 图面整洁、清晰（5分）				
	5. 绘图工具使用、保管正确（5分）				
三、上墨线	1. 图线挺括平直，交接清楚（5分）				
	2. 线宽组使用准确（5分）				
	3. 墨线中线与底稿线对齐，尺寸准确（5分）				
	4. 图面整洁、清晰（5分）				
四、注写文字	1. 注写文字为长仿宋字体（5分）				
	2. 书写端正，字迹清楚，内容完整（10分）				
	3. 字高符合要求（5分）				
五、学习情况	在遇到问题时，能查阅相关规范指导完成任务（10分）				
六、完成情况	在规定时间内完成任务，图纸保存完好（10分）				
任务得分					
记录与反思					

二、识读园桥施工图

本任务主要通过识读园桥施工图（图 2-3-20），理解并掌握园桥施工图的内容及绘制要求，学会园桥施工图的阅读技巧，具体步骤如下：

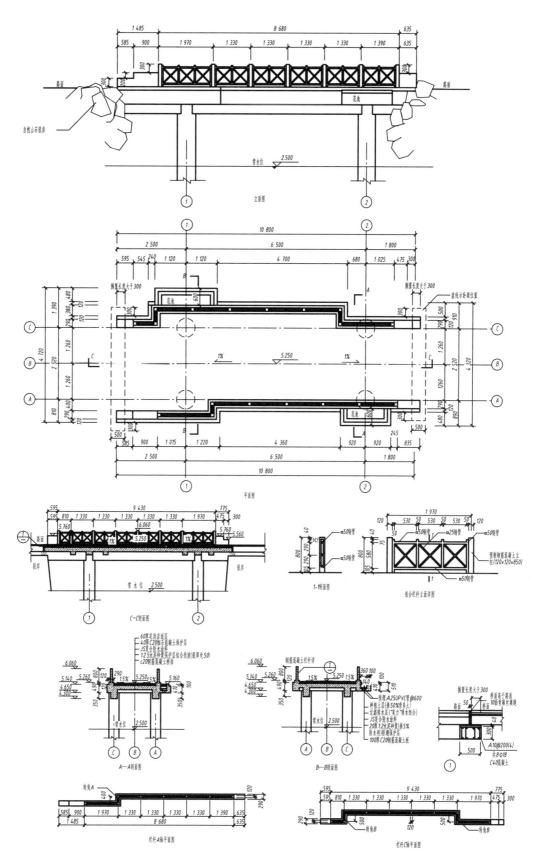

图 2-3-20　园桥施工图

第一步   根据任务内容，从标题栏及说明中了解工程名称、材料和技术要求，进一步明确园桥施工图包括的内容，便于理解绘制方法。本例为某公园园桥的工程施工图。

第二步   从平面图中了解比例，方位，位置，平面形状、跨度和体量。

从 图2-3-20 可识别到：该桥总体形状为（   ）；跨度为（   ）宽度为（   ）。

第三步   从立面图中了解栏杆的间距及高度。从 图2-3-20 可识别到：该桥柱间距为（   ）；栏杆柱高为（   ）。

第四步   从剖(断)面图了解园桥的结构和做法，以及台阶的宽和高。从 图2-3-20 可识别到：园路到桥面有（   ）级台阶；台阶的宽为（   ），高为（   ）；该桥立柱间距为（   ）；横梁结构为（   ）；长是（   ）。具体材料和做法是（   ）

第五步   从详图了解园桥的某一部分或节点的尺寸及做法。

第六步   填写任务报告单（表2-3-2）。

第七步   进一步完善识读报告，上交任务报告单。

表2-3-2   任务报告单

图纸名称			年　月　日
识读内容	识读报告		教师评分及建议
标题栏及说明（10分）	工程名称及技术要求		
平、立面图（30分）	比例及方位		
	位置		
	形状		
	体量		
	其他		
剖断面图（30分）	结构		
	做法		
	其他		
施工大样图（30分）	节点尺寸		
	节点做法		
	其他		
任务得分			

任务 2.4　绘制园林建筑平、立、剖面图

任务目标

知识目标：1. 理解建筑平、立面图的形成，理解剖面图的形成、类型。

2. 理解建筑平、立、剖面图中线宽组的用法，知道轴线符号、连接符号的画法，理解标高标注的画法，知道常用建筑图例的用法。

3. 理解标注剖切符号的用法和编号，理解常用的建筑材料图例的用法。

4. 理解索引符号、详图符号的应用。

5. 熟悉建筑平、立剖面图的绘制步骤。

技能目标：1. 能按规范绘制园林建筑平、立、剖面图，能正确标注立面图图号，能正确标注、编写剖面图图号。能正确标注标高、轴线符号、连接符号。

2. 能识读、绘制建筑、小品施工图、详图。能正确标注索引符号、详图符号。

3. 能运用《房屋建筑制图统一标准》规范绘图。

任务准备

用三面投影可得到建筑物几个面的外观，形成建筑的平、立面图。仅用建筑物的外观图不能完全反映建筑物，还必须加上内部平面和剖面图表示建筑物的内部情况。

一、建筑平面图的画法

1. 建筑平面图的概念

与其他园林要素不同的是，建筑水平投影产生的视图通常称为屋顶平面图，而建筑平面图则是用假设的水平面将建筑物剖切开，移去上面部分，剩下部分的水平投影图。为了能全面反映建筑物内部的平面结构，剖切位置常选在窗台以上的高度（图 2-4-1）。建筑平面图是放线、砌筑墙体、安装门窗、

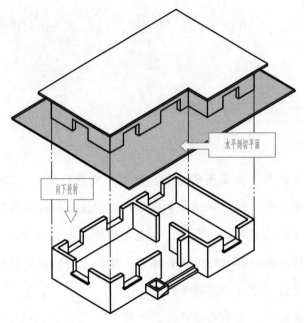

图 2-4-1　建筑平面图形成原理

作室内装修及编制预算、备料等的基本依据。

2．步骤和要求

（1）选取适合比例。

总体规划图：总体规划图分为总体规划总平面图、详细规划总平面图等。其中控制性详细规划阶段的总平面图主要表示地块范围内建筑物、构筑物的方位，间距以及道路网、绿化、竖向布置和基地临界情况等。图上有指北针，有的还有风玫瑰图。总体规划图标注的信息少，可以没有细部尺寸标注但是要有建筑、道路的总尺寸。

总平面图：总平面图主要表示整个建筑基地的总体布局，具体表达新建建筑的位置、朝向以及周围环境（原有建筑、交通道路、绿化、地形）的基本情况。总平面图要按比例绘制，高程、道路尺寸都要有，较详细。

建筑图中的常用比例见表 2-4-1。

（2）绘制定位轴线。定位轴线用细点画线绘制，其端部绘制直径为 8 mm 的细实线圆，在圆圈中书写轴线编号。规定横向轴线编号用阿拉伯数字，自左向右顺序编写；竖向轴线编号用拉丁字母（除 I、O、Z），自下而上顺序编写。定位轴线圆的圆心，应在定位轴线的延长线上或延长线的折线上（图 2-4-2）。

表 2-4-1　建筑图中的常用比例

图名	常用比例
总体规划图	1 : 2 000，1 : 5 000，1 : 10 000，1 : 25 000
总平面图	1 : 500，1 : 1 000，1 : 2 000
建筑平立剖面图	1 : 50，1 : 100，1 : 200
建筑局部放大图	1 : 10，1 : 20，1 : 50
建筑构造详图	1 : 1，1 : 2，1 : 5，1 : 10，1 : 20，1 : 50

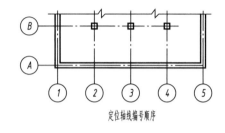

定位轴线编号顺序

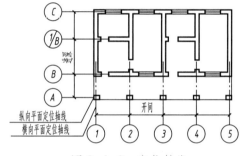

图 2-4-2　定位轴线

注意：竖向轴线编号不用拉丁字母 I、O、Z 的原因：与数字 1、0、2 易混淆。1、2 用作轴线编号，所以 I、O、Z 不用作轴线编号；O 与 0 相近，也不用作轴线编号。

在两轴线之间，有的需要用附加轴线表示。

规定：主要承重构件，应绘制水平和竖向定位轴线，并编注轴线号；对非承重墙或次要承重构件，编写附加定位轴线。

附加轴线的编号应以分数形式表示，并应按下列规定编写：

① 两根轴线之间的附加轴线，应以分母表示前一根轴线的编号。分子则表示附加轴线的编号，编号宜用阿拉伯数字编写，如：1/2 表示 2 号轴线之后附加的第一根轴线；1/C 表示 C 号轴线之后面附加的第一根轴线。

② 1 号轴线或 A 号轴线之前的附加轴线的分母应以 01 或 0A 分别表示，如：1/01 表示 1 号轴线之前附加的第一根轴线；3/0A 表示 A 号轴线之前附加的第三根轴线（图 2-4-3）。

③ 当一个详图适用于几根定位轴线时，应同时注明各有关轴线的编号（图 2-4-4），而通用详图中的定位轴线，应只画圆，不注写其轴线编号。

（3）线宽组（表2-4-2）。

粗实线：凡是被平面剖切到的墙、柱的断面轮廓，用粗实线表示。

中实线：被剖切到的次要部分的轮廓线和没有被剖切到的可见构件轮廓线，如墙身、窗台等，用中实线表示。

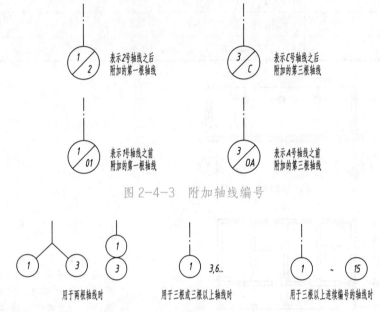

图2-4-3　附加轴线编号

图2-4-4　多根定位轴线表示方法

细实线：尺寸标注线、引出线以及某些构件的轮廓线，如门窗线、墙面的分格线、散水等，用细实线表示。

建筑图中的线宽组表示见表2-4-2。

表2-4-2　建筑图中的线宽组表示

名称	用途
粗实线	平、剖面图中被剖切的主要建筑构造（包括构、配件）的轮廓线；建筑立面图的外轮廓线；建筑构造详图中被剖切的主要部分的轮廓线；建筑构、配件详图中构、配件的外轮廓线
中实线	平、剖面图中被剖切的次要建筑构造的轮廓线 建筑平、立、剖面图中建筑构、配件的轮廓线 建筑构造详图及建筑构、配件详图中一般轮廓线 相对外墙面来说，有凹凸的部位都采用中实线（如：门、窗最外框线，窗台、遮阳板、檐口、阳台、雨篷、台阶、花池的轮廓线，或外凸于墙面的柱子）
细实线	尺寸线、尺寸界线、图例线、索引符号、标高符号等如：门、窗的分格线，墙面的分格线，雨水管，标高符合线，其他的引出线
细点画线	中心线、对称线、定位轴线

（4）门、窗图例。如图 2-4-5 所示。门代号通常用 M，如：M1、M2、M3；窗代号通常用 C，如：C1、C2、C3。

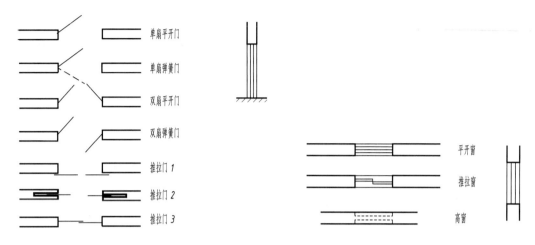

图 2-4-5　常见门窗图例

（5）平面图中的尺寸标注（图 2-4-6）。

① 第一道尺寸线（最外一道）：表示外轮廓的总尺寸，表示建筑物（从一端外墙到另一端外墙）的总长或总宽度尺寸。

② 第二道尺寸线：表明轴线间距，说明房间的开间（相邻横向两轴线之间的距离）及进深（相邻纵向两轴线之间的距离）的尺寸，反应房间的大小及各承重构件的位置。

③ 第三道尺寸线：表示各细部的位置及大小，如表示门、窗洞宽和位置，墙垛、墙柱等的大小和位置，窗间墙宽等的详细尺寸。

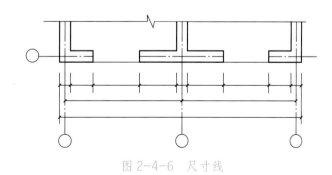

图 2-4-6　尺寸线

（6）规划图中建筑图例的绘制，见表2-4-3。

表2-4-3　规划图中的建筑图例

名称	图例	说明	名称	图例	说明
新建建筑物	 8 ▲	1. 需要时，可用▲表示出入口，可在图形内右上角用点或数字表示层数 2. 建筑物外形（一般以±0.00高度处的外墙定位轴线或外墙面线为准）用粗实线表示。需要时，地面以上建筑用中粗实线表示，地面以下建筑用细虚线表示	新建的道路	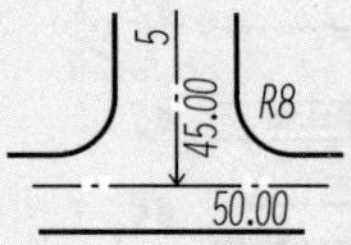 5 45.00 R8 50.00	"R8"表示道路转弯半径为8m，"50.00"为路面中心控制点标高，"5"表示5%，为纵向坡度，"45.00"表示变坡点间距离
原有的建筑物		用细实线表示	原有的道路		
计划扩建的预留地或建筑物	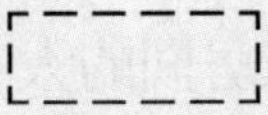	用中粗虚线表示	计划扩建的道路		
拆除的建筑物	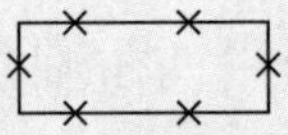	用细实线表示	拆除的道路	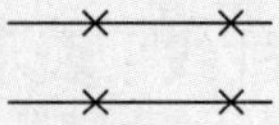	
坐标	 X115.00 Y300.00	表示测量坐标	桥梁	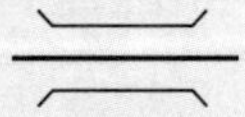	1. 上图表示铁路桥，下图表示公路桥 2. 用于旱桥时应注明
	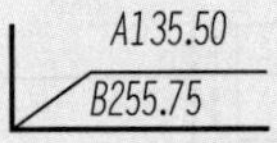 A135.50 B255.75	表示建筑坐标		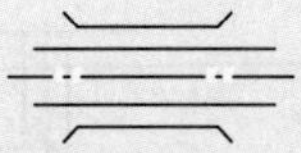	
围墙及大门		上图表示实体性质的围墙，下图表示通透性质的围墙，如仅表示围墙时不画大门	护坡	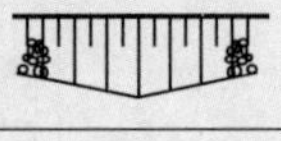	1. 边坡较长时，可在一端或两端局部表示 2. 下边线为虚线时，表示填方
			填挖边坡	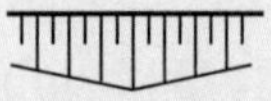	
台阶	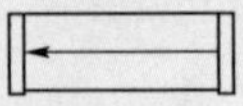	箭头指向表示向下	挡土墙		被挡的土在"突出"的一侧
铺砌场地	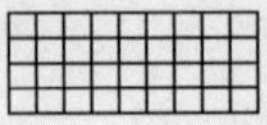		挡土墙上设围墙		

（7）常见建筑小品平面图例的绘制（图 2-4-7）。

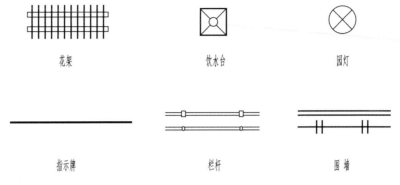

花架　　　　　　　　　饮水台　　　　　　　　　园灯

指示牌　　　　　　　　栏杆　　　　　　　　　围墙

图 2-4-7　常见建筑小品平面图例

二、建筑立面图的画法

1. 建筑立面图的概念

形成：将房屋向与其立面平行的投影面投影即得到立面图。立面图主要反映房屋的外貌和立面装修的一般做法（图 2-4-8）。

命名：以立面两端的轴线命名，如图 2-4-9，①－④立面图即以轴线命名。或以朝向命名（图 2-4-10）。

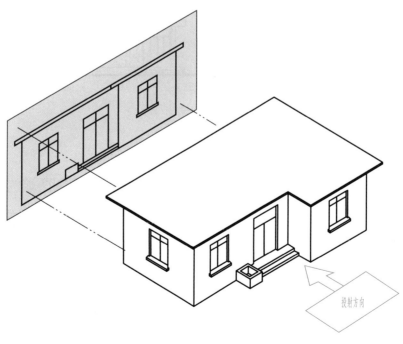

图 2-4-8　建筑立面图形成原理

图示特点：以粗实线画外轮廓线，以特粗线画地坪线，其余轮廓按层次用中、细实线画出。应标注竖向尺寸和有关部位的标高（图2-4-9）。

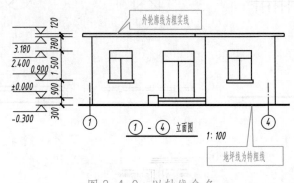

图 2-4-9   以轴线命名

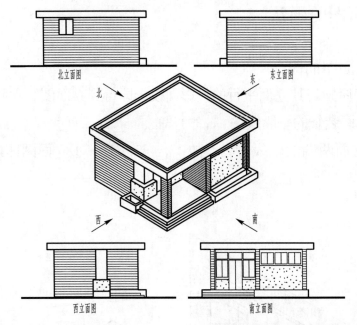

图 2-4-10   以朝向命名

2. 步骤和要求

（1）定位轴线，见图2-4-11。在立面图中，一般只标出图两端的轴线及编号，其编号应与平面图一致。

（2）图线，见图2-4-11。

粗实线：外形轮廓。

中粗实线：阳台、雨篷、门窗洞、台阶、花坛等。

细实线：门窗扇、墙面分格线、雨水管以及墙面引条线等。

1.4 倍的特粗实线：室外地面线。

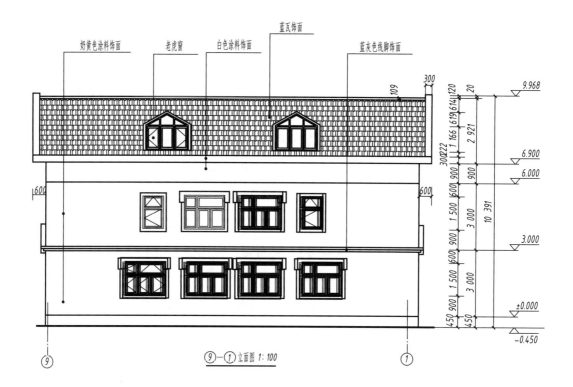

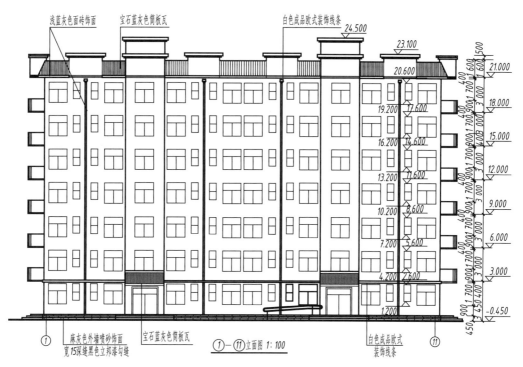

图 2-4-11 建筑立面图

（3）比例与图例。建筑立面图的比例与平面图一致，常用 1∶50、1∶100、
1∶200 的比例绘制。

（4）文字说明，见图2-4-11。外墙面根据设计要求可选用不同的材料及做法，在图面上，多选用带有指引线的文字说明。

（5）尺寸标注，见图2-4-11。只需标注各主要部位的标高——如室外地坪、出入口地面、各层楼面、檐口、窗台、窗顶、雨篷底、阳台面等的标高。

（6）标高符号。标高是标注建筑物高度方向的一种尺寸形式，标高是一个相对尺寸，尺寸标注是一个绝对尺寸。所以使用标高符号表示高度时，一定要有零标高。标高可分为绝对标高和相对标高，均以米（m）为单位。绝对标高是以青岛附近黄海平均海平面为零点测出的高度尺寸，它仅使用在建筑总平面图中。相对标高是以建筑物室内主要地面为零点测出的高度尺寸。标高的注写方式见图2-4-12。

标高符号的画法：标高符号是高度为3 mm的等腰直角三角形，用细实线绘制，直角顶点的位置表示高度。总平面图室外地坪标高符号，宜用涂黑的等腰直角三角形。符号尖端应指被注高度的位置，一般应向下，也可向上。

标高数字：总平面图标注到小数点后两位，其余标注到小数后三位（图2-4-12）。

标高标注的形式及使用场合见图2-4-13。

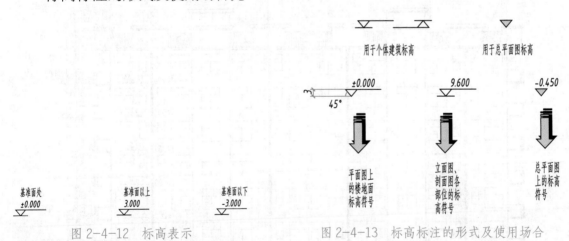

图2-4-12 标高表示　　　　图2-4-13 标高标注的形式及使用场合

三、建筑剖面图的画法

1. 建筑剖面图的概念

形成：假想用一平行于某墙面的铅垂剖切平面将房屋从屋顶到基础全部剖开，把需表达的部分投射到与剖切平面平行的投影面上而成。剖面图表示房间内部的结构或构造形式、分层情况和各部位的联系、材料及其高度等（图2-4-14）。

剖切平面应选择剖到房屋内部较复杂的部位，可横剖、纵剖或阶梯剖。剖切位置应在底层平面图中标注。

图示特点：剖面图应标注外墙的定位轴号、必要的尺寸和标高（图 2-4-15）。

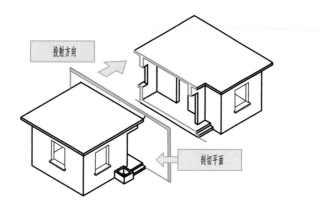

图 2-4-14　建筑剖面图的形成原理

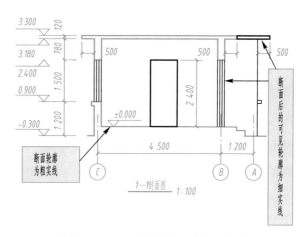

图 2-4-15　建筑剖面图表示内容

2. 步骤和要求

（1）图名和比例。与平面图一致。

（2）定位轴线。在剖面图中，一般只标出图两端的轴线及编号，其编号应与平面图一致。

（3）图线表示（图 2-4-15）。

粗实线：剖切到的墙身、楼板、屋面板、楼梯段、楼梯平台等轮廓线。

中粗实线：未剖切到但可见的门窗洞、楼梯段、楼梯扶手和内外墙的轮廓线。

细实线：门、窗扇及其分格线、水斗及雨水管等。还有尺寸线、尺寸界线、引出线和标高符号。

1.4 倍的特粗实线：室内外地坪线。

（4）标注尺寸及标高。建筑剖面图中，必须标注垂直尺寸和标高。

外墙的高度尺寸一般也标注三道：

① 最外侧一道为室外地面以上的总高尺寸。

② 中间一道为层高尺寸，即底层地面到二层楼面、各层楼面到上一层楼面、顶层楼面到檐口处的屋面等，同时还应注明室内外地面的高差尺寸。

③ 里面一道为门、窗洞及洞间墙的高度尺寸。

此外，还应标注某些尺寸，如室内门窗洞、窗台的高度及有些不另画详图的构、配件尺寸等。剖面图上两轴线间的尺寸也必须注出（图 2-4-15）。

在建筑剖面图上，室内外地面、楼面、楼梯平台面、屋顶檐口顶面都应注明建筑标高。某些梁的底面、雨篷底面等应注明结构标高。

（5）剖切符号的表示（图 2-4-16）。剖视的剖切符号应由剖切位置线及投射方向线组成，均应以粗实线绘制，且不应与其他图线相接触。剖切位置线的长度宜为 6 ~ 10 mm；投射方向线应垂直于剖切位置线，长度应短于剖切位置线，宜为 4 ~ 6 mm。编号宜采用阿拉伯数字，按顺序由左至右、由下至上连续编排，并应注写在投射方向线的端部。需要转折的剖切位置线，应在转角的外侧加注与该符号相同的编号。

建筑剖面图的剖切符号宜注在 ±0.000 标高的平面图上。

断面的剖切符号应只用剖切位置线表示，并应以粗实线绘制，长度宜为 6 ~ 10 mm。编号所在的一侧应为该断面的剖视方向（图 2-4-16）。

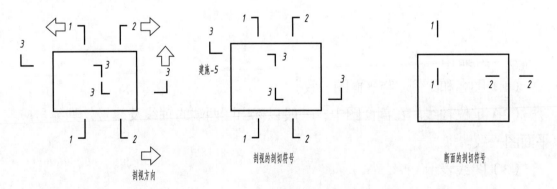

图 2-4-16　剖切符号的表示

四、建筑详图的画法

1. 建筑详图的概念

由于房屋某些复杂、细小部位的处理、做法和材料等，很难在比例较小的建筑平面图、立面图、剖面图中表达清楚，所以需要用较大的比例（1：20、1：10、1：5 等）来绘制这些局部构造。这种图样称为建筑详图，也称为节点详图。

如檐口节点剖视详图（图 2-4-17）：主要表明屋顶的承重层、女儿墙、檐沟、顶层窗过梁、遮阳或雨篷等的构造。

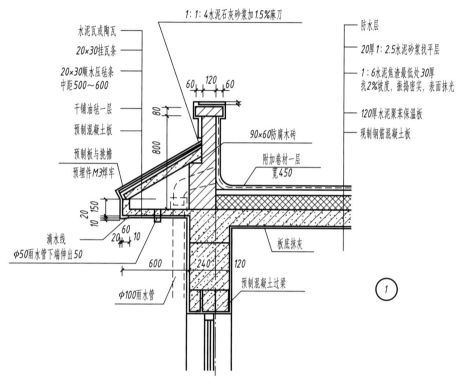

图 2-4-17　檐口节点剖视详图

2. 步骤和要求

（1）运用索引符号提取相关内容。索引符号由直径为 10 mm 的细实线圆圈、细实线水平直径和引出线及编号组成（图 2-4-18）。

（2）定位轴线、详图符号及比例。

详图符号：用直径 14 mm 粗实线绘制。

编号方法：当详图与被索引的图样不在同一张图纸上时，过圆心画一水平细实线，上半圆用阿拉伯数字表示详图的编号，下半圆用阿拉伯数字表示被索引图纸的图纸号（图 2-4-19）。

当详图与被索引的图样在同一张图纸上时，圆内不画水平细实线，圆内用阿拉伯数字表示详图的编号（图 2-4-19）。

比例一般用 1：20 或 1：10。

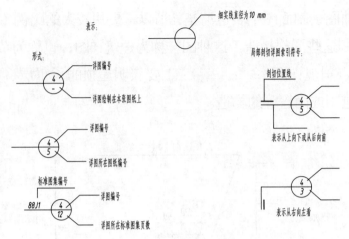

图 2-4-18　索引符号的形式及表示方法

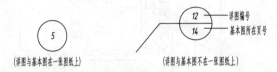

图 2-4-19　索引符号的编号方法

（3）根据设计规范绘制草图。

（4）填充材质符号及图案。建筑详图中常用建筑材料图例见图 2-4-20。

如：外墙身详图即房屋建筑的外墙身剖面详图、局部放大图。材料表达是其中很重要的环节（图 2-4-21）。

（5）标注文本及尺寸（图 2-4-21）。

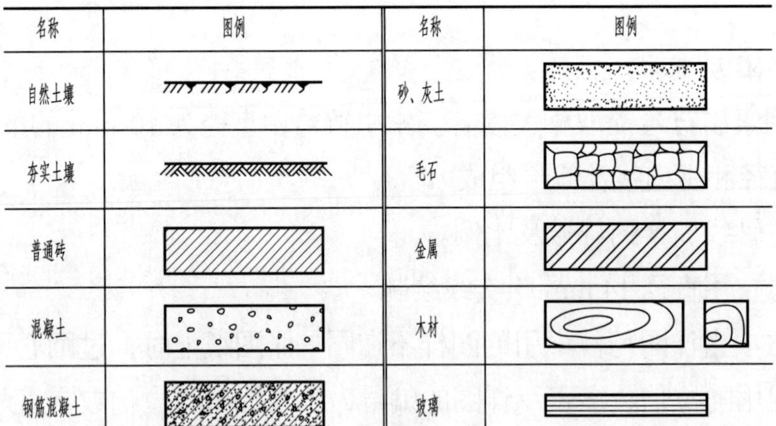

名称	图例	名称	图例
自然土壤		砂、灰土	
夯实土壤		毛石	
普通砖		金属	
混凝土		木材	
钢筋混凝土		玻璃	
饰面砖		粉刷	

图 2-4-20　常用建筑材料图例

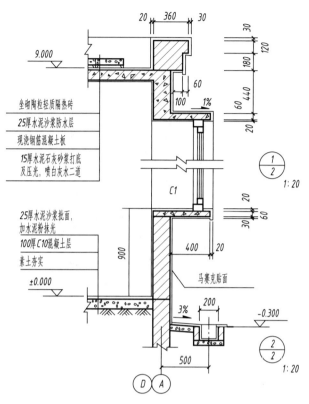

9.000

坐砌陶粒轻质隔热砖
25厚水泥沙浆防水层
现浇钢筋混凝土板
15厚水泥石灰砂浆打底
及压光，喷白灰水二道

25厚水泥沙浆批面，
加水泥粉抹光
100厚C10混凝土层
素土夯实

±0.000

C1

马赛克贴面

20 360 30
30
120
180
60
60 440
1%
100
20

1
2
1 : 20

30 20
60
400 20

3% 200
-0.300

2
2
1 : 20

900

500

D A

图 2-4-21　外墙身详图

五、园林建筑施工图的内容

建筑工程施工图是表示建筑的总体布局、外部造型、内部布置、细部构造、内外装饰以及一些固定设备、施工要求等的图样。园林建筑施工图是建筑工程施工图的一部分。

一般包括：施工总说明、建筑总平面图、平面图、立面图、剖面图、建筑详图及效果图。

1. 施工总说明及建筑总平面图

施工总说明是针对施工图中不便详细注写的用料、做法及技术要求、使用部位等要求，做出具体的文字说明。

建筑总平面图是表示建筑所在基地范围内的总体布置情况的水平投影图。内容：表明新建房屋、构筑物的位置、朝向、占地范围、室外场地、道路、绿化等的布置、地形、标高等以及与原有建筑周围环境之间的关系等。作用：是新建房屋施工定位、土方施工以及绘制水、电、暖等管线总平面图和施工总平面图的依据。

建筑总平面图表现方法有剖平面法、平顶法（图 2-4-22）。

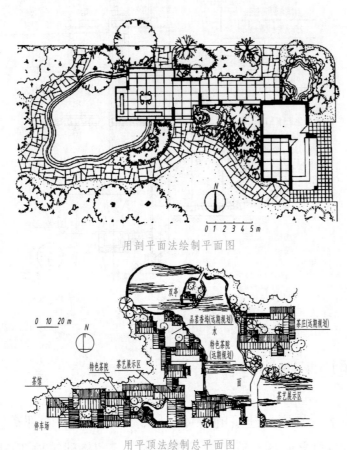

用剖平面法绘制平面图

用平顶法绘制总平面图

图 2-4-22　建筑总平面图表现方法

2. 建筑平面图

建筑平面图是水平全剖面图，剖切平面位于窗台上方的水平面。

内容：主要表示建筑物的平面形状、水平方向各部分（如出入口、走廊、楼梯、房间、阳台等）的布置和组合关系、门窗位置、墙和柱的布置以及其他建筑构、配件的位置和大小等（图 2-4-23）。

作用：建筑平面图是建筑设计中最基本的图纸，常用于表现建筑方案，并为以后的详细设计提供依据。

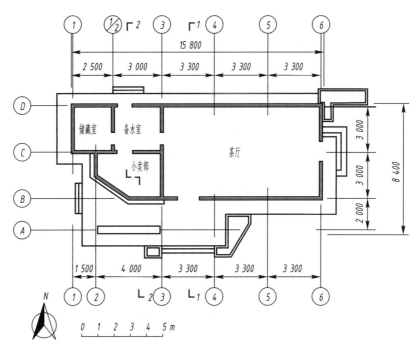

图 2-4-23　建筑平面图

3. 建筑立面图

作用：能够充分表现建筑物的外观造型效果，可以用于进一步推敲方案，并作为进一步设计和施工的依据。

线型要求：外轮廓线应用粗实线绘制；主要部位轮廓线，如门窗洞口、台阶等用中实线绘制；次要部位的轮廓线，如门窗的分格线用细实线绘制；地坪线用特粗线绘制（图 2-4-24）。

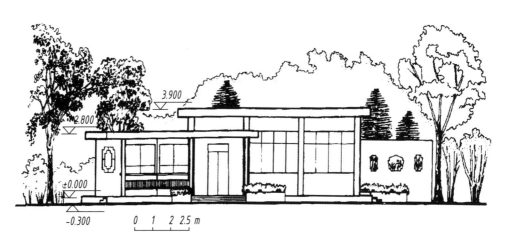

图 2-4-24　建筑立面图

配景：为了衬托园林建筑的艺术效果，根据总平面的环境条件，通常在建筑物的两侧和后部绘出一定的配景，如花草、树木、山石。

4. 建筑剖面图

内容：建筑剖面图是表示园林建筑内部结构及各部位标高的图纸，它是假想在建筑适当的部位作垂直剖切后得到的垂直剖面图。

作用：它与平面图、立面图相配合，可以完整地表达建筑。

线型要求：被剖切到的地面线用特粗实线绘制；其他被剖切到的主要可见轮廓线用粗实线绘制（如墙身、楼地面过梁、雨篷等）；未被剖切到的主要可见轮廓线的投影用中实线绘制；其他次要部位的投影用细实线绘制（图 2-4-25）。

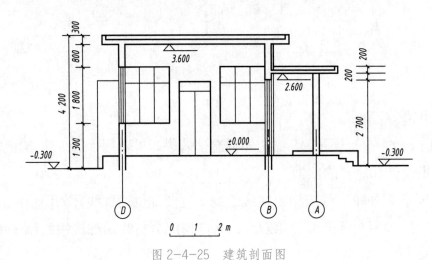

图 2-4-25　建筑剖面图

5. 建筑详图

在园林建筑中有许多细部构造，如门窗、楼梯、檐口、装饰等，为了能更好地反映方案和设计构思，有时需要反映这些细部的设计。由于这些部位较小，因此需要用较大比例绘制出详图，这些图样称为建筑详图。

建筑详图的主要内容包括：详图名称、比例、定位轴线、详图符号以及需另画详图的索引符号；建筑构、配件的形状、构造、详细尺寸以及剖面节点部位的详细构造、层次、有关尺寸和材料图例；详细注明装饰用料、颜色和做法以及施工要求；需要标注的标高（图 2-4-21）。

任务实施

一、绘制园林建筑平、立、剖面图

本任务主要通过绘制建筑平、立、剖面图，进一步理解并掌握建筑施工图的绘制要求及规范，学会使用各类绘图工具快速准确地绘制建筑设计平、立、剖面图。具体步骤如下：

第一步　准备工具。

根据任务内容，准备好图板、丁字尺、三角板、三棱比例尺、曲线板、绘图仪、绘图笔及其他辅助工具仪器等；准备好 A3 绘图纸、黑墨汁等材料。进一步明确建筑平、立、剖面图的绘制方法。

第二步　整体构图布局。

根据建筑的设计尺寸，确定绘图的数量和比例，并合理安排建筑的平、立、剖面在图纸中的位置，注意要为后续尺寸和文字标注留有足够的位置，以免出现局部绘制拥挤的情况。

第三步　绘制平面图（图 2-4-26）。

（1）先制定比例，并作墙体的中心稿线（定位轴线）。

（2）以稿线为基础作墙的内外侧线（内外墙厚度）。

（3）画出门窗位置及宽度（当比例尺较大时，应绘出门、窗框示意），加深墙的剖断线，按线条等级依次加深其他各线。

（4）加深、加粗墙体的剖断线。

（5）标注尺寸、比例、图名。

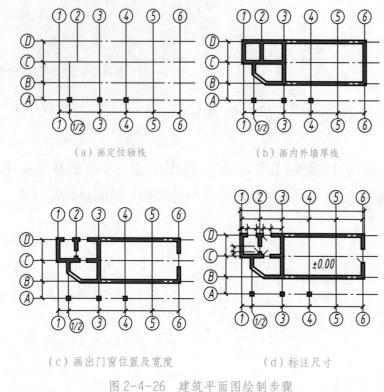

（a）画定位轴线　　　　　　（b）画内外墙厚线

（c）画出门窗位置及宽度　　　（d）标注尺寸

图 2-4-26　建筑平面图绘制步骤

第四步　绘制立面图。

立面图可以平面图为基础绘制，作图步骤如下（图 2-4-27）。

根据制图要求，立面图上的地坪线应最粗、最深，外轮廓线次之；主要层次线（如檐口线、柱子线等）粗细应适中，次要层次线（如门窗的外框线等）次之；门窗内框线、墙面材料分格线和踢脚线等应最细、最淡。

（1）画出室内外地坪线、墙体的结构中心线、内外墙及屋面构造。

（2）画出门、窗洞高度，出檐宽度及厚度。画出室内墙面上门的投影轮廓。

（3）画出门、窗、墙面、踏步等细部的投影线。加深外轮廓线，然后按线条等级依次加深各线。

（4）绘制配景。

（5）标注尺寸、标高、比例、图名。

第五步　绘制剖面图。

剖面图的绘制可参考立面图，作图步骤如下（图 2-4-28）。

（1）先作出地坪线，然后在其上作剖切部分的墙体和屋面稿线，定出墙厚和屋面厚，并作出未剖切到的墙、屋顶等的投影线。

（2）定出门窗和台阶的位置。

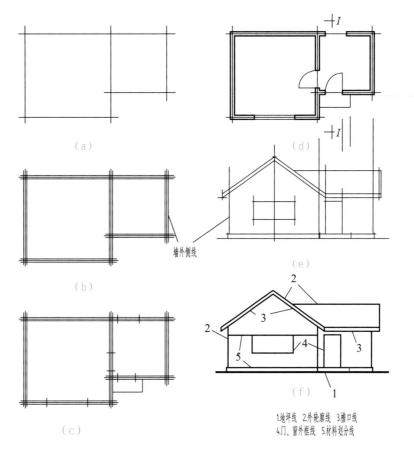

（a）

（d）

（b）

墙外侧线

（e）

（c）

（f）

1.地坪线　2.外轮廓线　3.檐口线
4.门、窗外框线　5.材料划分线

图 2-4-27　建筑立面图绘制步骤

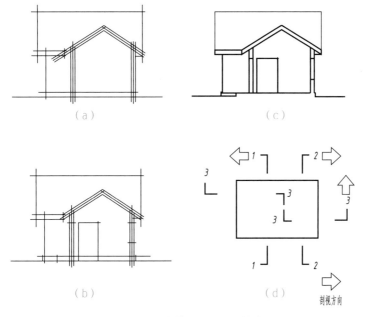

（a）

（c）

（b）

（d）

剖视方向

注意：绘图中的习惯画法：相同方向、相同线型尽可能一次画完，避免三角板、丁字尺来回移动；相等的尺寸尽可能一次量出；同一方向的尺寸一次量出。

图 2-4-28　建筑剖面图绘制步骤

（3）加深图线，剖切到的部分应该用粗线，其余部分的图线与立面图的线条相同。

（4）在平面图上标注剖切符号。

（5）标注尺寸、标高、比例、图名。

铅笔加深或描图上墨顺序：先画上部，后画下部；先画左边，后画右边；先画水平线，后画垂直线或倾斜线；先画曲线，后画直线。

第六步　完善细部、清洁图面。

擦去多余作图线和脏痕。绘制施工图时，要认真细致，做到投影正确、表达清楚、尺寸齐全、字体工整、图样布置紧凑、图面整洁清晰、符合制图规定。

第七步　填写任务检查单（表2-4-4）。

表2-4-4　任务检查单

图纸名称		完成日期			
检查内容	完成要求	完成情况			
		学生自评			教师修改意见及评分
		是	否	修改意见	
一、课前准备	按要求准备好学习材料、绘图工具和辅助材料（10分）				
二、固定图纸，绘制底稿	1. 图幅、图框、标题栏尺寸准确（10分）				
	2. 图纸样式准确（5分）				
	3. 标题栏位置准确（5分）				
	4. 图面整洁、清晰（5分）				
	5. 绘图工具使用、保管正确（5分）				
三、上墨线	1. 图线挺括平直，交接清楚（5分）				
	2. 线宽组使用正确（5分）				
	3. 墨线中线与底稿线对齐，尺寸准确（5分）				
	4. 图面整洁、清晰（5分）				
四、注写文字	1. 注写文字为长仿宋字体（5分）				
	2. 书写端正，字迹清楚，内容完整（10分）				
	3. 字高符合要求（5分）				
五、学习情况	在遇到问题时，能查阅相关规范指导完成任务（10分）				
六、完成情况	在规定时间内完成任务，图纸保存完好（10分）				

续表

图纸名称		完成日期			
检查内容	完成要求	完成情况			教师修改意见及评分
		学生自评			
		是	否	修改意见	
任务得分					
记录与反思					

对照检查单对完成任务的过程做简要回顾并思考。同时提出修改意见。

第八步　进一步完善图纸内容，上交图纸。

二、识读园林建筑小品施工图

园林建筑小品施工图包括园林小品平面图、立面图、剖面图及局部详图。园林小品施工图应反映出园林建筑小品各部分形状、构造、大小以及做法，是园林建筑小品施工的重要依据。

本任务主要通过识读景亭施工图（图 2-4-29、图 2-4-30），理解并掌握景亭施工图的内容及绘制要求，学会景亭施工图的阅读方法和技巧，便于正确地指导绘制施工图，具体步骤如下：

第一步　识读平面图。

从平面图中了解图名、比例，明确平面形状和大小、轴间尺寸、柱的布置及断面形状、坐椅的位置、台阶布置、亭内地面装修等。看图并说出亭柱的间距、柱的直径、踏步数量、亭内地面装修的材料（图 2-4-29）。

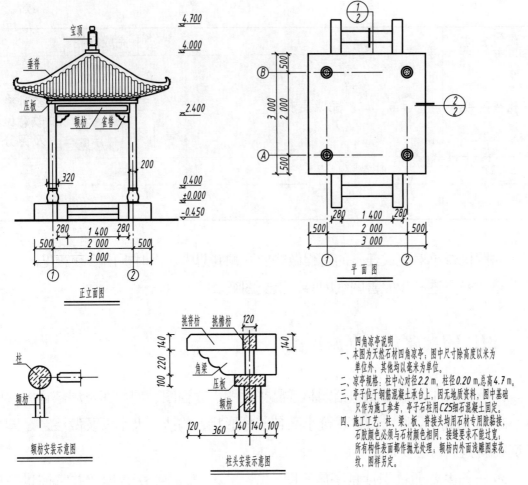

图 2-4-29　景亭平、立面图

第二步　识读立面图（图 2-4-29）。

通过亭子的立面，明确亭的外貌形状和内部构造情况及主要部位标高。看图并说出亭子的净高，主要部位标高。

第三步　识读剖面图（图 2-4-30）。

看图并说出该亭内部为何种结构，承重，地面、台阶标高，每级台阶的高度，亭子额枋处标高，亭子总高。

第四步　识读详图（图 2-4-29，图 2-4-30）。

需明确各细部的形状、大小、构造。在看详图的时候，要根据详图符号对照索引符号或剖切符号，找到所指的部位，对照读图。

看图并说出亭子以什么做法为主，各个细部的材料和尺寸是什么，基础总高度为多少，分别用什么材料分层制作。

第五步　填写任务报告单（表 2-4-5）。

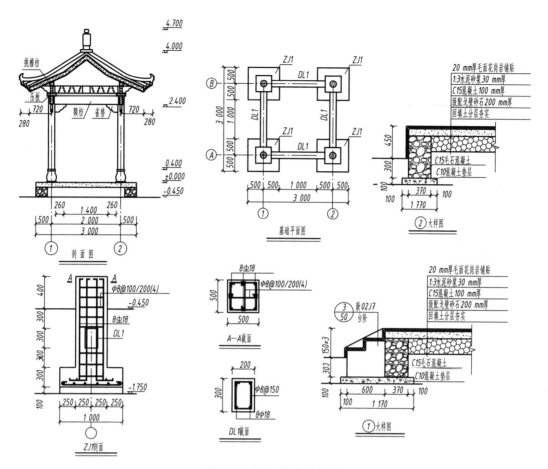

图 2-4-30　景亭剖面图

第六步　进一步完善识读报告，上交报告单。

表 2-4-5　任务报告单

图纸名称		年　月　日
识读内容	识读报告	教师评分及建议
标题栏及说明（10 分）	工程名称及技术要求	
平、立面图（30 分）	比例及方位	
	位置	
平、立面图（30 分）	形状	
	体量	
	其他	

图纸名称	年　月　日		
识读内容	识读报告		教师评分及建议
剖面图（30分）	结构		
	做法		
	其他		
施工大样图（30分）	节点尺寸		
	节点做法		
	其他		
任务得分			

三、绘制园林建筑小品施工图

园林建筑小品种类繁多，细部结构详图复杂，作为初学者，应以掌握平、立、剖面的绘制为重点。本任务主要通过绘制景亭施工图，进一步理解并掌握景亭施工图的绘制要求及规范，学会使用各类绘图工具快速准确地绘制方亭设计平、立、剖面图。具体步骤如下：

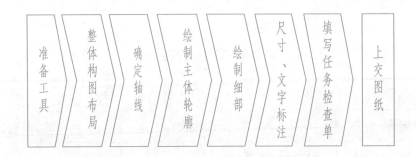

第一步　准备工具。

根据任务内容，准备好图板、丁字尺、三角板、三棱比例尺、曲线板、绘图仪、绘图笔及其他辅助工具仪器等；准备好 A3 绘图纸、黑墨汁等材料。进一步明确景亭施工图绘制方法。

第二步　整体构图布局。

根据景亭的设计尺寸，确定绘图的数量和比例，并合理安排景亭的平、立、剖面在图纸中的位置，注意要为后续尺寸和文字标注留有足够的位置，以免出现局部绘制拥挤的情况。本例绘在 A3 图纸上，比例定为 1∶50。平面安排在左下角，立面安排在左上角，因剖面后续要标注尺寸及文字说明，安排在右半部。

第三步　确定轴线。

如图 2-4-31 所示，确定柱子轴线位置及间距，并按照序号编号，水平方向自左向右用阿拉伯数字标注，垂直轴线自下而上用大写的拉丁字母标注，最后标注图名和比例。

第四步　绘制主体轮廓。

如图 2-4-32 所示，接下来根据轴线的位置，绘制平面图柱子、剖面剖切符号，绘制大体轮廓。

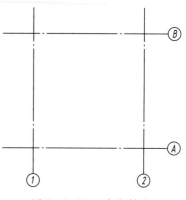

图 2-4-31　确定轴线

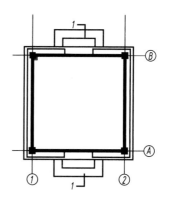

图 2-4-32　绘制主体轮廓

第五步　绘制细部。

如图 2-4-33 所示，接下来绘制细部，如台阶、屋脊和起翘的细部，确定挂落的轮廓大小和位置；确定坐凳高低位置。然后进一步细致绘制屋顶的筒瓦、滴水、屋脊和花饰、挂落的结构、美人靠的靠背、平面图的地砖花纹等细节。同时对线条粗细加以控制，特别是地坪线为特粗线，立面外轮廓为粗线，被剖切的结构为粗线，其余可以用细线绘制。

第六步　标注。

如图 2-4-33 所示，对平面轴线尺寸、台阶等细节进行标注；对立面的标高进行标注；对剖面的材料进行文字注写。

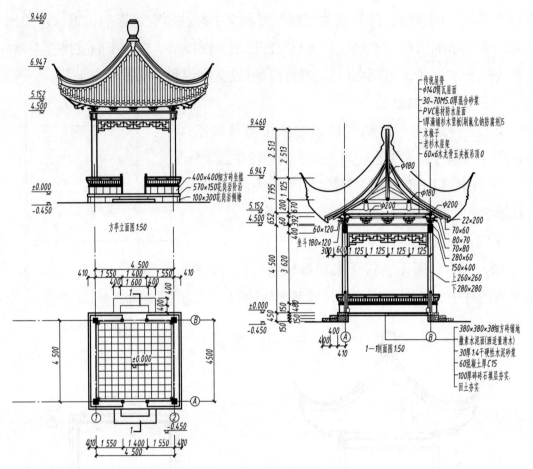

图 2-4-33　绘制景亭细部

绘制比例，注写标题栏，书写设计说明等。

第七步　填写任务检查单（表 2-4-5）。

对照任务检查单对完成任务的过程做简要回顾并思考。同时提出修改意见。

第八步　进一步完善图纸任务，上交图纸。

任务 2.5　绘制园林工程设计施工图

任务目标

知识目标： 1. 熟练掌握园林绿地各要素的平面表现方法。

2. 理解各阶段各项园林设计图制图的主要内容、步骤和要求。

3. 熟练掌握线宽组和线型的用法，熟练掌握园林制图（注写文字、标注、符号）的规范化标准，熟练掌握各种建筑、园林图例的使用。

技能目标： 能熟练使用制图工具制图，能按规范熟练绘制各阶段各项园林设计图。

任务准备

园林工程设计施工是一个由浅入深、由粗到细的不断完善的过程，根据设计程度和要求的不断推进和改变，可分为园林方案设计、扩初设计和施工图设计三个阶段，或在方案设计的基础上直接进行施工图设计，每一阶段设计的内容不相同，制图的内容、方式和要求也不同。

一、方案设计阶段制图的主要内容及要求

方案设计是设计师在设计前期掌握基地情况和甲方要求的基础上，对基地的空间关系、功能分布、平面布局、交通组织等进行控制与设计。常用的方案设计图有各类分析图、方案构思图、总平面图、景点设计图和园林要素各专项规划设计图等。这些图纸可以根据项目的规模和要求，详化或合并其中的内容。为增强效果，方案设计图常常还会增加色彩。

1. 方案设计总平面图

总平面图简称总图，是按一定比例绘制，用来表示基地范围及与周边环境的关系，园林各要素形状、位置及总体布局的图样。总平面图标明了设计区域内原

有园路、植物、水体、建筑及各类功能设施，标明了设计区域用地边界、周边道路、出入口位置和设计地形、植物、建筑、园路铺装场地，是进行进一步设计、施工的基础（图2-5-1）。

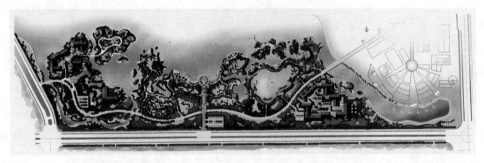

图2-5-1 某公园方案设计总平面图

（1）绘制内容。

① 设计区域范围及区域内、外部现状。

② 景观布局的总体规划，道路系统的总体规划。

③ 原有及设计的建筑物、植物、道路、广场、出入口、水体等各园林要素的位置、外轮廓线和分布。

④ 指北针、比例尺，主要节点、景点名称，规划设计概况说明。

（2）绘制步骤和要求。

① 确定图幅，根据设计区域的大小，选择合适的比例绘图。为能清晰表现总图中各园林要素的形状和轮廓，比例尺不宜太小，尽可能铺满图纸。常用比例尺见表2-5-1。

表2-5-1 各种面积绿地总平面图的常用比例尺

基地面积 /hm^2	常用比例尺
≥ 100	1：2000 ～ 1：5000
50 ～ 100	1：1000 ～ 1：2000
10 ～ 50	1：500 ～ 1：1000
≤ 10	1：200 ～ 1：500

图纸应按上北下南方向绘制图形，根据场地形状或布局，可向左或右偏转，但不宜超过 45°。

② 按制图标准要求的平面画法绘制原有及规划设计的各园林要素。线宽组的用法见表 2-5-2。

表 2-5-2　规划总图线宽组用法

线宽组	用途	常用线宽 /mm
粗实线	设计建筑断面轮廓、设计建筑屋顶平面外轮廓、设计水体轮廓	0.5
中粗实线	设计建筑物、构筑物、小品主要可见轮廓，设计山石、道路、植物轮廓	0.35
细实线	原有建筑物、植物、道路等景物轮廓，设计建筑物、山石分隔线、纹理线，设计道路路面图案线，各设计要素图例线	0.18
中粗虚线	计划扩建的预留地或建筑物	0.35

③ 检查底稿，增加色彩，绘制轮廓线和纹理线。

④ 绘制指北针或风玫瑰图，绘制线性比例尺或注写数字比例，注写说明，填写标题栏。

总平面图中以不规则线条居多，为方便阅读，比例尺一般采用线性比例尺，也可采用数字比例尺。

设计说明应包括设计区域总体概况，对原地景物的处理，总体的设计意图，以及预期的效果等。

为更形象地表达设计意图，往往在绘制平面图的基础上，根据设计构思再绘制出立面图、剖面图或鸟瞰图（图 2-5-2、图 2-5-3）。

以总平面图为基础，可对设计的园林绿地功能及景观做进一步的分析、说明，绘制功能分区图或景观分区图。

图 2-5-2　某公园方案设计立面图

图 2-5-3　某公园方案设计鸟瞰图

2. 竖向设计图

竖向设计图即地形设计图，表示垂直方向的布置与处理，反映园林中各个景点、各种设施高程及总体地形地貌。

（1）绘制内容和方法。竖向设计图需要表示山顶，最高水位、常水位、最低水位，水体底部，道路主要转折点、交叉点和变坡点，主要建筑的室外地坪，铺装地面、各出入口地面等位置的高程。竖向设计图主要包括平面图及局部剖面图。

竖向设计表示的方法主要有标高法、等高线法和局部剖面法等三种。标高法即用标高符号对所指位置直接进行标高，准确、直观，能表示任意点的高程。一般情况下，平坦场地或对室外场地要求较高的情况常用标高法，直接标注地面高程，如建筑室内外地坪，道路控制点、变坡点等（图 2-5-4）。

等高线能较完整地表示地形和反映地貌，所以通常情况下竖向设计以等高线表示方法为主，在需要时，辅以其他方法详加说明。方案设计阶段竖向设计图中的等高线可不标注高程，上色图可用不同深浅的颜色填充表示，水体等深线的绘制方法同等高线。

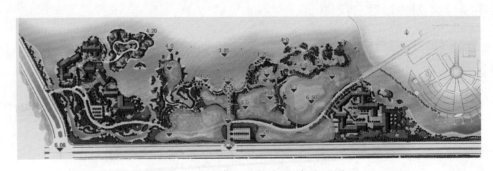

图 2-5-4　某公园竖向设计平面图

局部剖面图主要用来反映重点地段的地形情况，反映剖切部位地形的高度、材料的结构、坡度、相对尺寸等，用此方法表达场地总体布局时对台阶分布、场地设计标高、支挡构筑物设置情况的表示最为直接，对于复杂的地形必须采用此方法表达设计内容（图 2-5-5）。

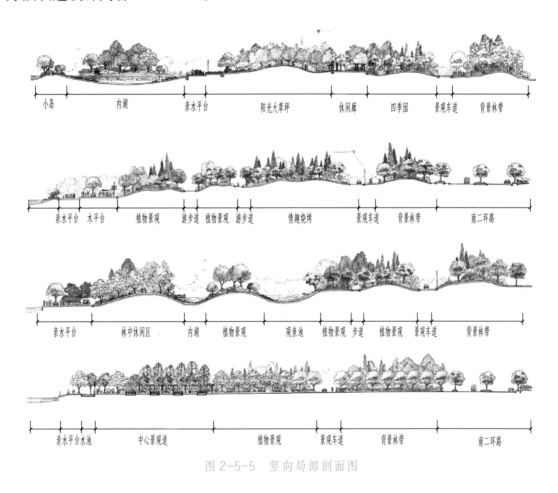

小岛　　内湖　　亲水平台　　阳光大草坪　　休闲廊　　四季园　　景观车道　　背景林带

亲水平台　木平台　　植物景观　游步道　植物景观　游步道　　情趣烧烤　　景观车道　背景林带　　南二环路

亲水平台　　林中休闲区　　内湖　植物景观　　观鱼池　植物景观　步道　植物景观　景观车道　　背景林带

亲水平台水池　　中心景观道　　　植物景观　　景观车道　　背景林带　　　南二环路

图 2-5-5　竖向局部剖面图

（2）绘制步骤和要求：

① 确定图幅，选择合适比例。在同一方案中，一般选择与总平面图相同的图幅和比例。

② 绘制设计区域整体轮廓，绘制道路、水体、建筑等园林要素的平面位置，为清晰起见，通常不绘制园林植物，线宽组应用同总平面图。

③ 绘制等高线、等深线，用细实线绘制设计地形等高线，用细虚线绘制原地形等高线、等深线。

④ 标注节点标高。竖向设计图中的标高以米为单位，保留到小数点后两位即可。

⑤ 绘制指北针或风玫瑰图，绘制线性比例尺或注写数字比例，注写设计说明，填写标题栏。设计说明应包括绿地内主要节点的高度，水体的常水位、最高水位、最低水位，对原地形的处理，地形设计的意图和预期效果等。

根据需要，在重点区域、坡度变化复杂的地段绘制剖面图。

3．种植设计图

（1）绘制内容。在方案设计阶段，一般不需要考虑植物的种类和各单株植物的具体分布和配置，主要是表示植物种植区域的位置和相对面积，标明植物分区、各区主要或特色植物，标明保留或利用的现有植物，标明乔木和灌木的平面布局等，在植物比较复杂的情况下，可以将乔木设计和灌木设计分两个图表示（图2-5-6）。

（2）绘制步骤和要求。

① 确定图幅，选择合适比例。一般选择与总平面图相同的图幅和比例。

② 绘制设计区域整体轮廓，绘制出道路系统及其他主要造园要素的平面位置。

③ 绘制植物平面图。先绘制需保留的现有植物，再绘制设计的植物；先绘制乔木，再绘制灌木；然后再绘制地被、草坪。

④ 绘制指北针或风玫瑰图，绘制线性比例尺或注写数字比例，注写设计说明，填写标题栏。设计说明应包括植物配置的意图、选用或留用的主要植物、预期的景观、生态、功能效果等。

图2-5-6　某公园植物设计图

4．其他必要的图纸

根据项目类型和规模，在绘制总平面图、竖向设计图、种植设计图的基础上，还可以根据实际需要，绘制能够更好表达设计内容、体现设计特色的图纸，主要有区位分析图、现状分析图、功能分区图、交通分析图、主要景点设计意向图及景观视线、水电管线、服务设施、照明设计图等。

（1）区位分析图。区位分析图表示设计地块所在位置、轮廓范围及与周边交通、环境的关系，属于示意性图纸。区位分析图范围较总平面图大，故其比例比总平面图小（图 2-5-7）。

（2）现状分析图。现状分析图是记录设计工作起始时设计区域现状情况的图纸，主要表明设计用地范围，周边道路，现状地形、道路，有保留价值的植物、建筑物、水体等，通常以甲方提供的现状测绘图为底图，根据设计地块现状进行分析评述，为设计分区提供参考（图 2-5-8）。

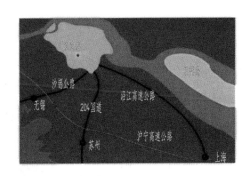

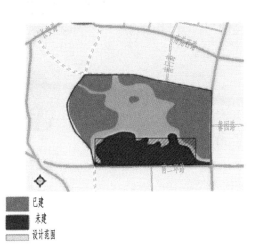

图 2-5-7 某公园区位分析图

（3）功能分区图。功能分区是按功能要求将设计项目中各种物质要素，如出入口、停车场、休息区、活动区、观景区、管理区等进行分区布置，常用加粗的虚线圈或抽象图形在总平面图上表示（图 2-5-9）。

（4）交通分析图。交通分析图表示设计地块的交通系统。一般确定主要出入口，主干道、次干道，车行道、人行道，主要广场等交通布局、位置，用不同粗度、不同线型表示不同级别、类型的道路和广场（图 2-5-10）。

（5）主要景点设计意向图。主要景点设计意向图是详细、直观表现方案局部特征和景点设计意向的设计图纸，主要包括景点放大平面图、景点设计效果图、意向图等。景点放大平面图范围较小，所以可以选取比总图大的比例尺。景点设计效果图、意向图一般用节点效果图表示，作为对景点放大平面图的辅助说明（图 2-5-11）。

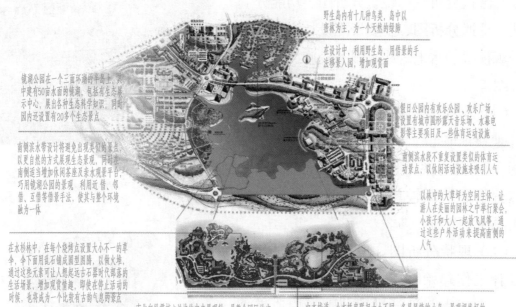

野生岛内有十几种鸟类，岛中以密林为主，为一个天然的绿肺

在设计中，利用野生岛，用借景的手法移景入园，增加观赏面

镜湖公园在一个三面环湖的半岛上，共中建有50亩水面的镜湖，包括有生态展示中心，展出各种生态科学知识，同时园内还设置有20多个生态景点

假日公园内有欢乐公园、欢乐广场，设置有城市图形露天音乐场、水幕电影等主要项目及一些体育运动设施

南侧滨水带设计将避免出现类似的生态景点，以更自然的方式展现生态景观，同时在南侧适当增加休闲茶座及亲水观景平台，巧用镜湖公园的景观 利用近借、邻借、互借等借景手法，使其与整个环境融为一体

南侧滨水段不重复设置类似的体育运动景点，以休闲活动设施来吸引人气

以林中的大草坪为空间主体，让游人在美丽的园林之中举行聚会，小孩子和大人一起放飞风筝，通过这些户外活动来提高南侧的人气

在水杉林中，在每个烧烤点设置大小不一的草伞，伞下用乱石铺成圆型图腾，以做火堆，通过这些元素可让人想起远古石器时代部落的生活场景，增加观赏情趣，即使在停止活动的时候，也依然成为一个比较有古韵气息的蒙景点

南北向纵贯核心地块的中央景观轴，是整个园区的中心轴线。因此在南侧生态园中设置了北连接暨阳湖，南边接南二环路的中央景观轴垂直于园中。宽大的林荫路直指湖面，将景观轴延伸至暨阳湖心，从而将生态园串连成一个整体

由木栈道、小木桥串联起大小不同、各具风情的小岛，景观视线好的节点上设置小廊架，湖心中点缀烟雨楼。与假日公园互为借景

生态园优美自然的环境是婚纱外景拍摄的绝佳场地，特别在此处设置造型柔美、具有吉祥意义的鹊桥，来见证新人的百年好合，成为景观中靓丽的风景线

图 2-5-8 某公园现状分析图

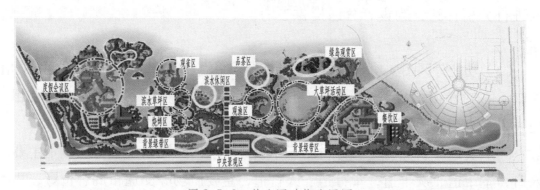

度假会议区　观雀区　品茶区　绿岛观赏区　滨水草坪区　滨水休闲区　烧烤区　观渔区　大草坪活动区　背景绿带区　背景绿带区　餐饮区　中央景观区

图 2-5-9 某公园功能分区图

图 2-5-10 某公园交通分析图

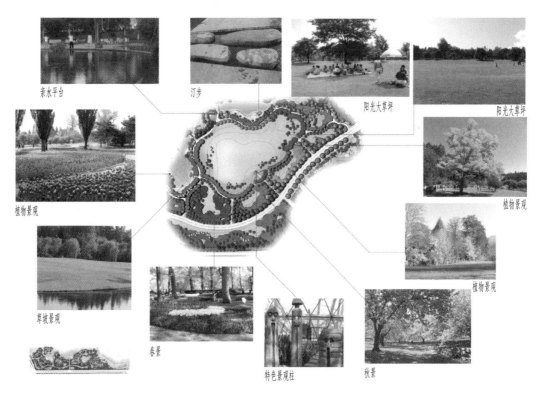

商业街 户外茶座 户外茶座 户外咖啡座

内景观空间 内庭院空间

滨水植物景观

植物景观 背景植物景观 养鱼池 滨水植物景观

内庭院景观

某公园主体建筑周边景点设计意向图

亲水平台 汀步 阳光大草坪 阳光大草坪

植物景观

植物景观

草坡景观

植物景观

春景 特色景观柱 秋景

某公园疏林草坪区域景点设计意向图

某公园滨水区域景点设计意向图

图 2-5-11　景点设计意向图

二、扩初设计阶段制图的主要内容及要求

方案审定之后，最终定稿之前的设计统称为扩初设计，通常也称为初步设计。扩初设计是对方案设计的深化和细化，包括确定准确的形状、尺寸、位置、范围、种类、色彩、材料、数量以及结构和构造等，是连接方案设计和施工图设计的中间环节，具有承上启下的作用。图纸包括总平面图、各专项（包括地形、给排水、道路、种植、建筑等）总图及局部详细的平、立、剖面图，给排水设计图，电气管线设计图，节点详图等。

不一定所有的项目都有扩初设计阶段，扩初设计图纸的具体内容和绘制要求可视同施工图。

三、施工图设计阶段制图的主要内容及要求

施工图设计是将设计总图与施工细节连接起来的环节，要根据方案设计，结合各工种的要求分别绘制出能具体、准确地指导施工的各种施工图。施工图应能清楚、

准确地表示出各项设计内容的位置、种类、数量、规格以及结构和构造，其制图的内容和要求与方案阶段相对应的图形有所不同。园林工程施工图设计阶段的图纸包括施工总平面图、竖向设计图（土方工程施工图）、种植施工图、园林建筑工程施工图、水体与驳岸工程施工图、假山工程施工图、给排水工程施工图、照明工程施工图等。为清晰准确表示物体的形状和尺寸，施工图设计阶段各类图纸一般只绘制轮廓线，不上色。

1. 总平面图

施工图阶段的总平面图是反映园林工程总体施工设计的图纸，是工程施工定位、土方施工及绘制其他各专项施工图的重要依据。

（1）绘制内容。总平面图标明园林各要素的布局位置、平面关系、尺寸、坐标、方位，反映各系统工程相互关系及与周围环境的配合关系，主要内容有：

① 设计区域范围及区域内、外部现状，提供放线基准点、基准线和设计坐标网格。

② 地形的总体规划，道路系统的总体规划。

③ 原有及设计的建筑物、植物、道路、广场、出入口、水体等各园林要素的外轮廓线、分布、定位、标高。

④ 指北针、比例尺和图例，必要的尺寸标注，总体设计说明。

（2）绘制步骤和要求。

① 确定图幅，选择合适的比例绘图。绘图布局、常用比例尺和绘制要求同方案设计总平面图。

② 确定基准点、基准线坐标，绘制坐标网格或定位轴线，标注定位尺寸。

总平面中定位方式有两种，一种是以原有物为参照物，标注新设计的景物与原有景物的相对距离。另一种是采用直角坐标网格定位。直角坐标网有建筑坐标网和测量坐标网两种标注方式。建筑坐标网即施工坐标网，是以工程范围内的某一点为"0"点绘制网格，垂直方向为 A 轴，水平方向为 B 轴。测量坐标网是根据基地的测量基准点的坐标确定的坐标网格，垂直方向为 X 轴，水平方向为 Y 轴，总图中坐标以米为单位，并取至小数点后两位，不足时用 0 补齐（图 2-5-12）。坐标值为负数时，应注"－"号。总平面图上有测量和建筑两种坐标系统时，应在附注中注明两种坐标系统的换算公式。建筑物、构筑物的定位轴线原点，圆形建筑物、构筑物的圆心，走廊的中线或交点，管线的中线或交点，挡土墙墙顶外边

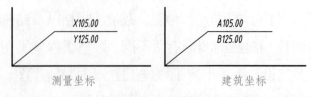

图 2-5-12　两种坐标标注方式

缘线或转折点一般应标注坐标或定位尺寸。定位轴线的画法和编号同建筑平面图制图的要求。坐标一般标注在图上，如图无足够位置时可列表标注。坐标网格用细实线绘制，网格的密度根据设计区域规模大小确定（图 2-5-13）。

③ 绘制现有地形和需保留的原有植物、水体等园林要素。

地形的高低变化及其分布情况通常用等高线来表示，设计地形的等高线用细实线绘制，原地形等高线用细虚线绘制，总图中等高线可以不标注高程。

水体一般用两条线表示，外面表示水体轮廓线，用粗实线绘制，里面表示水面，用细实线绘制。

植物在总平面图中一般只区分出针叶、阔叶，常绿、落叶，乔木、灌木等大类，不要求表示出具体种类。

④ 按制图标准要求的平面画法绘制规划设计的各园林要素。

园林要素图例的绘制方法应符合《风景园林制图标准》和《总图制图标准》。线宽组的用法见表 2-5-2。

⑤ 检查底稿，加深图线。加深图线或上墨线时，为保持图面整洁，应先画各园林要素，后画坐标网格。

⑥ 标注尺寸和标高。总图中的标高符号内部涂黑表示，标高数字应表示注写位置的绝对标高，直接写在标高符号上，不加引线，只保留小数点两位，不足时用 0 补齐。

⑦ 注写图例说明和设计说明。

⑧ 绘制指北针或风玫瑰图，绘制线性比例尺或注写数字比例尺，填写标题栏。

如总图涉及的内容较多，无法在一张图中清晰表示时，可对其中某些内容进行单独绘制，如放线、分区索引、铺装等。

2. 竖向设计图

竖向设计图应明确标明各段地形的高程，是造园工程土方调配预算和地形改造施工的主要依据。

（1）绘制内容和方法。根据《公园设计规范》，竖向设计需要控制的内容有：山

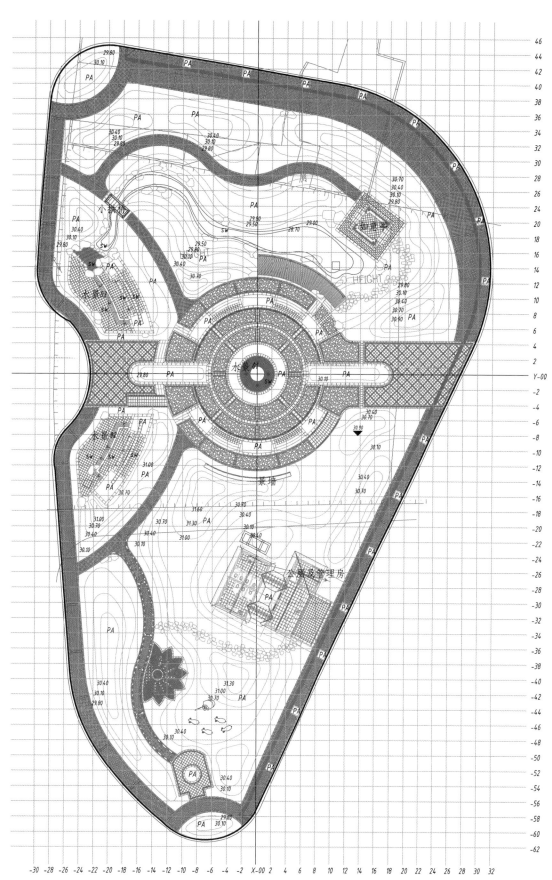

图 2-5-13　某绿地总平面图

顶，最高水位、常水位、最低水位，水底，驳岸顶部，园路主要转折点、交叉点和变坡点，主要建筑的底层和室外地坪，各出入口内、外地面，地下工程管线，基地下构筑物的埋深，园内外佳景的相互因借观赏点的地面高程等，主要包括竖向设计平面图、土方工程施工图、竖向剖面图等。

施工图阶段的竖向设计图中除标注标高和绘制等高线外，还可以用方格网交叉点、坡度等方法表示地形。

施工图阶段竖向设计平面图中的等高线应标注高程，高程数字的字头应向山头，高程以米为单位，保留到小数点后两位数，不足用 0 补齐。常用的等高距是1m。铺装场地、道路节点、水面及其他特殊点高程一般应直接标注标高，要求同方案阶段竖向设计平面图（图 2-5-14）。

在园林设计图中，用等高线表示地形时，一般还常用单实心箭头表示自然排水方向，并可在箭头上标注排水坡度。标注方式和要求同坡度标注。

方格网交叉点法一般用在土方工程施工图中（图 2-5-15），它能表示交叉点位置的原地面标高、设计标高和施工高度（"–"表示挖方，"+"表示填方，"+"号不能省略，图 2-5-16），其方格网可采用与施工放线图相同的坐标网体系。该标注法较等高线法准确，且网格越密，精确度越高，施工的准确度越高，但对于地形的表达没有等高线直观。标高单位和保留小数与等高线相同。

（2）绘制步骤和要求。

① 确定图幅，选择合适比例。在同一方案中，一般选择与总平面图相同的图幅和比例。

② 绘制坐标网格。网格密度可与总平面图、施工放线图相同。

③ 根据地形设计选定等高距，用细实线绘制设计地形等高线，用细虚线绘制原地形等高线。

④ 画出其他造园要素的平面位置，为清晰起见，通常不绘制园林植物，对建筑物只绘制外轮廓线，用中粗实线绘制，山石、道路、广场轮廓均用中粗实线绘制。

⑤ 标注尺寸、标高和排水方向。

⑥ 绘制指北针或风玫瑰图，绘制线性比例尺或注写数字比例，注写设计说明，填写标题栏。

根据需要，在重点区域、坡度变化复杂的地段绘制剖面图。对于面积较大的区域应绘制索引图。

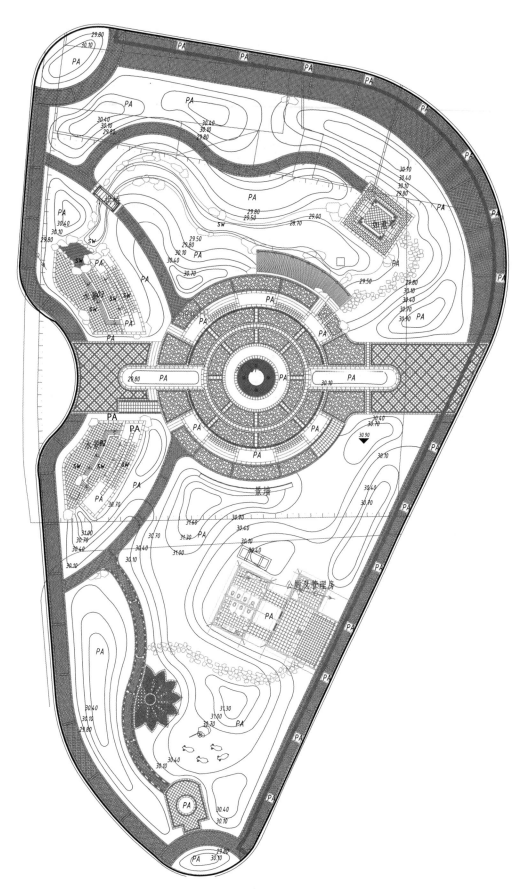

图 2-5-14　某绿地竖向设计图

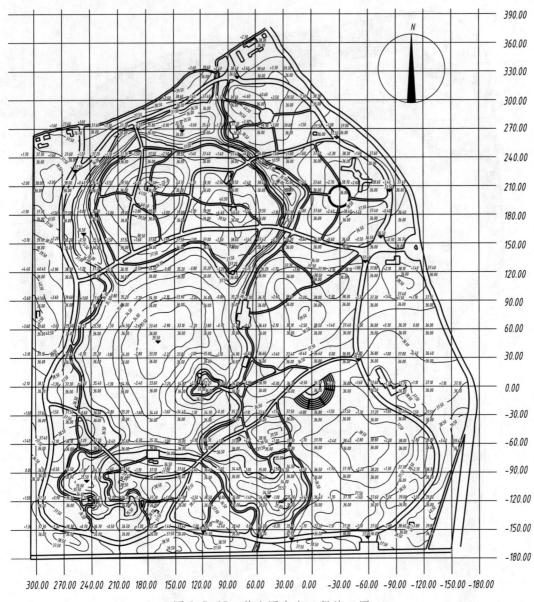

图 2-5-15 某公园土方工程施工图

3．种植施工图

种植施工图表示设计植物的种类、数量、规格和种植位置、范围、尺寸等施工要求的图样，是种植施工、编制预算和养护管理的重要依据。

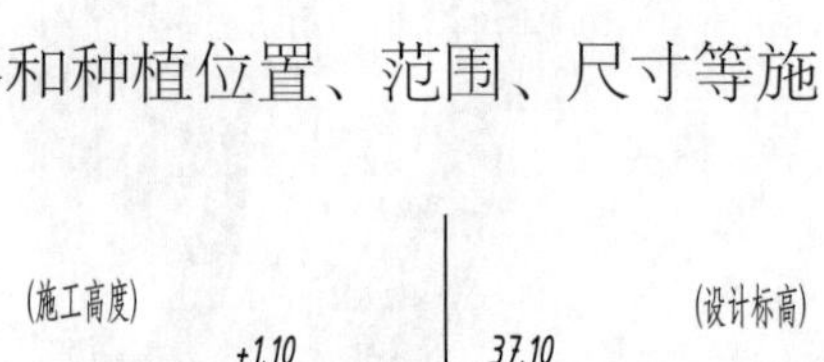

（1）绘制内容。绘制种植施工平面图，绘制植物平面图例，在图上标注植物的种类、数量、规格，植物种植位置、范围，编制苗木统计表，绘制种植详图。

（施工高度）　　　　　　　（设计标高）

+1.10　　　37.10

36.00　（原地面标高）

图 2-5-16 网格交叉点标注标高法

（2）绘制步骤和要求。

① 确定图幅，选择合适比例。一般选择与总平面图相同的图幅和比例。

② 标注定位尺寸或绘制坐标网格。

规则式种植设计可直接在图上标出具体尺寸。

自然式种植设计植物位置和范围呈不规则分布，为完整表示各植物位置，使用定位坐标网格，密度可与总平面图相同。

③ 画出其他造园要素的平面位置。

④ 绘制植物图例。图例应符合《风景园林制图标准》的原则要求。

⑤ 绘制植物种植施工图（图 2-5-17）。绘制顺序与方案设计阶段种植规划设计图相同。图形较复杂时，可分乔木种植平面图和灌木种植平面图。

⑥ 标注植物种类、数量，编制植物苗木统计表（图 2-5-18）。

⑦ 绘制指北针或风玫瑰图，绘制线性比例尺或标注数字比例尺，注写设计说明，填写标题栏。

4. 园路施工图

园路施工图是在交通分析图的基础上，进一步确认道路的平、立面位置和道路本身路面、结构设计，主要包括平面图、断面图、铺装详图。

（1）绘制内容。

① 园路施工平面图。主要包括：园路水平面投影轮廓线，园路路宽尺寸，各节点高程，园路所在范围内的地形，园路上的附属构筑物如桥、涵洞、挡土墙的位置等。

② 园路施工断面图、详图。主要有纵向断面图和横向断面图两类。纵向断面图为沿道路中心线剖切形成的断面图，主要表示园路的高程、坡度，一般在排水设计时绘制，说明园路的排水方式与方向。横向断面图为沿垂直道路中心线剖切形成的断面图，与园路工程施工相关性更大，主要表示园路的结构和施工方法。横向断面图常结合园路局部平面详图，主要表示园路路面铺装图案、形式，标注横向断面图的断面剖切位置和断面剖视方向（图 2-5-19）。

（2）园路施工平面图绘制步骤和要求。

① 确定图幅，选择合适比例。一般选择与总平面图相同的图幅和比例。

② 绘制坐标网格，坐标网格的轴线编号及密度与总平面图相同，标明放线基准点与基准线。

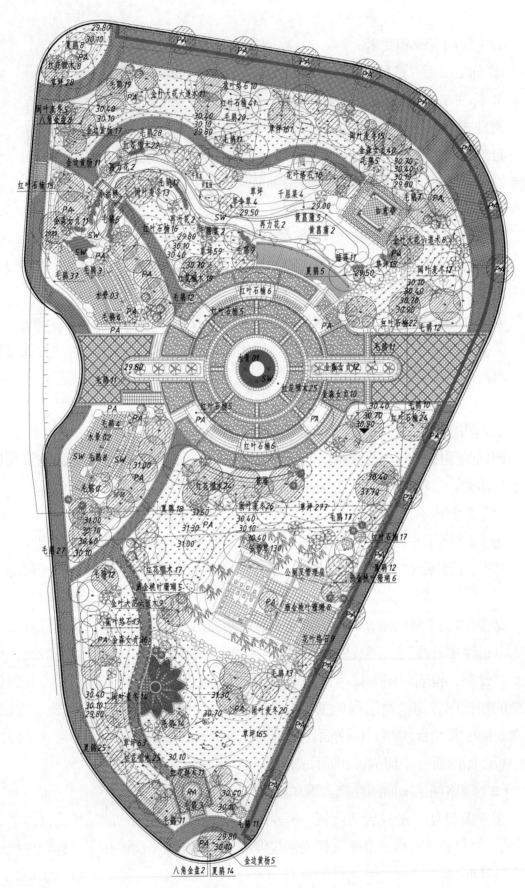

图 2-5-17 某绿地植物种植施工图

序号	图例	植物名称	单位	数量	规格/cm	备注
1		大金桂	株	1	Φ18以上,P350以上	池内,全冠榴,单杆
2		四季桂	株	4	P250~300,H300	株型佳
3		石榴树	株	2	Φ8,P250	单杆,型优美
4		银杏	株	2	Φ10~12,P200~250	型挺拔
5		香柚树	株	1	Φ15cm以上 带三级分权	全冠榴,池内
6		香樟	株	4	Φ8~10,P250以上	树型丰满
7		玉兰(白、红)	株	9	Φ8,P180以上	采用红、白玉兰分开片植
8		竹柏	株	5	D6~8,P200以上	全冠榴
9		杜英	株	3	Φ10~12,P250以上	带三级分权
10		枫香	株	6	Φ8~10,P150以上	带三级分权
11		棕榈	株	5	H250,350不等	高低错落种植
12		杨梅树	株	3	Φ8~10,P250以上	
13		橘树	株	5	D6~8,P180以上	株型佳
14		塔形龙柏	株	3	H250~300,P150~180	完整宝塔形
15		芭蕉	株	12		
16		樱花	株	3	D5~6,P150	
17		红梅	株	2	D6~7	株型佳
18		粗叶罗汉松	株	4	D5~6	自然造型
19		五针松(造型)	株	1	D6~7,H150~180	经过造型,见意盆栽移植
20		凤尾竹	株	6	P120	
21		紫竹	株	30	H220以上	
22		红枫	株	5	D5~6	
23		苏铁	株	2	H120以上	株型佳,建意盆栽移植
24		紫薇	株	10	D4~5	
25		龙柏球	株	9	P100~120	
26		凤尾兰	株	6	H350~400,P400~500	
27		瓜子黄杨球	株	10	P100	
28		杜鹃球	株	8	P80~100	
29		树骨球	株	3	P100~120	
30		火棘球	株	12	P80~100	
31		夏鹃	m²	20.4	P25~30,25株/m²	
32		龟甲冬青	m²	24.8	P30~35,20株/m²	
33		红花檵木	m²	18.5	P25~30,25株/m²	
34		丰花月季	m²	23	P25~30,25株/m²	
35		八角金盘	m²	28.5	P35~40,16株/m²	
36		书带草	m²	8	36丛/m²	
37		茶梅	m²	14.2	P30~35,20株/m²	
38		南天竺	m²	14.4	P30~35,20株/m²	
39		蕙兰	m²	12.2	36丛/m²	
40		鸢尾	m²	5.4	P30~35,20株/m²	
41		迎春花丛	m²	10	H60~30株/m²	
42		金丝桃	m²	23.8	P30~35,20株/m²	
43		常春藤	m²	7	三年生,12株/m²	
44		旱伞草	株	36		分三丛种植
45		碗莲	株	12		
46		长春藤 / 爬山虎	株	20 / 20		株与株交替种植4株/m
47		藤本月季	株	30	4株/m	
48		湖石	t	20		
		大蛋石	t	16		
		四季青草坪	m²	690	绿地内满铺	

图 2-5-18　某绿地苗木统计表

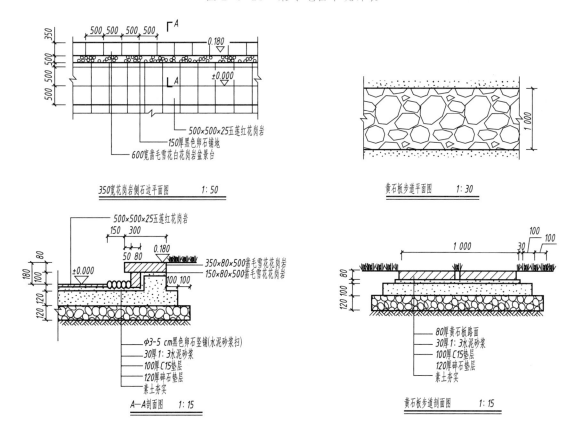

图 2-5-19　某绿地园路施工图

③ 绘制主要园林要素平面投影，植物可以省略，建筑可用《风景园林制图标准》中的图例表示。绘制园路轮廓，绘制园路上的构筑物及园路沿线两侧的地形等高线。新建道路用中粗实线绘制，原有道路用细实线绘制。

④ 标注园路尺寸、转弯半径、园路节点高程，标注园路与主要构筑物、地上地下管道管线的距离尺寸和相应标高。

⑤ 在需要绘制详图处标注索引符号。

⑥ 注写说明，绘制指北针，注写图名、比例尺，填写标题栏。

（3）园路施工断面图绘制步骤和要求。

① 绘制路面局部详图，局部详图表示该段园路路面的铺装图案，标注道路面层材料的尺寸、颜色、材质等规格，在需绘制断面图的位置标注剖切符号并编号。注写详图符号、图名、比例尺，局部比例尺可采用1：20、1：30、1：50。

② 按尺寸绘制园路断面图，断面图能清楚反映园路构造的分层情况，用建筑图例表示各层的材质。

③ 标注断面图中道路平面各部分及面层材料分布尺寸。绘制引出线，引出线垂直于道路水平面，对应道路构造分层情况，按面层、结合层、基础、路基的顺序，从上到下依次水平注写各层厚度、材料规格、施工做法等。注写图名及比例尺。各层边界线用中粗实线绘制，引出线用细实线绘制，图例线和分隔线用细实线绘制，面层材料的剖切部分用粗实线绘制。

5. 假山施工图

假山施工图是表示假山或置石工程施工位置、尺寸、材料的图样，是指导假山工程施工的技术性文件。

（1）绘制内容。假山工程施工图主要有平面图、立面图和剖面图。必要时还可绘制详图表示各细部结构及基础。

平面图是假山的水平面投影，主要反映假山的平面位置、形状结构、尺寸及假山与周围环境之间的位置关系，标注假山各主要节点的高程（图2-5-20）。在必要时，还可绘制假山的底层平面图、中层平面图。

立面图主要表示假山的立面造型和主要部位高度（图2-5-21）。当假山立面较复杂时，可绘制多个方位的立面图。

剖面图主要是表示假山内部及基础的结构和构造形式、位置关系和造型尺寸，假山材料、做法和施工要求，假山孔洞、管线结构、位置。剖面图的数量和位置，

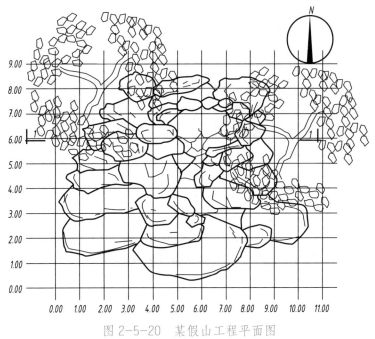

图 2-5-20　某假山工程平面图

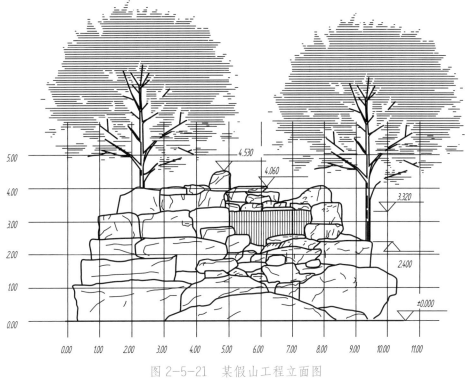

图 2-5-21　某假山工程立面图

应根据假山形状结构和造型复杂程度决定。(图 2-5-22, 图 2-5-23)

（2）假山施工平面图绘制步骤和要求。

① 确定图幅，选择合适比例。可采用 1∶50、1∶100、1∶200 比例尺。

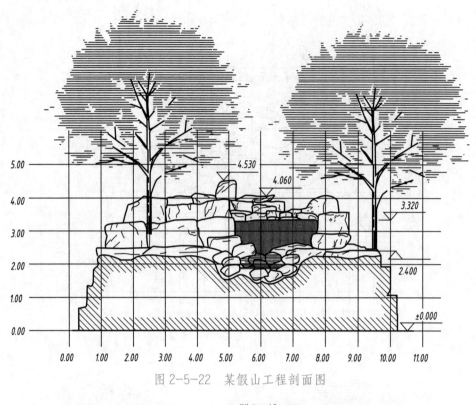

图 2-5-22　某假山工程剖面图

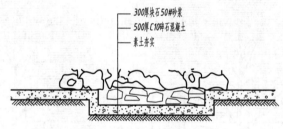

图 2-5-23　某假山工程基础剖面图

② 绘制坐标网格。因假山用的山石没有固定形态，设计师设计时没有指定的山石材料，且堆叠假山形态曲折多面，所以施工中难以精确设计，尺寸精度要求不高。一般采用直角坐标网格控制尺度。

③ 绘制各块山石可见部分轮廓及主要纹理。山石轮廓用中粗实线绘制，分隔线和纹理线条用细实线绘制。重叠不可见部分不需绘制。

④ 标注假山主要节点的高程。标高以米为单位，在引出线上注写高程，高程数字保留小数点后三位，不足用 0 补齐。

⑤ 如有剖面图标注剖切符号并编号，如有详图标注索引符号。注写图名、比例尺，绘制指北针，注写相关设计说明，填写标题栏。

（3）假山施工立面图绘制步骤和要求。

① 确定图幅，选择合适比例。采用比例一般与平面图相同。

② 绘制坐标网格。横向坐标与平面横向坐标相同,纵向坐标则表示假山高度。

③ 绘制各块山石可见部分轮廓及主要纹理。山石轮廓用中粗实线绘制,分隔线和纹理线条用细实线绘制。重叠不可见部分不需绘制。绘制假山主要背景。

④ 标注假山主要节点的高程。标注方法同平面图。必要时,标注假山内其他主要构件位置尺寸。

⑤ 如注写图名、比例尺,填写标题栏。

（4）假山施工剖面图绘制步骤和要求。

① 确定图幅,选择合适比例。采用比例一般与平、立面图相同。若平、立、剖面图可在同一张图完成,则要注意图形布局,应按平、立、剖顺序排列。

② 绘制坐标网格。剖面图网格与立面图网格一致。

③ 绘制剖切轮廓线和各块山石可见部分轮廓及纹理。剖切部位轮廓线用粗实线绘制,剖切部位用图例填充,表示假山材质。绘制假山基础的结构和构造,采用分层方式表示假山基础结构,要求同园路断面图。

④ 绘制假山内或背景的主要园林要素立面轮廓。如有管线,则表示出管线位置及大小。

⑤ 标注各节点高程,主要构件的位置、造型尺寸。如有管线,则标注管线的位置、管径大小。

⑥ 注写断面材料、做法和使用要求,注写顺序与假山构造的层次顺序一致。

⑦ 注写图名、比例尺,填写标题栏。

6. 建筑施工图

建筑施工图是表示建筑物的内外形状和大小,各部位的结构、构造、装饰、设备的做法和施工要求的图样,是后续设计和施工放线、砌墙、门窗安装、室内装修以及编制建筑工程预算的重要依据。

（1）绘制内容。建筑施工图主要有建筑平面图、立面图、剖面图和详图。

建筑平面图标明建筑物的平面形状、房间布置以及墙、柱、门、窗、楼梯、台阶、花坛等,标注尺寸、标高,注写说明。需要说明的是,建筑平面图是水平面剖切而成的剖面图,对建筑本身的水平投影称为屋顶平面图。

建筑立面图是建筑的立面投影。反映建筑外立面形状、高度和做法。

建筑剖面图是表示建筑沿高度方向的内部结构、形式、装修要求与做法以及主要部位标高的图样。剖面图的剖切位置应根据建筑物的具体情况,一般应通过门、窗等复杂部位，以尽可能全面地表示建筑内部结构。

　　详图是表示建筑节点及建筑构、配件的形状、材料、尺寸及作法，用较大的比例绘制的图形，又称为大样图。

　　（2）建筑平面图绘制步骤和要求。

　　① 确定图幅，选择合适比例。园林建筑一般体量不大，可采用 1∶100、1∶200 的比例尺。

　　② 绘制墙、柱等主要承重构件的定位轴线。定位轴线用细点画线绘制，定位轴线符号用直径为 8 ～ 10 mm 的细实线圆表示，水平方向的轴线自左至右用阿拉伯数字依次连续编写，垂直方向的轴线自下而上用大写拉丁字母依次连续编写，并除去 I、O、Z 三个字母，以免与阿拉伯数字中的 0、1、2 三个数字混淆（图 2-5-24）。

　　③ 绘制墙、柱轮廓线，指定门、窗的位置（图 2-5-25）。

　　④ 绘制台阶、窗台、楼梯、散水等细部位置（图 2-5-26）。

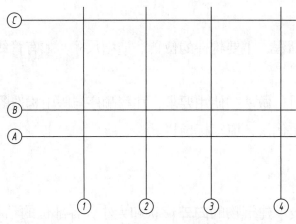

图 2-5-24　建筑平面图稿线图（一）

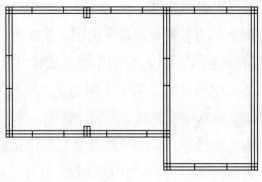

图 2-5-25　建筑平面图稿线图（二）

⑤ 绘制尺寸线、标高符号。尺寸标注和标高标注应符合《房屋建筑制图统一标准》中的规范、要求（图 2-5-27）。

⑥ 检查无误后，按要求加深各种图线。线宽组的用法应符合《房屋建筑制图统一标准》中的规范、要求（表 2-5-3）。

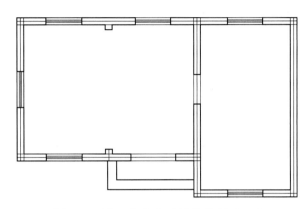

图 2-5-26　建筑平面图稿线图（三）

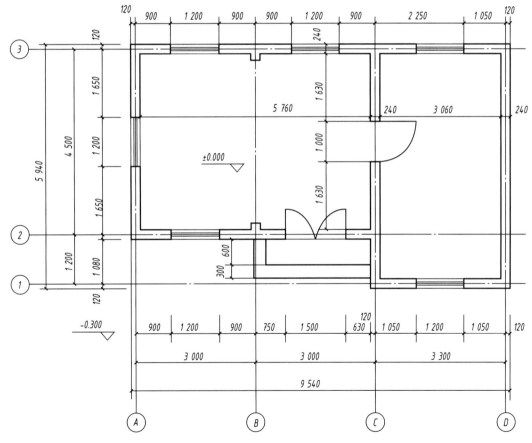

图 2-5-27　建筑平面图

表2-5-3 建筑工程施工图线宽组用法

线宽组	用途	常用线宽 /mm
特粗线	建筑立面、剖面地坪线	0.7
粗实线	建筑剖面、断面轮廓线，建筑平面图墙、柱轮廓线，建筑立面外轮廓线，剖切符号，详图符号	0.5
中粗实线	建筑平、立、剖面主要构件如门、窗、台阶、檐口、雨篷等轮廓线、尺寸起止符号	0.35
细实线	建筑平、立、剖面次要构件轮廓线，分格线，引出线，尺寸线，尺寸界线，折断线，索引符号，标高符号，轴线符号，图例线	0.18
细虚线	不可见部分轮廓线	0.18
细点画线	定位轴线、对称线	0.18

⑦ 标注尺寸数字，绘制指北针或风玫瑰图，注写图名、比例、文字说明，填写标题栏。

（3）建筑立面图绘制步骤和要求。

① 确定图幅，选择合适比例。一般采用与平面图相同比例。

② 绘制地坪线、门窗洞口、檐口、屋脊等高度线并由平面图定出门窗、孔洞位置，绘制墙、柱轮廓线（图2-5-28）。

③ 绘制门窗分隔、材料符号、标注尺寸、标高和轴线编号（图2-5-29）。

④ 加深图线，注写图名、比例、文字说明。立面图图名通常以图形两端的轴线编号，从左至右读取，如：1—4 立面图（图2-5-30）。

⑤ 在方案设计阶段，为增强图面效果，可进一步绘制配景。

（4）建筑剖面图绘制步骤和要求。

① 确定图幅，选择合适比例。一般采用与平、立面图相同比例。

② 绘制室内、外地坪线，最外墙、柱轴线和各部高度线（图2-5-31）。

③ 绘制墙厚、门窗洞口及可见部分的主要轮廓线。

④ 绘制屋面及踢脚等细部（图2-5-32）。

⑤ 标注尺寸、标高和轴线编号（图2-5-33）。

⑥ 加深图线，注写图名、比例、文字说明。剖面图图名以剖切符号编号命名，如：1—1 剖面图。

建筑详图因涉及建筑专业材料、结构知识，不做专门介绍。

与建筑施工相关的图纸，除施工图外，还有结构施工图和设备施工图等。

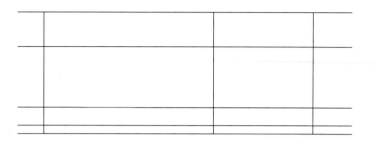

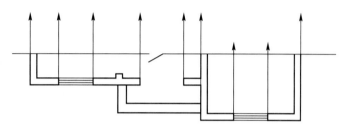

图 2-5-28　建筑立面图稿线图（一）

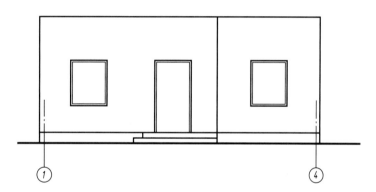

图 2-5-29　建筑立面图稿线图（二）

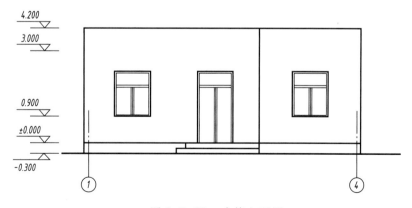

图 2-5-30　建筑立面图

图 2-5-31 建筑剖面图稿线图（一）

图 2-5-32 建筑剖面图稿线图（二）

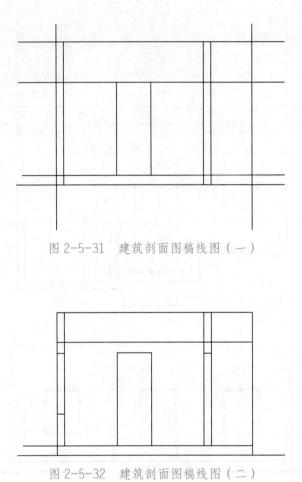

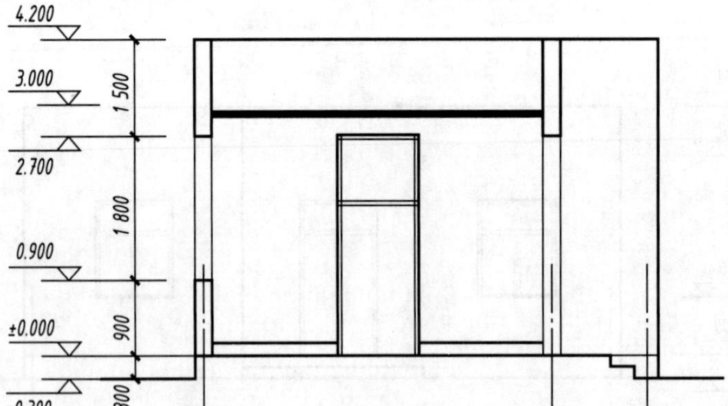

图 2-5-33 建筑剖面图

任务实施

绘制一套园林工程设计施工图

本任务开展小组合作和个人独立完成相结合的方式，绘制一套园林工程设计施工图。具体任务内容是抄绘一套图纸，或测绘一处园林绿地并补充施工图，两者二选一。完成后，学生间开展交流并举办作品展。具体步骤如下：

第一步　准备工作。

（1）准备工具

测量工具：30 m 皮卷尺、3 m 钢卷尺。

绘图工具：图板、图纸、硫酸纸、丁字尺、三角板、圆模板、铅笔、针管笔及其他辅助工具。

（2）组成学习小组

4 ~ 6 人组成一个学习小组，推选一名组长，组长根据所选任务及学习过程的实际开展分工，负责落实任务及组织评价，负责填写表 2-5-4。

第二步　以小组为单位识图。

主要识读比例、尺寸、方位，识读符号，识读图例，开展组内讨论，弄清图纸表达的含义。

表 2-5-4　小组成员任务分工记录表

序号	组内分工	完成人	完成任务情况	小组总结
1				
2				
3				
4				

第三步　绘图。下列任务二选一。

（1）抄绘一套图纸。

（2）测绘一套图纸并补充施工图。

要求：

（1）按 A2 图幅大小选择合适绘图比例，比例恰当准确。

（2）坐标网格密度适宜，位置尺寸准确。

（3）图例、线型、线宽应用和尺寸标注、文字注写准确，符合规范要求。

（4）图面整洁、清晰，指北针、比例尺绘制注写准确。

（5）组内分工明确，能开展有效合作，积极发挥团队协作作用。

（6）任务完成效率高，在规定时间内保质保量完成。

第四步　以小组为单位开展检查。

首先开展组内互查，然后教师到组内进行第二轮检查，提出修改意见，在两轮评图的基础上，每位成员修改草图并填写任务检查单（表 2-5-5）。

表 2-5-5　任务检查单

图纸名称				完成日期	
检查内容	完成要求	完成情况			
		组内评图			教师修改意见及评分
		是	否	修改意见	
一、课前准备	按要求准备好学习材料、绘图工具和辅助材料（5分）				
二、小组合作	小组分工明确，能开展配合协作。积极参与组间评图（5分）				

续表

图纸名称		完成日期			
检查内容	完成要求	完成情况			
		组内评图			教师修改意见及评分
		是	否	修改意见	
三、绘制园林工程施工图	1. 比例使用正确,图形尺寸正确,无变形(5分)				
	2. 各项图纸图例应用准确,绘制符合标准,能反映物体真实形状和尺寸,符合实际施工要求(30分)				
	3. 有必要文字和表格说明,具有一定的指导施工的价值(5分)				
四、完成质量和效率	1. 图线线型、线宽组使用准确。图线画法正确。图面整洁、清晰、美观(15分)				
	2. 尺寸标注、文字注写符合标准。用长仿宋体注写文字,字迹清楚、注写完整(15分)				
	3. 制图符号应用准确、清晰、规范(10分)				
	4. 绘图工具使用正确,在规定时间内完成任务,完成效率高(5分)				
	5. 图纸内容完整,编排有序(5分)				
任务得分					
主要问题及解决办法					

第五步 完成草图并上墨线。

在个人修改完成草图的基础上,用硫酸纸复制草图,用针管笔上墨线。

项目小结 🍃

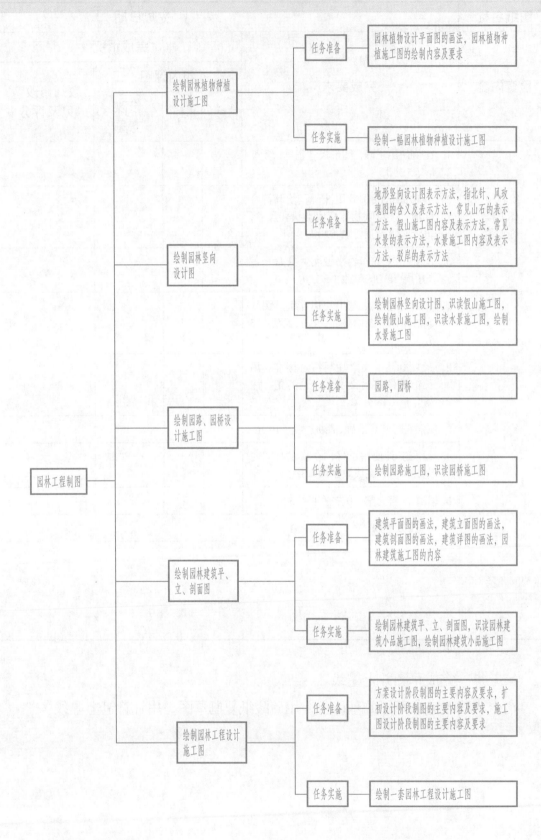

园林工程制图

- 绘制园林植物种植设计施工图
  - 任务准备 —— 园林植物设计平面图的画法，园林植物种植施工图的绘制内容及要求
  - 任务实施 —— 绘制一幅园林植物种植设计施工图

- 绘制园林竖向设计图
  - 任务准备 —— 地形竖向设计图表示方法，指北针、风玫瑰图的含义及表示方法，常见山石的表示方法，假山施工图内容及表示方法，常见水景的表示方法，水景施工图内容及表示方法，驳岸的表示方法
  - 任务实施 —— 绘制园林竖向设计图，识读假山施工图，绘制假山施工图，识读水景施工图，绘制水景施工图

- 绘制园路、园桥设计施工图
  - 任务准备 —— 园路，园桥
  - 任务实施 —— 绘制园路施工图，识读园桥施工图

- 绘制园林建筑平、立、剖面图
  - 任务准备 —— 建筑平面图的画法，建筑立面图的画法，建筑剖面图的画法，建筑详图的画法，园林建筑施工图的内容
  - 任务实施 —— 绘制园林建筑平、立、剖面图，识读园林建筑小品施工图，绘制园林建筑小品施工图

- 绘制园林工程设计施工图
  - 任务准备 —— 方案设计阶段制图的主要内容及要求，扩初设计阶段制图的主要内容及要求，施工图设计阶段制图的主要内容及要求
  - 任务实施 —— 绘制一套园林工程设计施工图

项目测试

一、填空题

1. _____是指图纸上表达物体名称或规格的图形，为区分植物种类，在一张图纸中，一种_____只能代表一种植物。

2.《风景园林制图标准》中明确规定了一种约定俗成的表现方法以区分现有乔木和设计乔木。圆心位置为"**o**"（粗线小圆）时，表示_____，圆心位置为"+"（细线十字）时，表示_____。

3. 在绘制_____图时，可以用数字对不同种类灌木进行编号。

4. 规则式绿篱通常用_____表示轮廓，在此基础上填充图例。一般来说，加画填充线的表示_____绿篱。

5. 植物配置表中，植物的排列顺序通常是_____。

6. 在同一形态类型的植物中，先列_____，后列_____；先列_____，后列_____。

7. 植物种植施工图随图需附_____，作为施工时选择苗木的重要依据。

8. 竖向设计表示主要有_____、_____、_____等几种方法。

9. 山石均采用其水平投影轮廓线概括表示，以粗实线绘出_____，以细实线概括汇出_____。

10. 在靠近岸线的水面中，依岸线的曲折作两三根曲线，外面一条表示水体边界线，用_____线绘制；里面一条或两条表示水面，用_____线绘制。

11. 构筑物结构图必须把构筑物的_____、_____、_____、_____、_____等都表达清楚。

12. 道牙一般分为_____和_____两种形式。

13. 引出线采用_____和_____表示，引出线相互不能相交，当通过有剖面线的区域时，引出线不应与剖面线_____。

14. 定位轴线用_____绘制，其端部绘制直径为_____，在圆圈中书写轴线编号。

15. 竖向设计图即地形设计图，表示_____，反映园林中各个景点、各种设施_____。

16. 为清晰准确表示物体的形状和尺寸，_____阶段各类图纸一般只绘制轮廓线，不上色。

17．施工图阶段的竖向设计平面图中除标注标高和绘制等高线外，还可以用_____
_____、_____等方法表示地形。

18．如下图用网格交叉点标注标高法，其中37.10表示：_____。

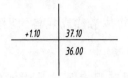

19．种植施工图表示设计植物的_____、_____、_____和种植位置、范围、
尺寸等施工要求的图样，是_____、_____和_____的重要依据。

20．建筑施工图主要有_____、_____、_____和_____。

二、操作实践题

1．请结合当地环境，现场测量附近一块绿地，要求有植物、园路、铺装、水景和
园林建筑等园林要素，完成总平面图、乔木种植图、灌木种植图、某一园林建筑的平面、
立面图的绘制。

2．请收集5～10组园林庭院设计图，并根据收集信息将一个长50m、宽32m的区
域做一个庭院设计，要求绘制庭院平面布置图、竖向设计图和园路结构详图。

項目 3

AutoCAD 辅助园林工程制图

项目导入

通过学习，胡小山已经掌握了各种园林要素的平面表现方法和各类园林工程设计施工图的绘制步骤及要求，能理解图纸中纷繁多样的符号、图例所表示的含义，并知道它们的规格。他已经能看懂各类园林工程图纸。这时，他想起当初参观公司的设计室时看到的都是清一色地使用计算机制图，又产生了疑问："什么时候我也能用计算机进行绘图呢？"于是他去了趟周工程师的工作单位当面咨询。

周工程师热情地接待了胡小山，并了解了他的学习情况。看到胡小山能基本识读桌上的图纸时，周工程师由衷地称赞了胡小山，并告诉他，由于计算机制图精确度高，可反复修改，便于编辑、保存，大大提高了制图的效率和效益，所以在学会制图基本原理和园林工程图基本画法的基础上，必须进一步学习用计算机制图。"这并不难，相信计算机将成为你的好帮手，"周工程师对胡小山说，"计算机制图所遵循的规范与手工制图相同，所以在学习计算机制图的时候，主要是学习计算机制图软件的应用。"

"那和制图的学习还是有很大区别的，我又该注意哪些问题呢？"胡小山问道。

周工程师点点头肯定了胡小山的说法，同时向胡小山介绍了四点自己学习计算机制图的心得：

1. 绘图软件学得快，忘得也快，所以要多练习，努力提高绘图的熟练程度，提高准确绘图的速度。

2. 提高绘图速度的一个方法是：在绘图时多思考、探索，掌握一些软件应用的技巧和方法，形成自己的绘图习惯和能力，自己的习惯用法肯定是最快的。

3. 软件命令的选用和绘图的过程没有固定的范本，所以提高绘图速度的另一个方法是在读图时尽量根据图形特征选用合适的命令，提高作图效率。

4. 计算机只是工具，制图的规范和要求仍然需要遵守，这就是为什么要先学习前面的制图及手工制图，而不直接学习用计算机制图的原因。

利用计算机制图是当今园林制图的主要方式，掌握计算机制图是园林类专业从业人员必须具备的核心职业能力之一。本项目主要学习 AutoCAD 制图软件的操作方法，利用 AutoCAD 绘制各类园林设计图，标注符号、尺寸，书写文字。

本项目学习所要达到的知识要求：熟悉 AutoCAD 绘图软件的界面，理解 AutoCAD 绘图软件常用绘图命令、修改命令的基本用法，理解状态栏命令的用法，掌握对象属性、文字样式、标注样式及图形的编辑功能。理解图层的用法。了解新建、打开、保存、输出、打印 AutoCAD 文件的方法和要求。

本项目学习所要达到的技能要求：熟练利用 AutoCAD 各项常用绘图、修改、编辑命令绘制各类园林工程图，熟练使用鼠标和键盘快速绘制、编辑图形。学会新建、打开 AutoCAD 文件并合理设置绘图环境，熟练运用 AutoCAD 的查询功能，学会打印、输出、保存 AutoCAD 文件并进行规范管理。

任务 3.1　AutoCAD 绘制园林小品三面投影图

任务目标 🍃

知识目标： 1. 了解 AutoCAD 界面和基本用法。

2. 掌握基本绘图命令中直线、多段线、矩形、正多边形的用法。

3. 掌握基本修改工具中复制、偏移、删除的用法。

4. 掌握精确制图的正交、对象捕捉、对象追踪的参数含义。

技能目标： 1. 会选择图形、使用滚轮，会夹点的应用，会图纸的新建、设置，会工具条的选择和移除。

2. 会进行 AutoCAD 的基本操作，使用绘图工具和修改工具绘图并编辑图形。

3. 能运用 AutoCAD 绘制简单几何体，并会进行相关辅助绘图参数的设置。

任务准备 🍃

一、AutoCAD 2010 界面简介

双击桌面快捷键图标，启动 AutoCAD 2010 软件，打开经典工作界面。如图 3-1-1 所示。

1. 标题栏

在 AutoCAD 2010 中文版操作界面的最上端是标题栏。在标题栏中，显示了系统当前正在运行的应用程序和用户正在使用的图形文件。在第一次启动 AutoCAD 2010 时，在标题栏中，将显示 AutoCAD 2010 在启动时创建并打开的图形文件的名称 "Drawing1.dwg"。

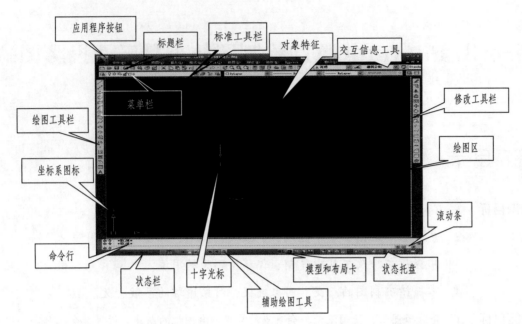

图 3-1-1　AutoCAD 2010 经典工作界面

2．菜单栏

在 AutoCAD 2010 标题栏的下方是菜单栏，同其他 Windows 程序一样，AutoCAD 2010 的菜单也是下拉形式的，并在菜单中包含子菜单。AutoCAD 2010 的菜单栏中包含12个菜单：即"文件""编辑""视图""插入""格式""工具""绘图""标注""修改""参数""窗口""帮助"。这些菜单几乎包含了 AutoCAD 2010 的所有命令。

3．工具栏

工具栏是一组按钮工具的集合，把光标移动到某个按钮上，稍停片刻即在按钮的一侧显示相应的功能提示，然后，单击按钮就可以启动相应的命令。

4．快速访问工具栏和交互信息工具栏

（1）快速访问工具栏。该工具栏包括"新建""打开""保存""放弃""重做"和"打印"6个最常用的工具按钮。

用户也可以单击此工具栏后面的小三角下拉按钮选择设置需要的常用工具。

（2）交互信息工具栏。该工具栏包括"搜索""速博应用中心""通讯中心""收藏夹"和"帮助"5个常用的数据交互访问工具按钮。

5. 功能区

包括"常用""插入""注释""参数化""视图""管理"和"输出"7 个选项卡，在功能区中集成了相关的操作工具，方便了用户的使用。用户可以单击功能区选项板后面的按钮，控制功能的展开与收缩。打开或关闭功能区的操作方法如下。

·命令行 : RIBBON（或 RIBBONCLOSE）

·菜单 : 选择菜单栏中的"工具"→"选项板"→"功能区"命令。

6. 绘图区

绘图区是指在标题栏下方的大片空白区域，是用户使用 AutoCAD 绘制图形的区域。用户要完成一幅设计图形，其主要工作都是在绘图区中完成的。

在绘图区中，有一个作用类似光标的十字线，其交点坐标反映了光标在当前坐标系中的位置。在 AutoCAD 中，将该十字线称为光标，十字线的方向与当前用户坐标系的 X、Y 轴方向平行。

7. 坐标系图标

在绘图区的左下角，有一个箭头指向的图标，称之为坐标系图标，表示用户绘图时使用的坐标系样式。坐标系图标的作用是为点的坐标确定一个参照系。根据工作需要，用户可以选择将其开启或关闭，其方法是选择菜单栏中的"视图"→"显示"→"UCS 图标"→"开"或"关"命令。

8. 命令行窗口

命令行窗口是输入命令名和显示命令提示的区域，默认命令行窗口布置在绘图区下方，由若干文本行构成。AutoCAD 通过命令行窗口，反馈各种信息，也包括出错信息，因此，用户要时刻关注在命令行窗口中出现的信息。

9. 状态栏

状态栏在操作界面的底部，左端显示绘图区中光标定位点的坐标 x、y、z 值，右端依次有"捕捉""栅格""正交""极轴""对象捕捉""对象追踪""DUCS""DYN""线宽"和"QP"10 个功能开关按钮。单击这些开关按钮，可以实现这些功能的开和关，如图 3-1-2 所示。

捕捉	栅格	正交	极轴	对象捕捉	对象追踪	DUCS	DYN	线宽	QP

图 3-1-2　状态栏按钮

10．布局标签

AutoCAD 系统默认设定 1 个模型空间和"布局""布局 2" 2 个图样空间布局标签。AutoCAD 的空间分模型空间和图样空间两种。模型空间指通常绘图的环境，而在图样空间中，用户可以创建叫作"浮动视口"的区域，以不同视图显示所绘图形。用户可以在图样空间中调整浮动视口并决定所包含视图的缩放比例。如果用户选择图样空间，可打印多个视图，也可以打印任意布局的视图。AutoCAD 系统默认打开模型空间，用户可以通过单击操作界面下方的布局标签，选择需要的布局。

11．滚动条

在 AutoCAD 的绘图区下方和右侧还提供了用来浏览图形的水平和竖直方向的滚动条。拖动滚动条中的滚动块，可以在绘图区按水平或垂直两个方向浏览图形。

12．状态托盘

状态托盘包括一些常见的显示工具和注释工具按钮，包括模型与布局空间转换按钮，通过这些按钮可以控制图形或绘图区的状态。

二、AutoCAD 坐标系统

打开的 AutoCAD 界面，默认坐标系为世界坐标系（WCS），但用户也可定义自己的坐标系（UCS）。WCS 包括 X 轴和 Y 轴（3D 空间还有 Z 轴），点的坐标有直角坐标（绝对直角坐标、相对直角坐标）和极坐标（绝对极坐标、相对极坐标）两类。

① 绝对直角坐标：即输入点的 x 值和 y 值，坐标间用"，"隔开，如图 3-1-3a 所示。

② 相对直角坐标：指相对前一点的直角坐标值，其表达方式是在绝对坐标表达前加一个 @ 号，如图 3-1-3b 所示。

③ 绝对极坐标：是输入该点距坐标系原点的距离以及这两点的连线与 X 轴正方向的夹角，中间用 "<" 号隔开，如图 3-1-3c 所示。

④ 相对极坐标：指相对于前一点的极坐标值，其表达方式也是在极坐标表达前加一个 @ 号，如图 3-1-3d 所示。

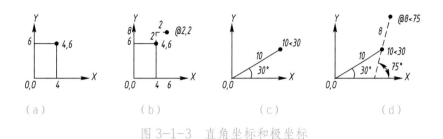

（a）　　　　　（b）　　　　　（c）　　　　　（d）

图 3-1-3　直角坐标和极坐标

三、图形的选择及夹点编辑

在每次进行图形的编辑操作时，需确定操作对象，这就需要选择图形。选择方法较多，最简单的两种是：

方法一：单击单个实体，逐个拾取对象。

方法二：从左至右创建一个完全包含实体的窗口，或者从右至左创建一个完全包含或与实体相交的窗口。被选择的实体以虚线显示。

编辑对象的方式有两种：

方法一：先输入命令，再选择对象进行操作。

方法二：先选择对象，再选择编辑命令，即夹点编辑。

夹点编辑是选择对象后，将对象的夹点显示出来。此时，如单击右键，屏幕上将弹出夹点快捷菜单。利用此菜单可非常方便地进行复制、移动、拉伸和缩放等编辑操作。

夹点是选中图形后所显示的特征点，比如直线的特征点是 2 个端点，1 个中点；圆形是 4 个四分圆点和圆心点；矩形是 4 个顶点，等等。当选中图形后这些点会被亮显出来，可以选中其中某点，这时该点会显示为红色，以此点为基点可以进行编辑，比如拉伸、移动、旋转、镜像，还可以输入 "c"，表示复制，即编辑结果是复制图形。通过夹点，对于圆、椭圆等可移动或扩大、缩小；对于块、填充、文字等可移动。

四、精确绘图及常用功能键

精确绘图是 AutoCAD 的一大特点。通过状态栏中【正交】、【对象捕捉】、【捕捉】、【栅格】等功能，能非常方便地达到精确绘图的目的。

1．正交

需要绘制水平线和垂直线时可以打开正交模式。左键单击状态栏中的 ▦ 按钮、按【F8】键或输入命令"Ortho"，均可打开或关闭正交模式。

2．对象捕捉

绘图时，经常需要通过已绘制对象上的几何点定位新的点，这时利用对象捕捉功能就十分方便。左键单击 ▢ 按钮或按【F3】键均可打开或关闭对象捕捉，对象捕捉的设置可通过以下几个方法实现。

① 右键单击状态栏中的 ▢ 按钮，弹出选项，单击【设置】，在弹出的【草图设置】对话框中选择【对象捕捉】选项卡，在此选择需要捕捉点的模式。单击下拉菜单。【工具】→【草图设置】，或输入命令"Osnap"，同样可弹出【草图设置】对话框，如图 3-1-4 所示。

② 按住 Shift 键，单击右键可弹出【对象捕捉】选项，可在命令执行中方便使用，如图 3-1-5 所示。

③ 把工作空间切换为 AutoCAD 经典后，右键单击任一命令按钮，可弹出工具选项。单击【对象捕捉】可调出【对象捕捉】工具栏，如图 3-1-6 所示。

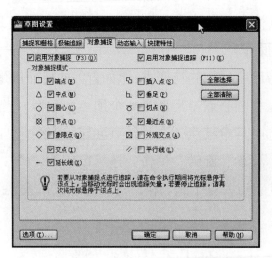

图 3-1-4　草图设置对话框

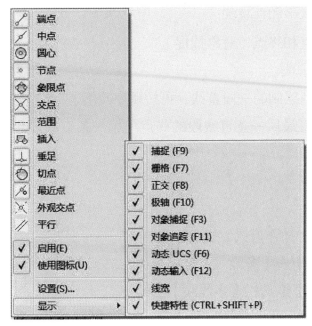

图 3-1 5 【对象捕捉】选项

图 3-1-6 【对象捕捉】工具栏

其中第②、③种方法的捕捉功能，在命令状态下单击一次，有效一次。而第①种方法设置好的捕捉模式，可通过单击状态栏的【对象捕捉】切换工具栏开或关，如果打开，命令执行过程一直有效。

五、常用的几个基本绘图工具

1. 直线工具

（1）直线命令操作方式。

① 单击【绘图】→【直线】菜单命令。

② 单击【绘图】工具栏【直线】图标 ✎。

③ 在命令行输入"Line"或"L"命令，按回车键或空格键。

（2）直线命令的操作。

·已知起点和终点（坐标）。

·已知直线长度和角度（极坐标）。

> 注意：在 AutoCAD 中回车键与空格键都是确认的意思，除个别情况外，用法相同。
>
> 此外回车键还可：①重复上个命令；②确认输入的数值或选项；③完成命令后确认退出。

·经过某一点水平和垂直线。

·左键确定起点和终点（对象捕捉）。

（3）主要参数说明。

·放弃：删除刚绘制的一段直线，可按顺序回溯。

·闭合：自动将最后一条直线段的终点与第一条直线段起点连接，形成闭合多边形。

2. 多段线

（1）多段线命令操作方式。

① 单击【绘图】→【多段线】菜单命令。

② 单击【绘图】工具栏【多段线】图标 ⊡。

③ 在命令行输入"Pline"或"PL"命令，按回车键或空格键。

（2）多段线的几种典型用法。

·不同线宽。

·直线与曲线组合。

·直线与直线组合。

·曲线与曲线组合。

·有宽度的多段线闭合。

（3）主要参数说明。

·圆弧：绘制圆弧及多段线同时提示转换为圆弧的系列参数。

·端点：输入绘制圆弧的端点。

·角度：输入绘制圆弧的角度。

·圆心：输入绘制圆弧的圆心。

·闭合：将多段线首尾相连封闭图形。

·直线：转换成直线的绘制方式。

·半径：输入圆弧的半径。

·第二点：输入决定圆弧的第二点。

·宽度：输入多段线的宽度。

·长度：输入欲绘制直线的长度，其方向与前一直线相同或与前一圆弧相切。

> **注意**：直线绘制出的图形两个节点之间是一个对象，而多段线绘制出来的对象无论有多少个节点都视为一个对象。

3. 矩形

（1）矩形命令操作方式。

① 单击【绘图】→【矩形】菜单命令。

② 单击【绘图】工具栏【矩形】图标 ▭。

③ 在命令行输入"Rectang"或"REC"命令，按回车键或空格键。

（2）主要参数说明。

· 指定第一个角点：定义矩形的一个顶点。

· 指定另一个角点：定义矩形的另一个顶点。

· 倒角：绘制带倒角的矩形。定义第一倒角距离和第二倒角距离。

· 圆角：绘制带圆角的矩形。

4. 正多边形

（1）正多边形命令操作方式。

① 单击【绘图】→【正多边形】菜单命令。

② 单击【绘图】工具栏【正多边形】图标 ⬠。

③ 在命令行输入"Polygon"或"POL"命令，按回车键或空格键。

（2）主要参数说明。

· 边的数目：输入正多边形的边数，最大为 1024，最小为 3。

· 中心点：指定绘制的正多边形的中心点。

· 边：采用输入其中一条边的方式产生正多边形。

· 内接于圆：绘制的多边形内接于随后定义的圆。

· 外切于圆：绘制的多边形外切于随后定义的圆。

· 圆的半径：定义内接圆（外切圆）的半径。

5. 圆

（1）圆命令操作方式。

① 单击【绘图】→【圆】菜单命令。

② 单击【绘图】工具栏【圆】图标 ◉。

③ 在命令行输入"Circle"或"C"命令，按回车键或空格键。

（2）主要参数说明。

·三点：指定圆周上的三点定圆。

·两点：输入直径上的两个端点来确定圆。

·相切、相切、半径：指定与绘制圆相切的两个元素，再定义圆的半径。半径的值必须大于两元素之间的最短距离值的一半。

六、常用的几个编辑命令

1．复制

（1）复制命令操作方式。

①单击【修改】→【复制】菜单命令。

②单击【修改】工具栏【复制】图标 。

③在命令行输入"Copy"或"CO"命令，按回车键或空格键。

（2）主要参数说明。

·选择对象：选择欲复制的对象。

·基点：复制对象的参考点。

·位移：原对象和目标对象之间的位移。

·模式：有单个和多个复制两种选择，默认为多个复制。

2．偏移

（1）偏移命令操作方式。

①单击【修改】→【偏移】菜单命令。

②单击【修改】工具栏【偏移】图标 。

③在命令行输入"Offset"或"O"命令，按回车键或空格键。

（2）主要参数说明。

·偏移距离：原对象和目标对象之间的距离。

·通过：指定目标对象经过的点。

任务实施

　　园林小品是园林景观环境中的重要要素之一。它与建筑、山水、植物共同构筑出完整的园林景观，体现了园林环境的性格和品质，赋予了景观空间更积极的内涵和意义。因此在园林设计中设置优质的园林装饰小品，对提高与丰富景观空间的品位具有重要的意义。

　　园林小品在外部环境中一般具有坚硬性、稳定性以及相对永久性。它们包括台阶、栏杆、墙、亭、廊、大门、花坛、树池、景灯、景凳及砌砖等。

　　以下用树池的平面及立面投影（图 3-1-7）为例，利用 AutoCAD 绘制园林小品的三面投影图。具体步骤如下：

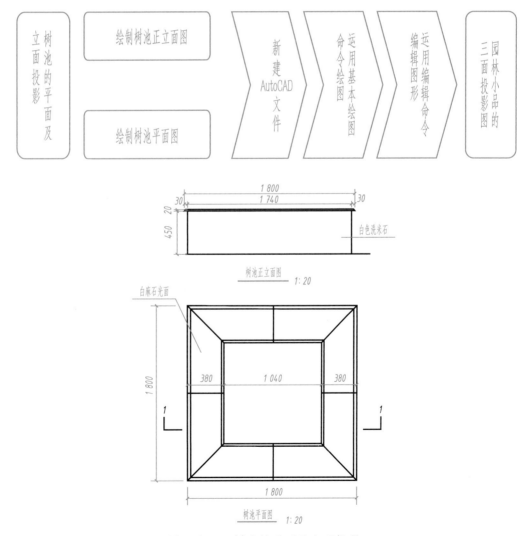

图 3-1-7　树池的平面及立面投影

一、绘制树池正立面图

第一步 新建 AutoCAD 文件。

按下"Ctrl+N"快捷键或单击标准工具栏上的 ▢【新建】按钮，在弹出的对话框中选择 acadiso.dwt 图形样板，单击【打开】按钮即完成新文件的创建，如图 3-1-8 所示。

第二步 绘制直线对象。

（1）用【直线】工具，绘制长度为 1 740 mm 的直线。在绘图区中单击一点，按下正交按钮 正交 或 F8 键，打开【正交】模式，将光标放在右侧，输入"1740"，绘制出直线，如图 3-1-9 所示。

（2）用【直线】工具接上直线的端点，将光标放在上方输入"450"，空格，然后将光标放在右方，输入"1740"，空格，将鼠标放在下方输入"450"，空格，最后与直线右边的点重合，如图 3-1-10 所示。

第三步 夹点编辑延长底边。

用光标分别点击底边的左右端点令其成红色矩形点，打开【正交】模式，将左边的端点向左延长适当距离，如图 3-1-11 所示，同法延长右边的端点。

第四步 运用【多段线】命令绘制有圆弧及直线的形状。

在命令行输入"PL"，打开【正交】模式，用鼠标点取矩形左上端点，将光

图 3-1-8　创建新文件

图 3-1-9　绘制直线

注意：如果无法显示全部直线，在命令行输入"Z"，回车后，再输入"a"便可全部显示。

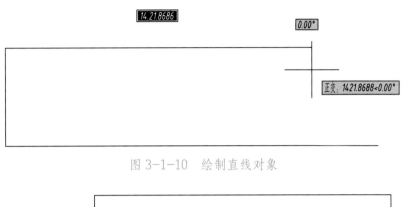

图 3-1-10 绘制直线对象

图 3-1-11 延长底边

标放在左边输入"30"，在命令行输入"a"，回车，转成曲线模式，将光标放在上方，输入"20"，画出圆弧，如图 3-1-12 所示。

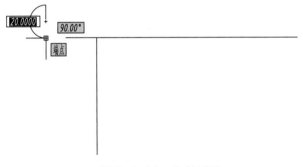

图 3-1-12 绘制圆弧

继续利用【多段线】绘制，输入"L"，回车，转成直线模式，将光标放在右边输入"1740"，回车，然后输入"a"，回车，转成曲线模式，将光标放在下方，输入"20"，输入"L"，回车，再次转直线模式，将光标放在左方，输入"30"与矩形的右端点闭合，如图 3-1-13 所示。

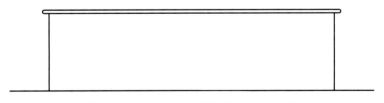

图 3-1-13 绘制有圆弧及直线的形状

二、绘制树池平面图

第一步 绘制矩形。

根据三视图的原理，从立面图中追踪出平面图的左上角第一个顶点（图 3-1-14）。单击鼠标左键，确定该点位置，输入"@1740，-1740"，绘制出矩形（图 3-1-15）。

> **注意**：绘制矩形时，第一点确定后，可用相对直角坐标的方法确定另一个对角线顶点的位置。

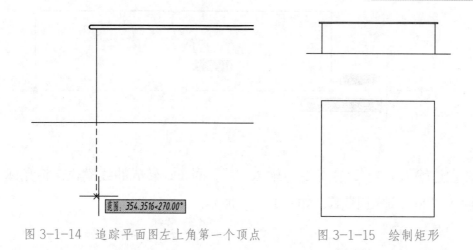

范围：354.3516<270.00°

图 3-1-14 追踪平面图左上角第一个顶点　　　图 3-1-15 绘制矩形

第二步 偏移出各矩形。

在命令行输入"O"。

命令行如下所示：

> **注意**：括号内为输入的命令及数据。

命令：o

OFFSET

当前设置：删除源 = 否、图层 = 源、OFFSETGAPTYPE=0（回车键）

指定偏移距离或 [通过（T）/ 删除（E）/ 图层（L）] < 通过 >：30（输入 30）

点选矩形，在矩形外部再次单击鼠标左键，绘制矩形（图 3-1-16）。点选最外部的矩形往内偏移 350 和 30，形成图形如图 3-1-17 所示。

第三步 连接中点及对角线。

鼠标放在 对象捕捉 按钮处单击右键，点【设置】弹出【草图设置】面板，设置捕捉点，如图 3-1-18 所示。用【直线】工具连接如下对角点及图形的中点，如图 3-1-19 所示。

图 3-1-16　绘制矩形

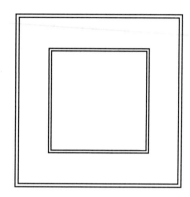

图 3-1-17　绘制矩形

图 3-1-18　设置捕捉点

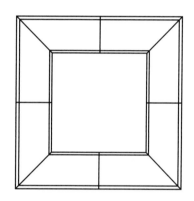

图 3-1-19　连接对角点及中点

任务 3.2　AutoCAD 绘制园路、园桥设计施工图

任务目标

知识目标：1. 掌握填充命令及填充图形的编辑。

2. 掌握样条曲线命令，学会编辑样条曲线。

3. 掌握复制、移动、镜像、圆弧、圆角、倒角命令。

4. 掌握文字样式的设置及输入。

技能目标：1. 会灵活运用 AutoCAD 工具绘制各类园路设计施工图。

2. 能根据图纸或实物绘制园桥设计施工图。

任务准备

一、图案填充

绘制园路面层、灌木、地被等，可以使用图案填充命令。

（1）图案填充命令操作方式。

① 单击【绘图】→【图案填充】菜单命令。

② 单击【绘图】工具栏【图案填充】图标。

③ 在命令行输入 "Hatch" 或 "Bhatch"（快捷方式：H 或 BH），按回车键或空格键。

（2）主要参数说明。定义要填充图案的区域，执行图案填充命令后，即启动【图案填充和渐变色】对话框（图 3-2-1）。在此可用【选择对象】按钮来选择要填充图案的一个或若干对象。另外，还可以利用【拾取点】按钮，在要填充图案的区域内拾取一个点。

图 3-2-1 【图案填充和渐变色】对话框

二、样条曲线

常用于绘制自然式园林要素，如山石、园路、水体、地形等。

（1）样条曲线命令操作方式。

① 单击【绘图】→【样条曲线】菜单命令。

② 单击【绘图】工具栏【样条曲线】图标 ⚡。

③ 在命令行输入 "Spline" 或 "SPL"，按回车键或空格键。

（2）主要参数说明。

·第一个点：定义样条曲线的起始点，此点也是样条曲线的闭合点。

·下一点：指定样条曲线的下一个点，每拾取一个点都会有此提示直至曲线闭合或回车响应为止。

·起点（端点）切向：定义起点（终点）处的切线方向。

三、镜像

常用于绘制园林中规则式元素等。

（1）镜像命令操作方式。

① 单击【修改】→【镜像】菜单命令。

② 单击【修改】工具栏【镜像】图标 。

③ 在命令行输入 "Mirror" 或 "MI"，按回车键或空格键。

（2）主要参数说明。

· 选择对象：选择欲镜像的对象。

· 镜像线的第一点：镜像参考线的端点。

· 镜像线的第二点：镜像参考线的另一端点。

四、阵列

常用于创建按指定方式排列的对象副本。用户可以在均匀隔开的矩形、环形或路径阵列中创建对象副本。

（1）阵列命令操作方式。

① 单击【修改】→【阵列】菜单命令。

② 单击【修改】工具栏【阵列】图标。

③ 在命令行输入 "Array" 或 "AR"，按回车键或空格键。

执行命令后即启动矩形阵列对话框（图 3-2-2）及环形阵列对话框（图 3-2-3）。

（2）对话框中各选项或按钮的意义。

· 矩形（环形）阵列：选择矩形（环形）阵列类型。

· 选择对象：选择欲阵列的对象。

· 行（列）数：行（列）方向的阵列数量。

· 行偏移（列偏移）：行（列）方向的对象之间的偏移距离。

· 阵列角度：定义阵列的旋转角度。

图 3-2-2　矩形阵列对话框　　　　　图 3-2-3　环形阵列对话框

·中心点：环形阵列的中心点。

·项目总数：环形阵列对象的总数量。

·填充角度：环形阵列的包含角度。

·项目间角度：相邻阵列对象间包含的角度。

·复制时旋转项目：控制阵列对象是否旋转。

五、倒角与圆角

1. 倒角

常用于给对象加倒角。可以倒角直线、多段线、射线和构造线。

（1）倒角命令操作方式。

① 单击【修改】→【倒角】菜单命令。

② 单击【修改】工具栏【倒角】图标 。

③ 在命令行输入"Chamfer"或"CHA"，按回车键或空格键。

（2）主要参数说明。

·多段线：选择该选项，可以使二维多段线的各个顶点处倒角。

·距离：设置两条线段的倒角距离。

·角度：设置第一条直线的倒角距离和从第一条直线开始的角度来确定倒角的位置。

·修剪：控制倒角时是否进行修剪。

·方式：设置倒角模式。

2. 圆角

常用于给对象加圆角。可以对圆弧、圆、椭圆、椭圆弧、直线、多段线、射线、样条曲线和构造线执行圆角操作。

（1）圆角命令操作方式。

① 单击【修改】→【圆角】菜单命令。

② 单击【修改】工具栏【圆角】图标 。

③ 在命令行输入"Fillet"或"F"，按回车键或空格键。

（2）主要参数说明

·多段线：选择该选项，可以在二维多段线的各个顶点处加圆角。

・半径：设置连接两条线段的圆角半径。

・修剪：控制圆角时是否进行修剪。

六、修剪

常用于修剪对象精确地终止于由其他对象定义的边界。

（1）修剪命令操作方式。

① 单击【修改】→【修剪】菜单命令。

② 单击【修改】工具栏【修剪】图标 。

③ 在命令行输入"Trim"或"TR"，按回车键或空格键。

（2）主要参数说明。

・选择对象：选择修剪的边界。

・选择要修剪的对象：选择要被修剪的对象。

・全部选择：按【Enter】键或【空格】键可选择绘图区中所有可见图形对象。

> **注意**：在命令行输入"TR"回车两次后，可以不用点边界直接点击需删除的部分将其删除。

・栏选：以栏选方式选择需要修剪的图形对象。

・窗选：以窗选方式选择需要修剪的图形对象。

・删除：直接删除选中的对象。

任务实施

园路、园桥构成了园林布局的骨架，在园林制图中园路、园桥直接联系着各个区域，它们的结构施工图具有一定的代表性。AutoCAD 绘制园路、园桥设计施工图的具体步骤如下：

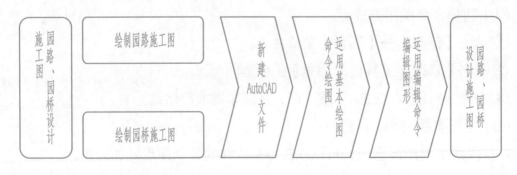

一、绘制园路施工图

绘制园路施工图（图 3-2-4），包括绘制园路施工平面图和园路施工剖面图，具体步骤如下：

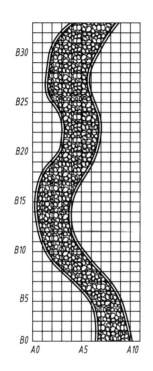

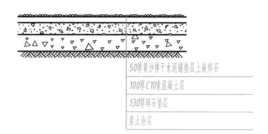

50厚黄沙掺干水泥铺垫层上嵌卵石

100厚 C10素混凝土层

130厚碎石垫层

素土夯实

图 3-2-4　园路施工图

1．绘制园路施工平面图

第一步　新建 AutoCAD 文件，绘制网格。

打开 AutoCAD 新建文件。用【直线】工具绘制长为 2 200 的直线，点击阵列工具▦，调出阵列面板，设置参数（图 3-2-5），阵列效果如图 3-2-6 所示。

用【直线】工具连接阵列出的直线左侧各点，再次阵列，设置参数（图 3-2-7），最后效果如图 3-2-8 所示。

点击【多行文字】工具按钮🅰，设置文字格式（图 3-2-9），输入相应的轴线号（图 3-2-10）。

第二步　绘制园路。

用【样条曲线】工具，或输入"SPL"，根据网格上的位置画出左侧园路（图 3-2-11）及右则园路（图 3-2-12），并用【偏移】命令将园路向左右各偏移 100（图 3-2-13）。

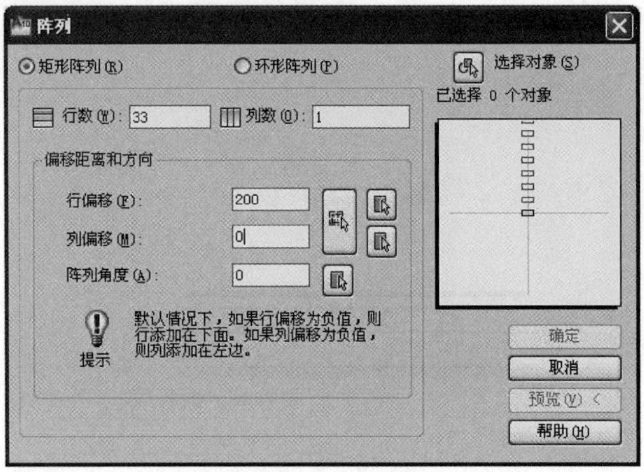

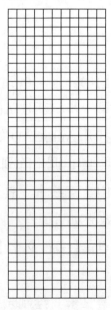

图 3-2-5　设置参数

图 3-2-6　阵列效果

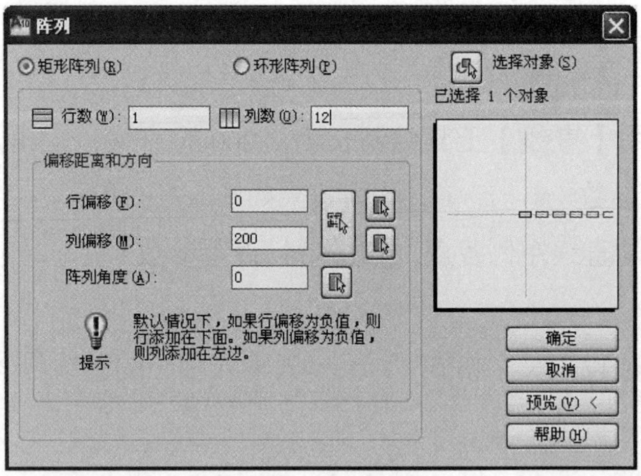

图 3-2-7　设置参数

图 3-2-8　完成网格

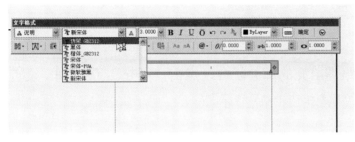

图 3-2-9　设置文字格式

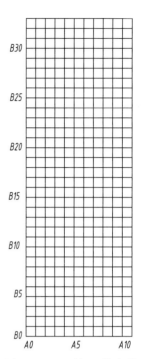

图 3-2-10　输入轴线号

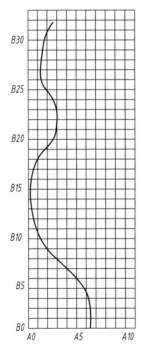

图 3-2-11　绘制左侧园路

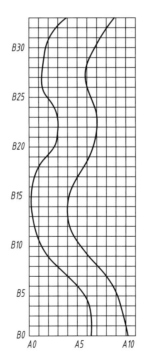

图 3-2-12　绘制右侧园路

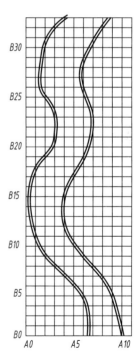

图 3-2-13　偏移

用【修剪】工具 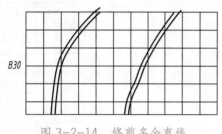，将超出网格的多余直线修剪（图3-2-14）。最后效果如图3-2-15所示。如有与网格不相交的直线可以将其夹点编辑超出网格后再修剪。

图 3-2-14　修剪多余直线　　　　　图 3-2-15　修剪后效果

第三步　填充图案。

填充前，用直线工具将园路需填充的部分闭合，点击"填充"工具 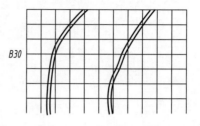，设置图例及比例（图3-2-16），最后效果如图3-2-17所示。

图 3-2-16　设置图例及比例

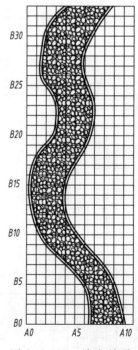

图 3-2-17　填充效果

2. 绘制园路施工剖面图

第一步　设置图形界限。

打开 AutoCAD 软件，新建一个文件，设置好图形界限和单位等。

第二步　绘制分界线。

用【直线】工具绘制出界限线，然后从最下端开始依次向上偏移130、100

和 50（图 3-2-18）。

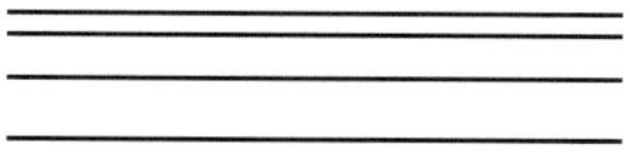

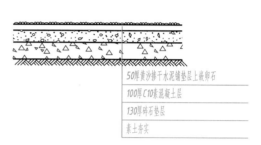

第三步　填充图案。

图 3-2-18　绘制分界线

用【填充】命令，将需要的图案填充到各层中去。

在使用图案时要设置适当的填充比例。最上层的卵石用多段线绘制并复制，最后效果如图 3-2-19 所示。

第四步　标注文字。

用【直线】在图中作出引出线，竖线与横线要成 90°。横线可用偏移的方法作出。用【多行文字】工具 **A** 标出文字（图 3-2-20）。

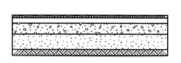

图 3-2-19　填充图案

50厚黄沙掺干水泥铺垫层上嵌卵石

100厚C10素混凝土层

130厚碎石垫层

素土夯实

图 3-2-20　标注文字

二、绘制园桥施工图

绘制园桥施工图，包括绘制园桥施工平面图（图 3-2-27）、园桥施工侧立面图（图 3-2-40）和园桥施工正立面图（图 3-2-53）。具体步骤如下：

1. 绘制园桥施工平面图

第一步　启动 AutoCAD 软件，新建文件，新建木桥图层。

（1）从"工具"菜单，选择"CAD 标准"下的"图层转换器"。

（2）在图层转换器中，选择"新建"，定义新的图层。在【新建图层】对话框中，输入新图层的名称"木桥"，选择其特性，然后选择"确定"。

第二步　绘制矩形。

执行【矩形】命令或输入"REC"，单击绘图区域，指定第一个角点。输入相对坐标（@700，2 000），按下空格键，绘制出一个 700×2 000 的矩形。

用同样方法绘制出 100×2 500 的矩形。

第三步　拼合矩形。

设置好"中点"捕捉，用【移动】工具将两个矩形拼合在一起。

在命令行输入"M"，选择100×2 500的矩形，按下空格键，捕捉到中点，移动到700×2 000矩形的中点，单击左键完成移动（图3-2-21）。

第四步 复制矩形。

复制左侧矩形100×2 500到右侧。

执行【复制】命令，选择100×2 500矩形，移动光标至左边线中点处单击，确定基点，再移动到700×2 000矩形右边线中点处，单击左键完成复制（图3-2-22）。

第五步 填充图案。

在命令行输入"H"，设置图例及参数（图3-2-23、图3-2-24），结果如图3-2-25所示。

第六步 旋转图案。

单击 $\circlearrowleft$ 按钮，用光标选择左下角矩形顶点为基点，在命令行输入"90"，效果如图3-2-26所示。

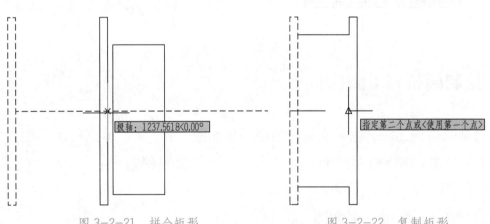

图3-2-21 拼合矩形   图3-2-22 复制矩形

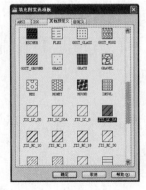      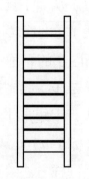

图3-2-23 填充图案选项板   图3-2-24 图案填充和渐变色   图3-2-25 填充图案

图 3-2-26　旋转图案

第七步　标注文字。

用【直线】在图中作出引出线，竖线与横线要成 90°。横线可用偏移的方法作出。用【多行文字】工具 A 标出文字（图 3-2-27）。

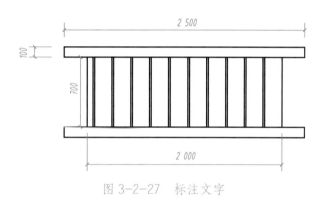

图 3-2-27　标注文字

2. 绘制园桥施工侧立面图

第一步　用【直线】工具 绘制长为 1 600 的直线，用【矩形】工具 绘制大小为 650×275 矩形（图 3-2-28）。单击【移动】工具 ，捕捉矩形底边的中点，移动到直线的中点上（图 3-2-29）。

图 3-2-28　绘制直线和矩形　　　图 3-2-29　拼合直线和矩形

第二步　用【矩形】工具 在空白处绘制一个 50×650 的矩形作为园桥栏杆。用【移动】工具 ，捕捉矩形右下端点，移动到上一矩形的左下端点上（图 3-2-30）。另绘制 30×250 的矩形，将其移动到如图 3-2-31 所示位置。

第三步　点击【移动】工具 ，捕捉 30×250 矩形的右上端点，按下 F8 功能键或【正交】模式按钮 ，光标往下放（图 3-2-32）。出现虚线时，输入"35"，垂直移动矩形（图3-2-33）。

第四步　点击【矩形】工具 ⬜，捕捉 30×250 矩形的左下端点，输入相对坐标"@30，18"画出扶手横断面（图3-2-34）。捕捉上个矩形的左下端，输入相对坐标"@30，−90"继续绘制第二条扶手（图3-2-35）。

第五步　用【复制】工具 ⬚ 复制 30×18 矩形于 图3-2-36 所示位置，并绘制两条扶手的支撑杆。绘制 20×38 的矩形，并移动到 图3-2-37 所示位置。

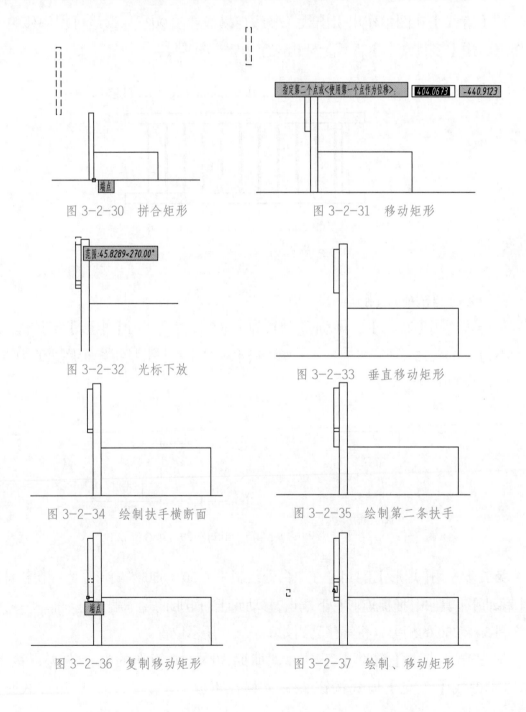

图 3-2-30　拼合矩形　　　　　　　　图 3-2-31　移动矩形

图 3-2-32　光标下放　　　　　　　　图 3-2-33　垂直移动矩形

图 3-2-34　绘制扶手横断面　　　　　图 3-2-35　绘制第二条扶手

图 3-2-36　复制移动矩形　　　　　　图 3-2-37　绘制、移动矩形

第六步　将 20×38 矩形移动到如图 3-2-38 所示位置，单击【镜像】按钮 ◢▶，以底线中点为镜像线，镜像出园桥的栏杆和扶手（图 3-2-39）。

第七步　单击【分解】工具 📦，将中间的大矩形分解，选中最上端直线，将其向下偏移 5 次，偏移距离分别为 10、15、25、35 和 50（图 3-2-40）。

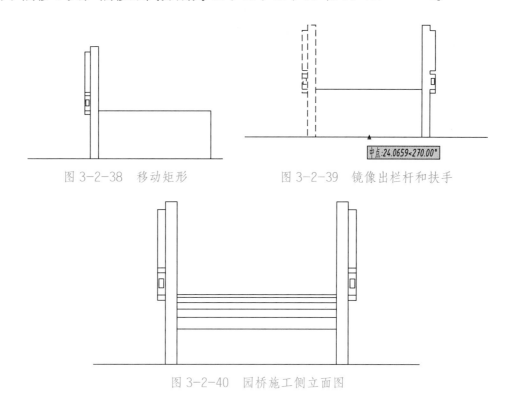

图 3-2-38　移动矩形　　　　　图 3-2-39　镜像出栏杆和扶手

图 3-2-40　园桥施工侧立面图

3. 绘制园桥施工正立面图

第一步　绘制一条直线，长度为"3 500"，作为地平面。绘制一个 2 500×245 的矩形以确定园桥主体的弧度（图 3-2-41）。使用【圆弧】工具 ⌒，连接矩形的起点、中点和端点（图 3-2-42）。

第二步　用【删除】工具 ✐ 删除矩形（图 3-2-43），并将圆弧向上偏移"50"（图 3-2-44）。

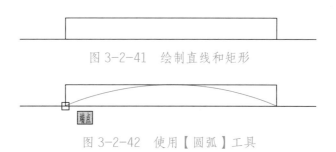

图 3-2-41　绘制直线和矩形

图 3-2-42　使用【圆弧】工具

第三步 绘制园桥扶手。

将上方的圆弧向上继续偏移"180"和"95"（图 3-2-45），绘制两条直线作为修剪辅助线（图 3-2-46）。

第四步 用【删除】工具 ✐ 删除辅助线，将两段圆弧分别向下偏移"20"（图 3-2-47），并用【直线】工具将圆弧连接（图 3-2-48）。

第五步 绘制一个 50×400 的矩形，移动到如图 3-2-49 所示的位置，将其作为园桥栏杆。

第六步 将左侧的栏杆镜像到右侧（图 3-2-50）。

第七步 用【块】工具 🗗 将栏杆定义为块（图 3-2-51）。名称为"园林栏杆"，插入点为矩形的下端中点，用【菜单】/【绘图】/【点】/【定数等分】命令将其插入到最底端的圆弧上，并修剪（图 3-2-52）。

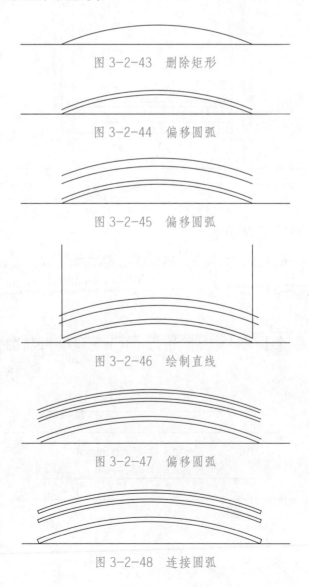

图 3-2-43　删除矩形

图 3-2-44　偏移圆弧

图 3-2-45　偏移圆弧

图 3-2-46　绘制直线

图 3-2-47　偏移圆弧

图 3-2-48　连接圆弧

第八步　在空白处绘制一个 20×100 的矩形，将其定义命名为"支柱"。使用【菜单】/【绘图】/【点】/【定数等分】命令将其插入到如图所示的圆弧上。图块为不对齐圆弧，等分数量为"30"（图 3-2-53）。

图 3-2-49　绘制矩形，并移动到相应位置

图 3-2-50　将矩形镜像到右侧

图 3-2-51　块定义

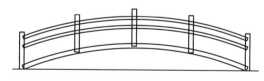

图 3-2-52　插入矩形

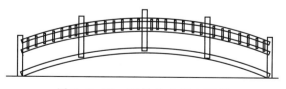

图 3-2-53　园桥施工正立面图

任务 3.3   AutoCAD 绘制园林建筑平、立、剖面图

任务目标

知识目标： 1. 掌握构造线、多线命令，学会多线编辑。

2. 掌握缩放、打断、分解命令。

3. 掌握标注命令的用法和标注样式的修改。

4. 掌握创建块、插入块命令。

技能目标： 基本具备 AutoCAD 绘制园林建筑平、立、剖面图，标注尺寸和符号的能力。

任务准备

一、构造线

构造线属于辅助作图线条，相当于几何定义的两端无限延长的直线，没有尽头。绘制建筑图时，可以用构造线做墙体中线。

二、多线

多线由若干称为元素的平行线组成，一般用于绘制墙体或窗户。多线需要设置才能使用。点击菜单：【格式】→【多线样式】可以自行创造和保存多线样式。

1. 多线主要参数说明

（1）对正：控制多线相对于光标或基线位置的偏移。对正类型有【上（T）/无（Z）/下（B）】三种。建筑平面图中如由墙体中轴线定位,绘制墙体时可用【无】

（Z）对正的方式。

（2）比例：控制多线的全局宽度。建筑平面图中可设置为墙体的厚度。

2.　多线编辑

相交的两条多线必须通过【多线编辑】命令编辑后才符合标准。多线编辑工具可修改 12 种样例：

（1）十字闭合：用于在两条多线之间创建闭合的十字交点。

特点：第一条多线将被断开，而第二条多线保持原状。

（2）十字打开：用于在两条多线之间创建打开的十字交点。

特点：第一条多线的所有元素将被断开，第二条多线外部元素被断开而内部元素保持原状。

（3）十字合并：用于在两条多线之间创建合并的十字交点。

特点：内条多线外部元素都被断开而内部元素保持原状。

（4）T 形闭合：用于在两条多线之间创建闭合的 T 形交点。

特点：第一条多线被修剪或延伸到与第二条多线的外线相交，第二条多线保持原状。

（5）T 形打开：用于在两条多线之间创建打开的 T 形交点。

特点：第一条多线的所有元素将被断开，从而与第二条多线的外线呈交汇性的相交，但第二条多线的内部元素保持原状，两条多线的内部元素不相交。

（6）T 形合并：用于在两条多线之间创建合并的 T 形交点。

特点：第一条多线的所有元素将被断开，从而与第二条多线的外线呈交汇性的相交，且两条多线的内部元素相交。

（7）角点结合：用于在多线之间创建角点结合。

特点：将多线修剪或延伸到它们的交点处。

（8）添加顶点：用于向多线上添加一个顶点。

（9）删除顶点：用于从多线上删除一个顶点。

（10）单个剪切：用于剪切多线上的选定元素。

（11）全部剪切：将多线剪切成两个部分。

（12）全部接合：用于将已被剪切的多线线段重新接合起来。

三、缩放

缩放能将对象相对于基点按照比例放大或缩小。比例因子是放大或缩小的比例值，输入比例因子大于 1 时，对象为放大；小于 1 时，对象为缩小。

四、图块

图块是将多个实体组合成一个整体，并给这个整体命名保存，在以后的图形编辑中图块就被视为一个实体，可以根据需要按一定比例和角度将图块插入到任一指定位置。AutoCAD 中图块分为内部块和外部块两类。

【创建块】使用 Block 命令创建的图块被称为内部块，跟随定义它的图形文件一起保存，即图块保存在图形文件内部。内部图块一般是在该图形文件中调用，不能用于其他图形文件。使用 Wblock 命令创建的图块被称为外部块，可以将图块保存为一个单独的文件存储在电脑磁盘上，能被任何图形文件所使用。

【插入块】命令每次可插入单个图块，而且可为图块指定插入点、缩放比例和旋转角度等参数。

五、尺寸标注

AutoCAD 提供的一套完整的尺寸标注可方便地标注画面上的各种尺寸，如线型尺寸、角度、直径、半径等。进行尺寸标注，首先应为之创建独立的图层；其次，为符合制图的标准必须设置一种或多种标注样式；然后，充分利用对象捕捉方法，使用尺寸标注命令进行标注；最后再对标注进行调整等。常用尺寸标注及编辑命令有以下几种：

【线性】：用于标注垂直尺寸和水平尺寸。

【对齐】：用于标注处于倾斜位置的尺寸，可以使尺寸线与所标注的线段平行。

【半径】：用于标注圆或圆弧对象的半径。

【直径】：用于标注圆或圆弧对象的直径。

【角度】：用于标注任意两条不平行的直线之间的夹角、圆弧和三点之间的夹角。

【弧长】：用于标注圆弧的弧长。

【坐标】：沿一条简单的引线显示指定点的 X 和 Y 坐标。

【基线】：创建从同一基线处测量的多个标注，在使用基线标注之前，在图形中必须有已标注的线性、对齐、角度或坐标标注。

【连续】：用于创建首尾相连的多个标注，可从上一个标注或选定标注的第二条尺寸界线处创建线性、角度或坐标标注。

【圆心标记】：用于标注圆或圆弧对象的圆心位置。

【编辑标注】：用于改变尺寸数字的内容和延伸线。

【编辑标注文字】：用于改变尺寸数字的位置、改变尺寸界线的长短等。

任务实施

公园设计中常常需要绘制各类园林建筑，如图 3-3-1 公园设计图中的茶室、花架和方亭就组成了该公园的建筑群。为了准确表达设计者意图，需绘制茶室平面图，花架平、立面图。

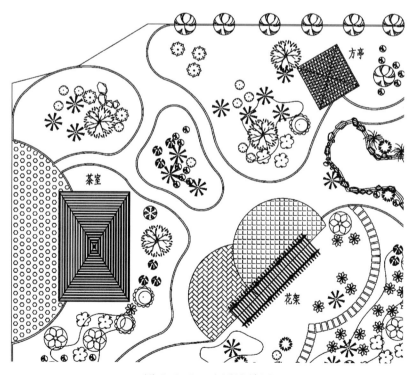

图 3-3-1　公园设计图

一、绘制茶室平面图

如图 3-3-2 所示。

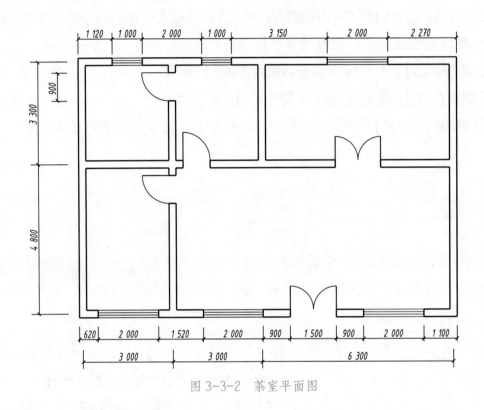

图 3-3-2 茶室平面图

具体步骤如下：

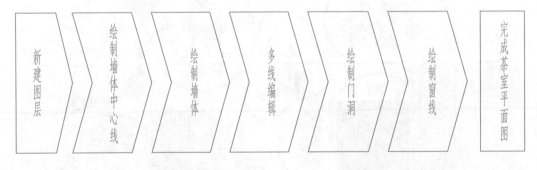

第一步 新建图层。

打开图层管理器,新建 4 个图层,分别命名为 "中线" "墙线" "门扇线" "窗线" (图 3-3-3)。

第二步 绘制墙体中心线。

把 "中线" 图层设为当前,用【构造线】命令绘制两条正交直线 a 和 b (图 3-3-4),垂直线 a 向右偏移 3000,得到构造线 c,然后将构造线 c 向右偏移

3000，得到构造线 d，同样的方法完成其他线条的绘制（图 3-3-5、图 3-3-6）。

第三步　绘制墙体。

把"墙线"图层设为当前，用【多线】命令绘制墙体。点击菜单：【绘图】→【多线】，修改当前设置为：对正＝无，比例＝ 240.00。指定起点后，结合【交点捕捉】功能确定下一点直至绘完（图 3-3-7）。

第四步　多线编辑。

点击菜单：【修改】→【对象】→【多线】，在弹出的【多线编辑工具】对话框中分别选择【角点结合】、【T 形合并】和【十字合并】功能对墙体平面图进行编辑（图 3-3-8、图 3-3-9）。

> **注意**：用【T 形合并】编辑时，拾取多线的次序是关键。应先拾取 T 字（正常摆放时）竖划这一笔画所在的多线，再拾取 T 字横划这一笔画所在的多线。

图 3-3-3　新建图层

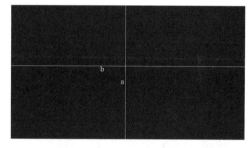

图 3-3-4　绘制正交直线

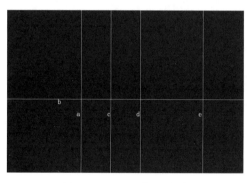

图 3-3-5　垂直线偏移

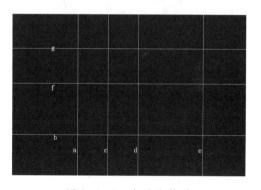

图 3-3-6　水平线偏移

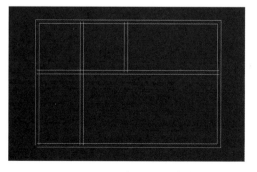

图 3-3-7　多线绘制墙体

> **注意**：砖墙的厚度以我国标准黏土砖的长度为单位，我国现行黏土砖的规格是 240 mm×115 mm×53 mm（长 × 宽 × 厚）。现行墙体厚度用砖长作为确定依据，图中的墙体为一砖墙：图纸标注为 240 mm，实际厚度为 240 mm。

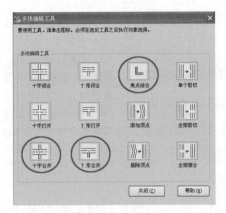

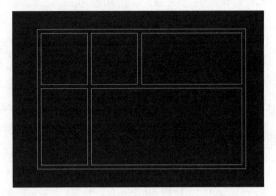

图 3-3-8　多线编辑工具　　　　　　　图 3-3-9　墙体编辑

第五步　绘制门洞。

利用【对象追踪】功能，用【直线】、【偏移】命令绘制出门洞的剪切界线，执行【分解】命令将多线分解成单独的直线，用【打断】或【修剪】命令将多余的线条删除（图 3-3-10）。接着用【直线】、【圆弧】命令绘制出门扇线。按照以上方法绘制出茶室其他房间的门扇线（图 3-3-11、图 3-3-12）。

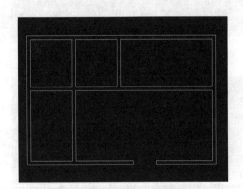

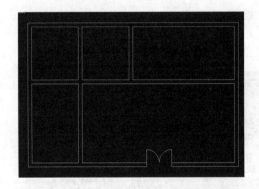

图 3-3-10　绘制单个门洞　　　　　　图 3-3-11　绘制单个门扇线

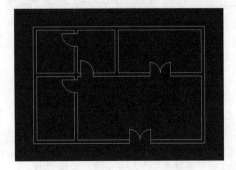

图 3-3-12　门洞完成

> **注意**：（1）用【多线】命令画出来的线条是一个整体，必须分解之后才能进行修剪或打断。
>
> （2）【打断】命令是部分删除对象或把对象分解为两部分，选择打断对象后，可以通过捕捉指定要断开处的两点。

第六步　绘制窗线。

利用【对象追踪】功能，用【直线】、【偏移】命令绘制出窗户界线和窗线。用同样的方法完成其他房间的窗线，完成茶室平面图（图 3-3-13、图 3-3-14）。

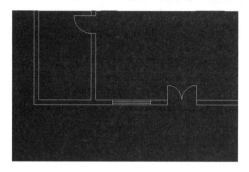
图 3-3-13　绘制单个窗线

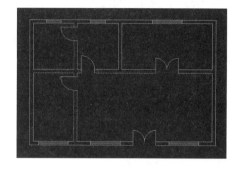
图 3-3-14　茶室平面图

二、绘制花架平、立面图

具体步骤如下：

第一步　新建图层。

打开图层管理器，新建多个图层，分别命名为"中线""柱子""花架梁""花架条""地面""标注""文字"等，并把"中线"层的线型设置为 ACAD_IS004W100（图 3-3-15）。

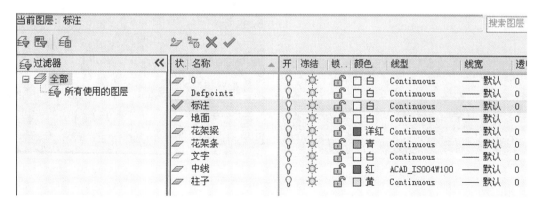
图 3-3-15　新建图层

第二步　绘制花架平面图（图3-3-16）。

（1）绘制中心线。把"中线"图层设为当前，用【直线】、【偏移】命令绘制柱子和花架梁的中心线（图3-3-17）。

（2）绘制柱子。把"柱子"图层设为当前，执行【矩形】命令，利用【捕捉自】功能，捕捉中线的交点为基点，输入坐标（@-175，-175）和（@350，350）绘制出正方形，往里面偏移50之后得到另一个正方形。接着用【复制多个】的方法复制出其余的柱子（图3-3-18、图3-3-19）。

（3）绘制花架梁。把"花架梁"图层设为当前，参照柱子的绘制方法，利用【捕捉自】功能，输入坐标（@-900，-75）和（@12450，150）绘制出矩形，然后复制出另一个（图3-3-20）。

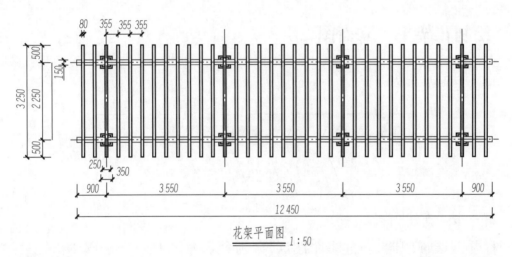

花架平面图 1：50

图3-3-16　花架平面图

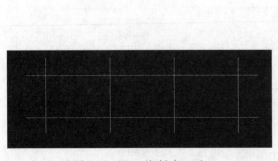

图3-3-17　绘制中心线

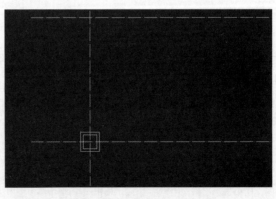

图3-3-18　绘制单个柱子

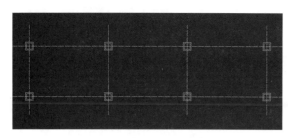
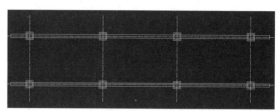

图 3-3-19　复制出其他柱子　　　　　　　图 3-3-20　绘制花架梁

（4）绘制花架条。

把"花架条"图层设为当前，用【矩形】和【捕捉自】命令，输入坐标
（@-40，-500）和（@80，3250）绘制出矩形（图 3-3-21）。执行【阵列】命令，
设置行数：1，列数：33，间距：355，绘制出大部分的花架条。剩下的可通过
【复制】的方法来完成（图 3-3-22、图 3-3-23）。

（5）修剪。用【修剪】命令对柱子和花架梁进行修剪，花架平面图完成
（图 3-3-24）。

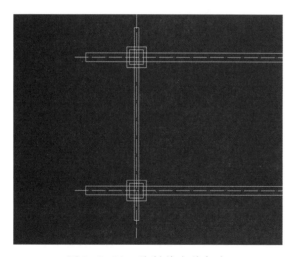
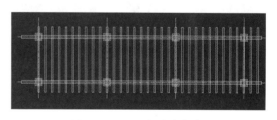

图 3-3-21　绘制单个花架条　　　　　　　图 3-3-22　阵列花架条

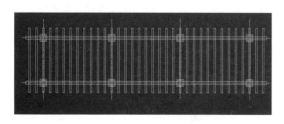
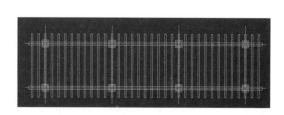

图 3-3-23　花架条完成　　　　　　　　　图 3-3-24　花架平面图

第三步 绘制花架正立面图（图3-3-25）。

（1）绘制柱子中心线和地面。参照花架平面图中所绘制的柱子中心线，用【直线】、【偏移】命令绘制出中心线和地面（图3-3-26）。

（2）绘制柱子。用【直线】、【镜像】命令绘制出柱子的正立面，用【复制】或【阵列】命令将柱子复制3个（图3-3-27）。

（3）绘制花架梁。利用【对象追踪】功能，用【矩形】命令绘制出花架梁（图3-3-28）。

（4）绘制花架条。利用【对象追踪】功能，用【矩形】命令绘制出柱子正上方的花架条（图3-3-29）。参照平面图，用【阵列】、【复制】的方法绘制出其他花架条，完成正立面图（图3-3-30）。

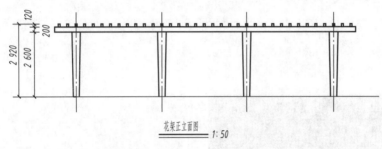

图 3-3-25 花架正立面图

图 3-3-26 绘制中心线和地面

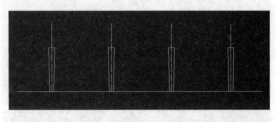

图 3-3-27 绘制柱子

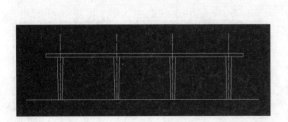

图 3-3-28 绘制花架梁

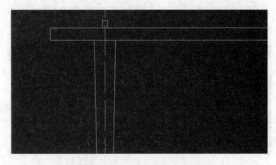

图 3-3-29 绘制单个花架条

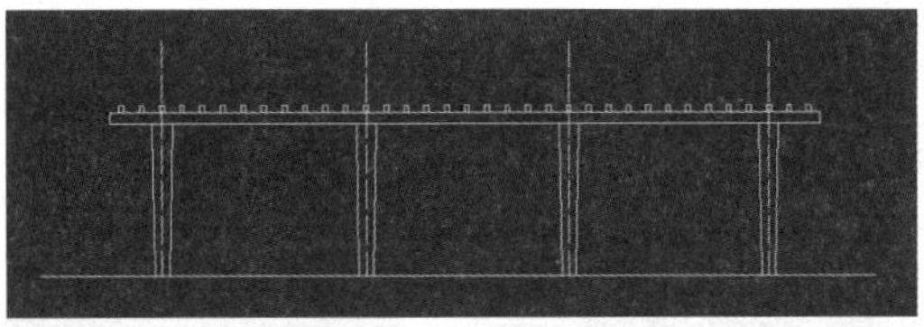

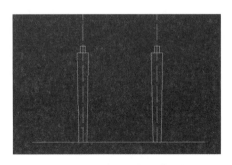

图 3-3-30　花架正立面图

第四步　绘制花架侧立面图（图 3-3-31）。

（1）绘制柱子中心线和地面。用【直线】、【偏移】命令绘制出柱子中心线和地面（图 3-3-32）。

（2）绘制柱子。利用【对象追踪】功能，用【直线】、【镜像】命令绘制出柱子的侧立面，复制一个（图 3-3-33）。

（3）绘制花架梁。利用【对象追踪】功能，用【矩形】命令绘制出花架梁侧立面，复制一个（图 3-3-34）。

（4）绘制花架条。花架条的侧立面为不规则形，可先绘制出一个 3 250×120 的矩形（图 3-3-35），然后利用【对象追踪】和【中点捕捉】在矩形

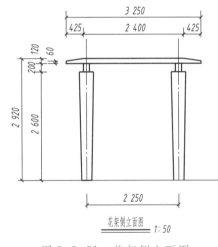

图 3-3-31　花架侧立面图

图 3-3-32　绘制中心线和地面

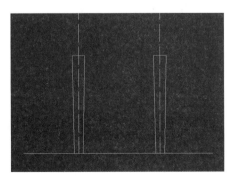

图 3-3-33　绘制柱子

图 3-3-34　绘制花架梁

两端分别绘制一条斜线（图3-3-36），接着用【修剪】命令删除多余线条，完成花架侧立面图（图3-3-37）。

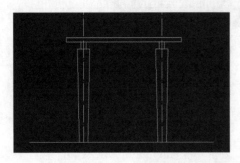

图 3-3-35　绘制矩形

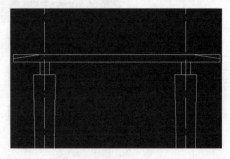

图 3-3-36　绘制斜线

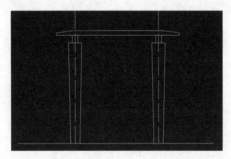

图 3-3-37　花架侧立面图

第五步　标注尺寸。

（1）设置标注样式。点击菜单:【格式】→【标注样式】，在弹出的【标注样式管理器】中新建一个样式,命名为"花架",并设置为当前（图3-3-38、图3-3-39）。修改"花架"标注样式,在【符号和箭头】选项卡下面将"箭头"由"实心闭合"改成"建筑标记","箭头大小"改成1.5（图3-3-40）。然后点击【调整】选项卡,将下面的"使用全局比例（S）"改成60（图3-3-41）,样式修改完毕。

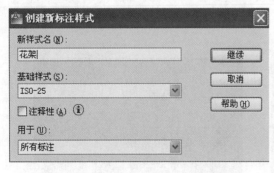

图 3-3-38　新建样式

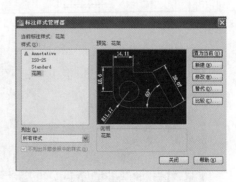

图 3-3-39　新样式设置为当前

（2）标注尺寸。用【线性】、【连续】标注命令对平面图、正立面图和侧立面图进行标注（图 3-3-42）。

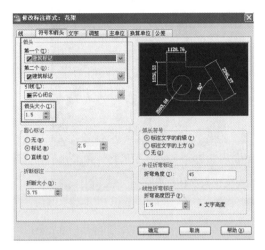

图 3-3-40 修改箭头

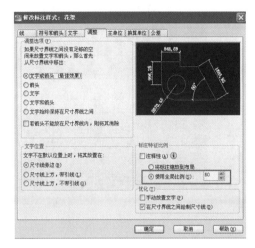

图 3-3-41 调整全局比例

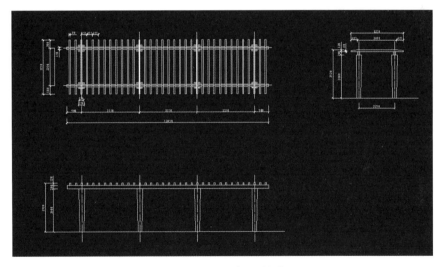

图 3-3-42 标注尺寸

第六步 标注文字。

（1）设置文字样式。点击菜单:【格式】→【文字样式】,在弹出的【文字样式】对话框中设置"仿宋"字体。

（2）标注文字。用【多段线】命令绘制图名线，用【单行文字】命令标注图名和比例，完成文字标注（图 3-3-43）。

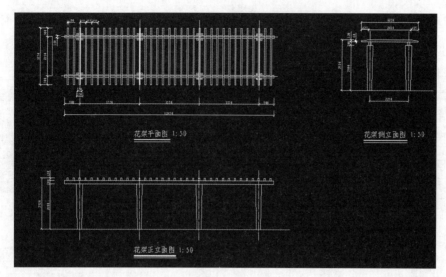

图 3-3-43 标注文字

三、绘制方亭施工图

具体步骤如下：

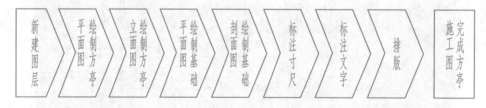

第一步 新建图层。

打开图层管理器,新建多个图层,分别命名为"轴线""柱子""基线""填充""标注""文字"等,把"轴线"层的线型设置为 ACAD_IS004W100(图 3-3-44)。

第二步 绘制方亭平面图(图 3-3-45)。

(1)绘制定位轴线。用【直线】、【偏移】命令绘制轴线(图 3-3-46)。

状	名称	开	冻结	锁..	颜色	线型	线宽	透明
⊿	0	♀	☀	⌒	□ 白	Continuous	—— 默认	0
⊿	Defpoints	♀	☀	⌒	□ 白	Continuous	—— 默认	0
✔	轴线	♀	☀	⌒	■ 红	ACAD_IS004W100	—— 默认	0
⊿	柱子	♀	☀	⌒	□ 黄	ACAD_IS004W100	—— 默认	0
⊿	基线	♀	☀	⌒	■ 青	ACAD_IS004W100	—— 默认	0
⊿	填充	♀	☀	⌒	□ 9	Continuous	—— 默认	0
⊿	标注	♀	☀	⌒	■ 绿	Continuous	—— 默认	0
⊿	文字	♀	☀	⌒	□ 白	Continuous	—— 默认	0

图 3-3-44 新建图层

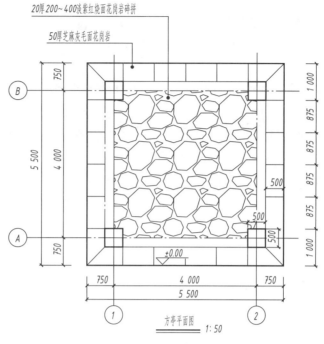

20厚200~400淡紫红烧面花岗岩碎拼

50厚芝麻灰毛面花岗岩

方亭平面图　1：50

图 3-3-45　方亭平面图

（2）绘制柱子。用【矩形】命令结合【捕捉自】功能，输入坐标（@-250，-250）和（@500，500）绘制柱子，复制 3 个（图 3-3-47）。

（3）绘制地面。参照绘制柱子的方法绘制出地面，接着用【直线】【偏移】【图案填充】命令绘制地面铺装，完成方亭平面图（图 3-3-48、图 3-3-49）。

第三步　绘制方亭立面图（图 3-3-50）。

（1）绘制定位轴线和地面。用【直线】【偏移】命令绘制立面图的轴线，用【多段线】命令绘制地面（图 3-3-51）。

（2）绘制柱子。用【直线】、【偏移】、【镜像】命令绘制柱子（图 3-3-52）。

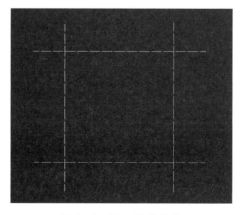

图 3-3-46　绘制轴线

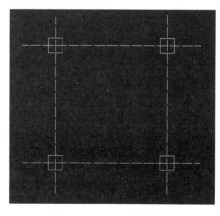

图 3-3-47　绘制柱子

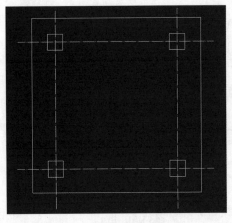

图 3-3-48 绘制地面

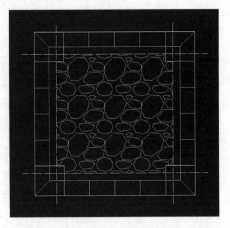

图 3-3-49 方亭平面图

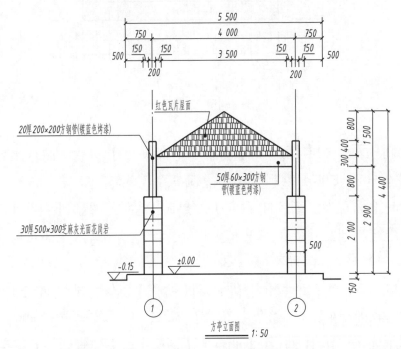

图 3-3-50 方亭立面图

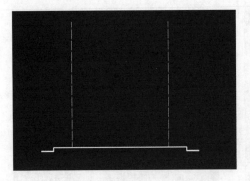

图 3-3-51 绘制定位轴线和地面

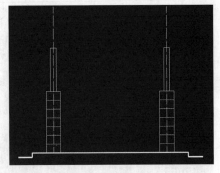

图 3-3-52 绘制柱子

（3）绘制亭顶。利用【对象追踪】功能，用【直线】【图案填充】命令绘制亭顶，完成方亭立面图（图 3-3-53）。

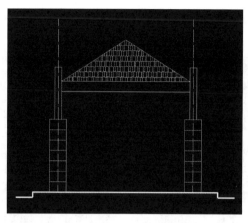

图 3-3-53 方亭立面图

第四步 绘制基础平面图（图 3-3-54）

（1）绘制定位轴线。用【直线】、【偏移】命令绘制定位轴线（图 3-3-55）。

（2）绘制柱基。用【矩形】命令结合【捕捉自】功能绘制柱基，复制 3 个后进行图案填充（图 3-3-56）。

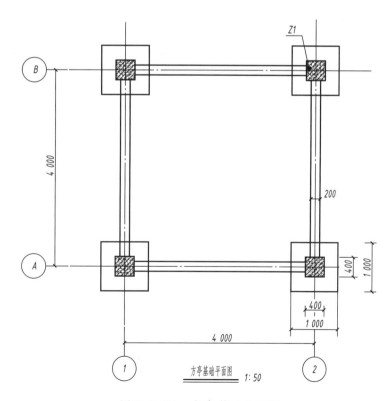

图 3-3-54 方亭基础平面图

（3）绘制基础底面。参照已经绘制好的柱基，用【偏移】命令绘制基础底面（图3-3-57）。

（4）绘制基础圈梁。用【直线】、【偏移】命令绘制圈梁，完成基础平面图（图3-3-58）。

图3-3-55　绘制定位轴线

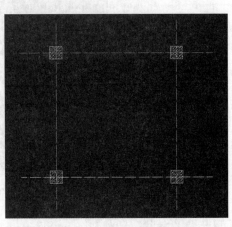

图3-3-56　绘制柱基

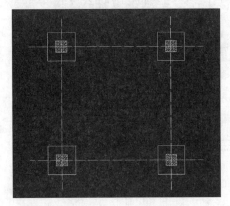

图3-3-57　绘制基础底面

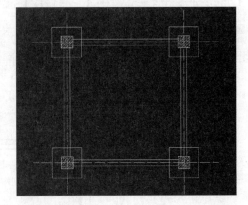

图3-3-58　基础平面图

第五步　绘制基础剖面图（图3-3-59）。

（1）绘制基础垫层。用【直线】命令绘制基础垫层（图3-3-60）。

（2）绘制基础剖面轮廓和地面。用【直线】、【镜像】命令绘制剖面轮廓线和地面（图3-3-61）。

（3）绘制钢筋。用【多段线】、【圆】、【复制】、【偏移】、【镜像】、【图案填充】等命令绘制钢筋（图3-3-62）。

（4）填充图案。

用【图案填充】命令将各部分的材料表示出来，完成基础剖面图（图3-3-63）。

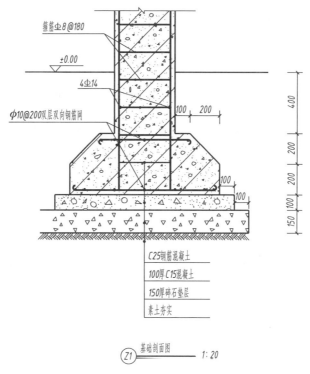

箍筋±8@180

±0.00

4±14

φ10@200双层双向钢筋网

100 200

100

100

100

150

C25钢筋混凝土

100厚C15混凝土

150厚碎石垫层

素土夯实

(Z1) 基础剖面图 —— 1:20

图 3-3-59 基础剖面图

图 3-3-60 绘制基础垫层

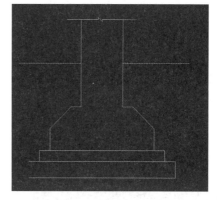

图 3-3-61 绘制基础剖面轮廓和地面

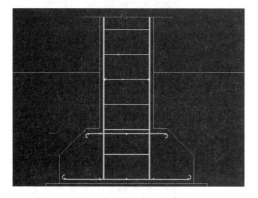

图 3-3-62 绘制钢筋

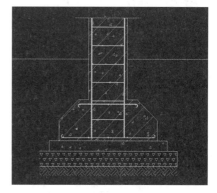

图 3-3-63 基础剖面图

第六步　标注尺寸。

（1）标注尺寸。设置【标注样式】，用【线性】、【连续】标注命令对各张图进行标注。

（2）绘制轴线符号。新建图纸，绘制一个直径为 10 mm 的圆，点击下拉菜单：【绘图】→【块】→【定义属性】。在弹出的【属性定义】对话框中，设【标记】为"A"，文字的【对正】方式为"左对齐"，【文字高度】为"5"，单击【确定】，在绘图屏幕图例中心位置取一点，轴线符号定义属性完成（图 3-3-64、图 3-3-65）。接着执行【创建外部块】命令，将轴线符号及属性文字作为一个文件定义为外部块存盘。在命令行输入"W"，弹出【写块】对话框。单击【选择对象】按钮，在绘图屏幕上选择轴线符号为需写块的对象。继续单击【拾取点】按钮，在绘图屏幕拾取图例中心位置的点作为基点。然后指定文件名和保存路径，保存在电脑磁盘上，单击【确定】，创建外部块完成（图 3-3-66）。

（3）标注轴线。执行【插入块】命令，弹出【插入】对话框。单击【浏览】按钮，选择"轴线符号"文件，统一比例为"50"，单击【确定】。轴线符号插入文件后，根据提示在命令行中输入属性值"1"，调整图形位置，完成轴线符号插入（图 3-3-67）。将轴线符号复制多个至相应位置，逐一选择图形，执行右键的【编辑属性】命令，在弹出的【增强属性编辑器】对话框中修改属性值，完成轴线标注（图 3-3-68 至图 3-3-71）。

（4）绘制标高符号。新建图纸，用【直线】命令结合【极轴追踪】功能绘制标高符号。参照上述轴线符号的绘制方法，用【定义属性】、【创建外部块】等命令将标高符号制作为带属性的图块对象（图 3-3-72、图 3-3-73）。

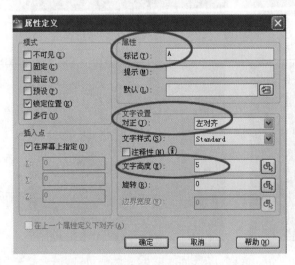

图 3-3-64　【属性定义】对话框　　　　　图 3-3-65　定义属性完成

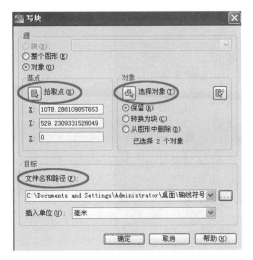
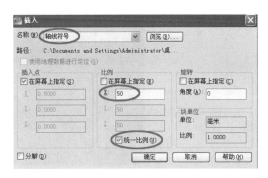

图 3-3-66　创建外部块　　　　　　　　图 3-3-67　插入轴线符号

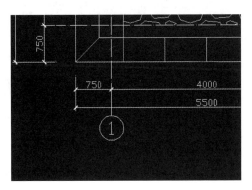

图 3-3-68　轴线符号完成　　　　　　　图 3-3-69　编辑属性

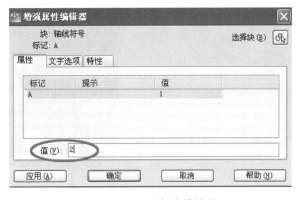

图 3-3-70　修改属性值

（5）标注标高。执行【插入块】命令，选择"标高符号"文件，将比例放大 60 倍插入到方亭文件中，输入属性值"±0.00"。将标高符号复制多个，调整位置和修改属性值（图 3-3-74 至图 3-3-77）。

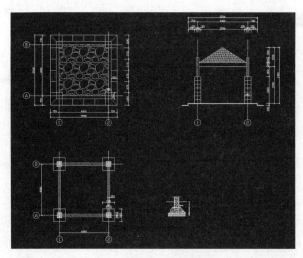

图 3-3-71 标注轴线

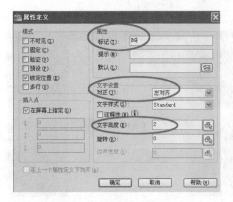

图 3-3-72 属性定义

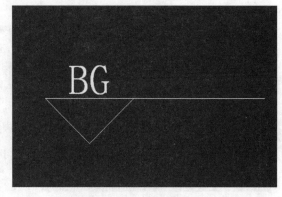

图 3-3-73 定义属性完成

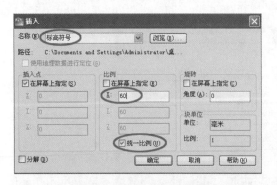

图 3-3-74 插入标高符号

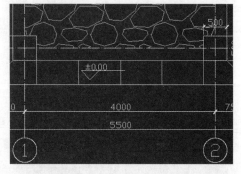

图 3-3-75 标注平面图

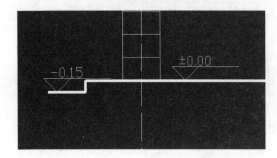

图 3-3-76 标注立面图

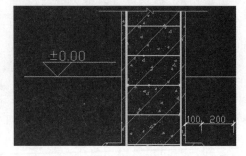

图 3-3-77 标注基础剖面图

第七步　标注文字。

用【直线】、【多段线】、【偏移】、【多重引线】等命令绘制引出线和图名线。设置【文字样式】，用【单行文字】命令标注图中文字。

第八步　排版。

由于基础剖面图太小不利于查看，可以用创建内部块的方法使其成为一个整体，在标注数值不改变的前提下进行缩放。执行【创建块】命令，弹出【块定义】对话框，单击【选择对象】，在绘图屏幕框选基础剖面图。返回对话框，在【名称】一栏输入"基础剖面图"，点击【确定】，在绘图屏幕拾取图上的一个点作为基点，创建内部块完成（图 3-3-78、图 3-3-79）。接着用缩放命令将基础剖面图适当放大，调整各张图的位置，完成方亭施工图（图 3-3-80）。

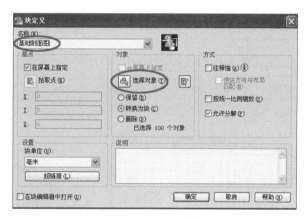

图 3-3-78　块定义

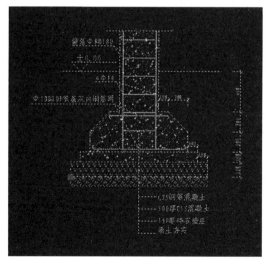

图 3-3-79　创建块完成

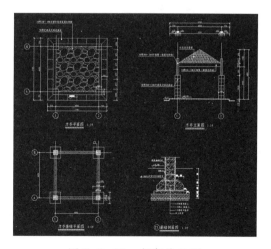

图 3-3-80　方亭施工图

实践训练

请运用基本绘图命令和编辑命令完成景观亭（图 3-3-81）的绘制。

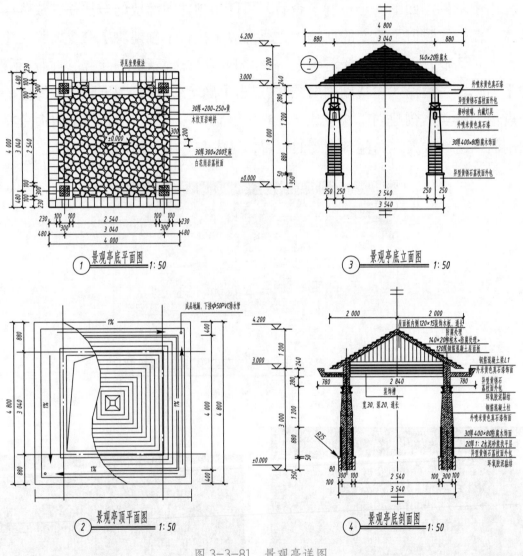

图 3-3-81　景观亭详图

任务 3.4　AutoCAD 绘制园林竖向设计图

任务目标

知识目标： 1. 进一步掌握 AutoCAD 绘图、修改命令的用法。

2. 熟练掌握不规则曲线的绘制方法。

3. 掌握各种查询命令的参数含义。

技能目标： 1. 会根据设计要求进行拉伸命令编辑图形。

2. 会运用 AutoCAD 各种查询功能进行数据查询。

3. 基本具备 AutoCAD 绘制园林竖向设计图、假山施工图、水景施工图的能力。

任务准备

一、竖向设计图的有关知识

竖向设计是指在一块场地上进行垂直于水平方向的布置和处理。园林竖向设计图就是园林中各个景点、各种设施及地貌景观等在高程上创造高低变化和协调统一的设计。

竖向设计应是总体规划的组成部分，需要与总体规划同时进行。在中小型园林工程中，竖向设计一般可以结合在总平面图中表达。但是，如果园林地形比较复杂，或者园林工程规模比较大时，在总平面图上就不易清楚地把总体规划内容和竖向设计内容同时都表达得很清楚。因此，就要单独绘制园林竖向设计图。

根据竖向设计方法的不同，竖向设计图的表达主要有等高线法、高程标注法和网格法三种方法。

二、竖向设计图的表达

为了更好地表达设计意图，下面按高程标注法和等高线法相结合的方式，介绍竖向设计图纸的表达方法和内容。

（1）在设计总平面底图上，用红线绘出自然地形。

（2）在进行地形改选的地方，用设计等高线对地形作重新设计，设计等高线可暂以绿色线条绘出。

（3）标注园林内各处场地的控制性标高、主要园林建筑的坐标、室内地坪标高以及室外整平标高。

（4）标注园路的纵坡度、变坡点距离和园路交叉口中心的坐标及标高。

（5）标注排水明渠的沟底面起点和转折点的标高、坡度，以及明渠的高宽比。

（6）进行土方工程量计算，根据算出的挖方量和填方量进行平衡；如不能平衡，则调整部分地方的标高，使土方量基本达到平衡。

（7）用排水箭头，标出地面排水方向。

（8）将以上设计结果汇总，用另纸绘出竖向设计图。

三、竖向设计图的绘制要求

1. 图纸平面比例
比例采用 1∶200 ～ 1∶1 000，常用 1∶500。

2. 等高距
设计等高线的等高距应与地形图相同。如果图纸经过放大，则应按放大后的图纸比例，选用合适的等高距。一般可用的等高距在 0.25 ～ 1.0 m 之间。

3. 图纸内容
用《总图制图标准》（GB/T 50103—2010）所规定的图例，表明园林各项工程平面位置的详细标高，如建筑物、绿化、园路、广场、沟渠的控制标高等；并要表示坡面排水走向。作土方施工用的图纸，则要注明进行土方施工和各点的原地形标高与设计标高，表明填方区和挖方区，编制出土方调配表。

任务实施

一、绘制园林竖向设计图

具体步骤如下：

准备工作 → 打开竖向图 → 描出等高线 → 标出高程、排水方向和坡度 → 完成竖向设计图

第一步　打开"竖向图 .dwg"文件（图 3-4-1）。

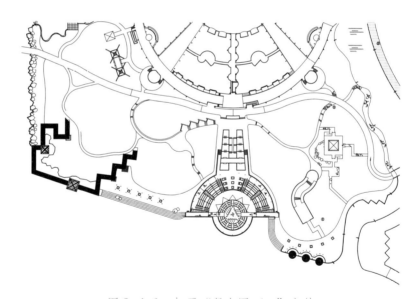

图 3-4-1　打开"竖向图 .dwg"文件

第二步　描出等高线。

用【样条曲线】工具描出等高线的位置，并用【修剪】工具进行适当的修剪（图 3-4-2）。

第三步　标出高程、排水方向和坡度。

用【多行文字】工具标出高程，插入标高符号，并用【多段线】工具标出地面排水方向和坡度（图 3-4-3）。

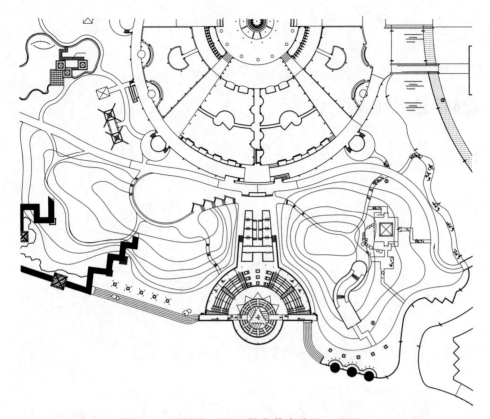

图 3-4-2　描出等高线

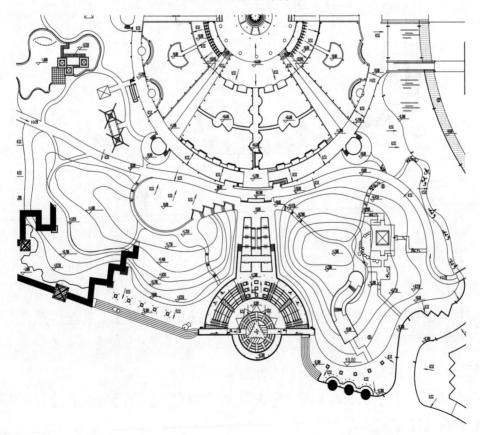

图 3-4-3　标出高程、排水方向和坡度

二、绘制假山施工图

具体步骤如下：

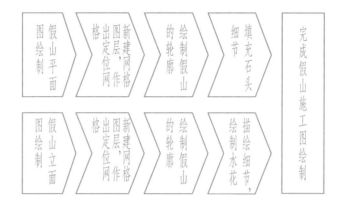

1. 假山平面图

第一步　新建网格图层，用【直线】、【阵列】、【多行文字】等工具绘制定位网格（图 3-4-4）。

第二步　新建轮廓图层，用【多段线】工具绘制假山的轮廓（图 3-4-5）。

第三步　新建细节图层，用【填充】工具填充石头细节（图 3-4-6）。

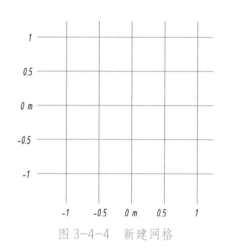

图 3-4-4　新建网格

2. 假山立面图

第一步　绘制网格。

新建网格图层，用【直线】、【阵列】、【多行文字】等工具绘制定位网格（图 3-4-7）。

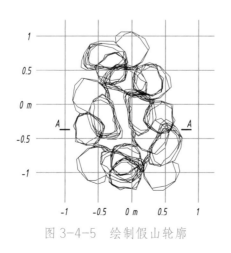

图 3-4-5　绘制假山轮廓

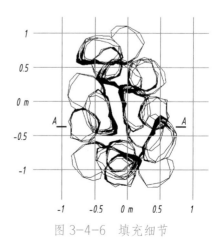

图 3-4-6　填充细节

第二步 绘制假山的轮廓。

新建轮廓图层，用【多段线】工具绘制假山的轮廓（图3-4-8）。

第三步 描绘细节。

新建细节图层，用【多段线】工具绘制假山的细节（图3-4-9）。

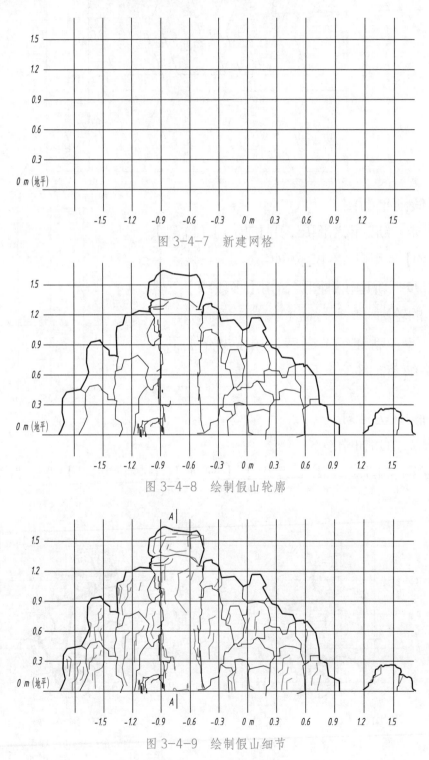

图 3-4-7　新建网格

图 3-4-8　绘制假山轮廓

图 3-4-9　绘制假山细节

第四步　绘制水花。

建立水花图层，用【多段线】工具绘制需填充的区域，填充细点图案，并分解，删除部分点（图 3-4-10）。

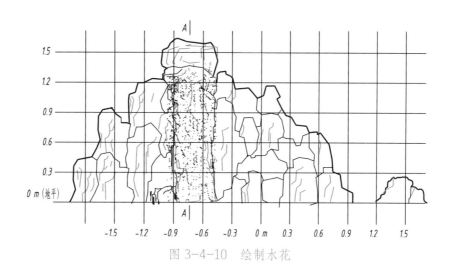

图 3-4-10　绘制水花

三、绘制水景施工图

如图 3-4-11 所示。具体步骤如下：

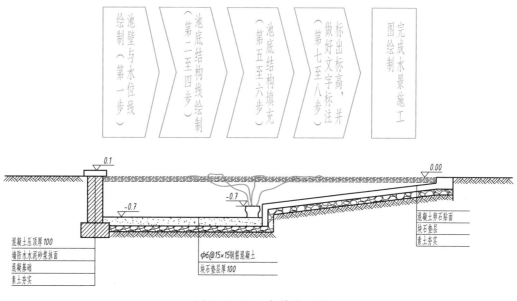

图 3-4-11　水景施工图

第一步　用【矩形】工具绘制一个 250×500 的小矩形（图 3-4-12）及一个 800×270 的大矩形，用【移动】工具捕捉小矩形的下端中点与大矩形的上端中点让两个矩形重合并叠放在一起（图3-4-13）。继续绘制一个100×400的矩形捕捉其下方中点，叠放在大矩形上，用【直线】工具绘制出水位线（图3-4-14）。

　　第二步　用【偏移】工具将水位线向下偏移470、230、150和100（图3-4-15），用【分解】工具将800×270的矩形分解（图3-4-16）。

　　第三步　选中分解后的矩形右侧竖向线，向右偏移2 800和3 100（图3-4-17），修剪后如图3-4-18所示。

　　第四步　将中间的竖向线向右继续偏移两次100，将右侧竖向线向右偏移300，利用修剪及延伸命令，完成效果如图3-4-19所示。

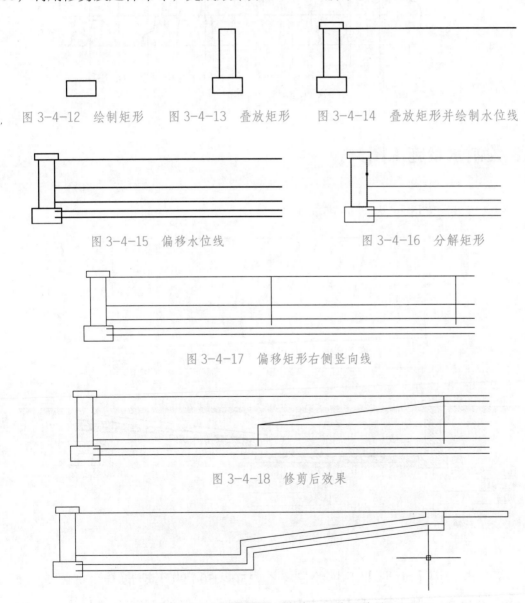

图3-4-12　绘制矩形　　图3-4-13　叠放矩形　　图3-4-14　叠放矩形并绘制水位线

图3-4-15　偏移水位线　　　　　　图3-4-16　分解矩形

图3-4-17　偏移矩形右侧竖向线

图3-4-18　修剪后效果

图3-4-19　偏移、修剪、延伸后效果

　　第五步　分别按如图 3-4-20 至图 3-4-22 的图例和比例填充，效果如图 3-4-23 所示。

　　第六步　将水位线填充图例（图 3-4-24），效果如图 3-4-25 所示。

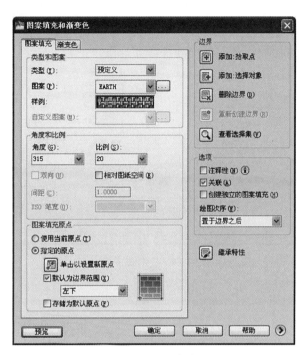

图 3-4-20　填充 1

图 3-4-21　填充 2

图 3-4-22　填充 3

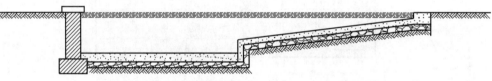

图 3-4-23　填充后效果

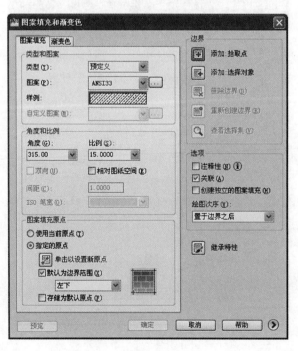

图 3-4-24　填充水位线

第七步　插入标高符号，调整至适当大小，并用文字工具输入标高值（图 3-4-26）。

第八步　用直线和文字工具标出文字说明（图 3-4-27）。

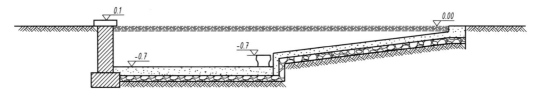

图 3-4-25　填充后效果

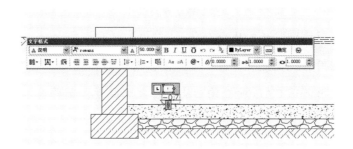

图 3-4-26　输入标高

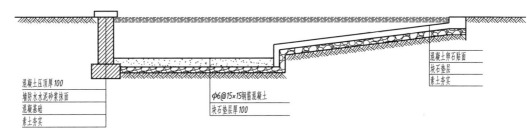

图 3-4-27　标出文字说明

任务 3.5   AutoCAD 绘制园林植物种植图

任务目标

知识目标：1. 掌握修订云线命令，熟练运用样条曲线命令。

2. 掌握缩放命令。

3. 理解点、定数等分、定距等分命令。

4. 掌握创建块、插入块命令。

技能目标：1. 能利用 AutoCAD 绘制种植图，会绘制园林植物配置图。

2. 会运用 AutoCAD 的查询功能统计植物数量，制作苗木统计表。

任务准备

一、修订云线

修订云线是由连续圆弧组成的多段线，形状类似于云朵，主要用于突出显示图纸中已修改的部分，在园林绘图中常用于绘制灌木和地被。

（1）修订云线命令操作方式。点击修订云线命令后，移动光标将沿光标路径画出修订云线，直到回到起点。

（2）主要参数说明。

① 弧长：指定修订云线的弧长，选择该选项后需要指定最小弧长与最大弧长，其中最大弧长不能超过最小弧长的 3 倍。

② 对象：将选中的对象轮廓线改为修订云线。

二、点

（1）点命令操作方式。

① 工具栏：绘图 →点。

② 菜单项：绘图 →点 →单点或多点。

③ 命令输入：POINT。

（2）主要参数说明。

①【点样式】菜单项：格式→点样式或命令栏行输入命令 "DDPTYPE"。【点样式】对话框，可设置点的显示样式和大小。【点样式】对话框上半部显示了 20 种图像，可选择一种设定用于点对象的显示。

设置点对象的显示大小，以后绘制的点将使用新的设置。

相对于屏幕设置大小，按屏幕尺寸的百分比设置大小，缩放时，点的显示大小不会改变。

按绝对单位设置大小，按指定的实际单位值设置大小，缩放时，点的大小会随之变化。

②【定数等分】：定数等分是沿对象的长度或周长按指定数量排列点对象或图块，是将指定对象以一定的数量进行等分。

③【定距等分】：定距等分是沿对象的长度或周长按指定间隔排列点对象或图块，是将指定对象按确定的长度进行等分。与定数等分不同的是，因为等分线段的数目是线段总长除以等分距，定距等分后可能会出现剩余线段。

三、查询

AutoCAD 中可用【距离】、【面积】、【体积】等命令查询图形对象的各种参数。

任务实施

一、绘制植物图例

具体步骤如下：

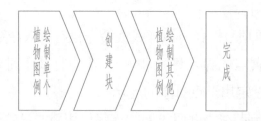

第一步　绘制单个植物图例。

用【圆】、【圆弧】、【阵列】、【图案填充】等命令绘制"香椿"图例（图 3-5-1）。

第二步　创建块。

执行【创建块】命令，在弹出的【块定义】对话框中输入植物名称、选择对象和指定插入基点，图块创建完成（图 3-5-2）。

第三步　绘制其他植物图例。

参照上述方法绘制其他植物图例，保存文件（图 3-5-3）。

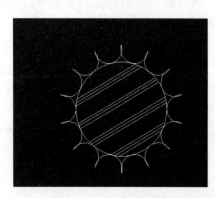

图 3-5-1　绘制单个植物图例

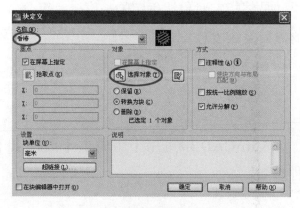

图 3-5-2　块定义

图例							
名称	香椿	油松	小叶黄杨	垂柳	银杏	紫薇	碧桃	龙爪槐

图 3-5-3　植物图例

二、绘制植物种植图

具体步骤如下：

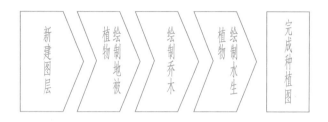

第一步 新建图层。

打开小庭园平面图，新建乔木、花卉、草地、水生植物等图层（图3-5-4、图3-5-5）。

第二步 绘制地被植物。

（1）绘制草地。把"草地"图层设为当前，用【图案填充】命令绘制草地（图3-5-6）。

（2）绘制花卉。把"花卉"图层设为当前，用【样条曲线】、【修订云线】在平面图上绘制各种花卉的种植轮廓线，然后进行图案填充（图3-5-7）。

第三步 绘制乔木。

（1）种植香椿。打开已经绘制好的植物图例，用【复制】、【粘贴】、【缩放】等命令把"香椿"布置于主入口两侧（图3-5-8）。接着用【定数等分】、【复制】

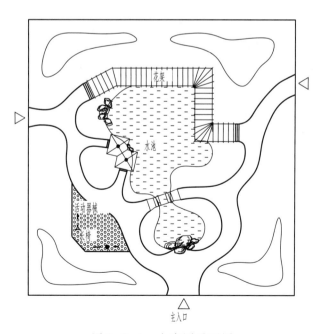

图 3-5-4 小庭园平面图

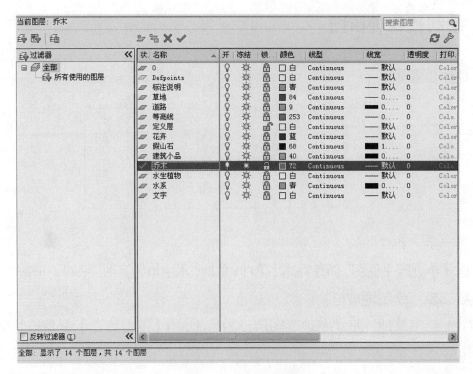

图 3-5-5　新建图层

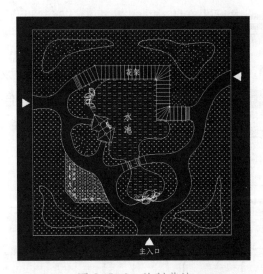

图 3-5-6　绘制草地

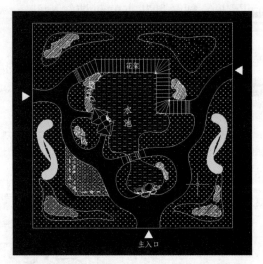

图 3-5-7　绘制花卉

命令在另一侧进行布置（图 3-5-9）。

（2）种植其他乔木。参照上述方法，把"油松""小叶黄杨""银杏""碧桃"等植物布置于图上，适当调整各种乔木的数量和比例（图 3-5-10）。

第四步　绘制水生植物。

把"水生植物"图层设为当前，用【圆】【图案填充】【复制】等命令绘制睡莲，完成植物配置（图 3-5-11、图 3-5-12）。

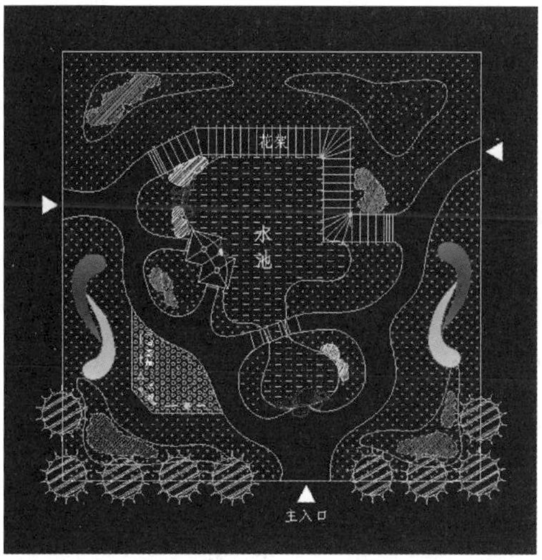

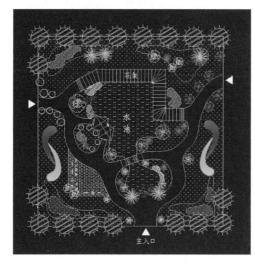

图 3-5-8　种植香椿

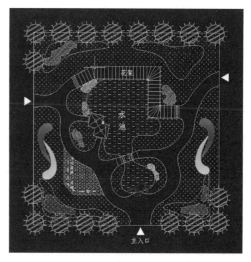

图 3-5-9　定数等分

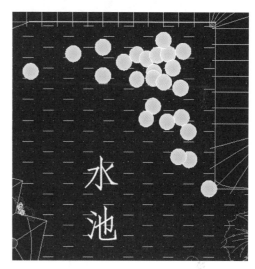

图 3-5-10　种植其他乔木

图 3-5-11　绘制水生植物

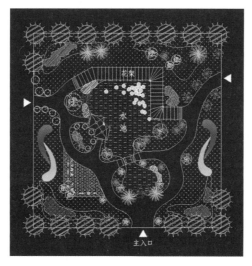

图 3-5-12　植物配置完成

三、制作苗木统计表

具体步骤如下：

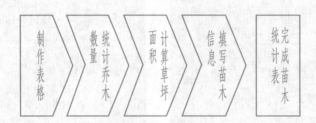

第一步   制作表格。

用【直线】、【偏移】、【文字】等命令按格式绘
制表格（图 3-5-13）。

第二步   统计乔木数量

统计图中各种乔木的数量。

第三步   计算草坪面积。

执行【面积】命令，查询图中各处草坪面积并汇总。

第四步   填写苗木信息。

将图中各种苗木的相关信息填入表格，苗木统计表制作完成（图 3-5-14）。

> **注 意**：表格可以在
> Microsoft Office Excel 中制作，
> 全选并复制，然后在 AutoCAD
> 中点击下拉菜单：【编辑】→【选
> 择性粘贴】→【AutoCAD 图
> 元】，将表格插入到 AutoCAD
> 中，再进行调整。

苗木统计表

序号	品种	图例	规格/cm		数量	备注
			高度	胸径		
1						
2						
3						
4						
5						
6						
7						
8						
9						
10						
11						
12						
13						
14						
15						
16						

图 3-5-13   绘制表格

最后完成小庭园种植平面图（图 3-5-15）。

苗木统计表

序号	品种	图例	规格/cm		数量	备注
			高度	胸径		
1	香椿			20	18	
2	油松			20	5	
3	小叶黄杨			18~20	12	
4	垂柳			20	5	
5	银杏			20~50	6	
6	紫薇			20	6	
7	碧桃			20	6	
8	龙爪槐			18~20	6	
9	迎春				4丛	
10	枸杞				3丛	
11	贴梗海棠				2丛	
12	月季				3丛	
13	金叶女贞					
14	紫叶小蘖					
15	睡莲					
16	草坪				1 3242 m²	

图 3-5-14　苗木统计表

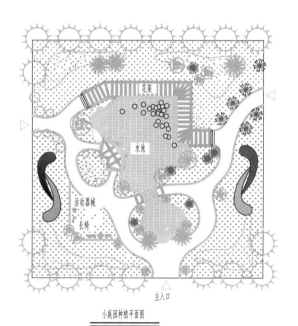

小庭园种植平面图

苗木统计表

序号	品种	图例	规格/cm		数量	备注
			高度	胸径		
1	香椿			20	18	
2	油松			20	5	
3	小叶黄杨			18~20	12	
4	垂柳			20	5	
5	银杏			20~50	6	
6	紫薇			20	6	
7	碧桃			20	6	
8	龙爪槐			18~20	6	
9	迎春				4丛	
10	枸杞				3丛	
11	贴梗海棠				2丛	
12	月季				3丛	
13	金叶女贞					
14	紫叶小蘖					
15	睡莲					
16	草坪				13 242 m²	

图 3-5-15　小庭园种植平面图

任务 3.6 AutoCAD 绘制园林工程图

任务目标 ✎

知识目标： 1. 理解 AutoCAD 图层绘图、管理图形。

2. 熟练掌握 AutoCAD 各项常用绘图、修改、编辑命令。

3. 理解 AutoCAD 设置绘图环境，掌握应用特性匹配命令。

4. 理解 AutoCAD 文件保存的方法与参数设置。

技能目标： 1. 能熟练运用 AutoCAD 图层绘制、管理图形。

2. 会设置绘图环境，会应用特性匹配命令，会快速运用 AutoCAD 的查询功能获取相关信息。

3. 会准确保存文件。

任务准备 ✎

通过之前的学习和实践，我们已经基本掌握了 AutoCAD 绘图的常用命令和编辑功能。本任务是通过应用 AutoCAD 绘制一套完整的园林设计施工图，进一步掌握 AutoCAD 绘图技巧，并熟悉 AutoCAD 绘图的顺序和要求。

一、设置绘图环境

设置符合制图员制图习惯的 AutoCAD 绘图环境，可以提高制图员的工作效率，同时也可以规范绘图，避免出现打印图纸不完整等情况。绘图的环境主要包括图形单位、界限及绘图区颜色、十字光标大小、工作空间等。在 AutoCAD 软件应用的过程中，绘图环境一般采用样板文件的默认设置，但在实际绘图过程中，样板文件设置并不一定符合制图员的习惯和要求，就需要制图员根据自身需要来进行设置。

（一）设置图形单位

在开始绘图前，首先应确定一个图形单位，用来表示图形的实际大小。设置图形单位主要是在【图形单位】对话框中进行。具体步骤和要求如下：

1. 打开【图形单位】对话框

打开对话框的方法主要有以下两种：

（1）在命令栏行中输入命令"UNITS"（UN），按回车或空格键确认。

（2）选择【格式】下拉菜单，单击【单位】命令（图 3-6-1）。在 AutoCAD 2010 默认设置下，菜单栏需手动显示。选择【自定义快速访问工具栏】下拉菜单，单击【显示菜单栏】命令，调出菜单栏（图 3-6-2）。

图 3-6-1 【单位】命令　　　图 3-6-2 【显示菜单栏】命令

2. 打开【图形单位】对话框

在【图形单位】对话框中，有"长度""角度""插入时的缩放单位"等内容及"方向"按钮。它们有不同的含义和应用（图 3-6-3）。

（1）"长度"用于设置绘图时尺寸表示的类型和数值精度。"类型"下拉列表框中提供了长度单位的计数法，有小数、工程、分数、建筑、科学等，一般采用"小数"计数法。"精度"下拉列表框用于选择长度的精度，由于一般以毫米为单位，所以精度可以保留到小数点后 1 ~ 2 位即选择 0.0 或 0.00 精度即可。

（2）"角度"用于设置角度的类型、精度和旋转方向。"类型"下拉列表框中提供了角度单位的计数法，有十进制度数、百分度、度 / 分 / 秒、弧度、勘测单位等，

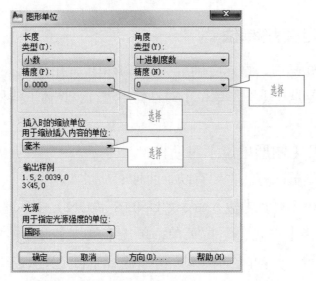

图 3-6-3 【图形单位】对话框

一般采用"十进制度数"计数法。"精度"下拉列表框与长度中的"精度"下拉列表框类似，用于选择角度单位的精度，一般保留到小数点后 1 位即 0.0 精度即可。"顺时针"复选框是指以顺时针方向为角度的正方向，在【图形单位】对话框下方还有"方向"按钮，单击 方向(D)... 按钮，会弹出【方向控制】对话框（图 3-6-4），可以改变基准角度的方向。制图中一般以向右水平方向（直角坐标的 x 轴正方向，即方

图 3-6-4 【方向控制】对话框

向"东"）为起始角度（0°），以逆时针为角度的正方向，故一般情况下不需要更改角度方向，保持默认设置即可。

（3）"插入时的缩放单位"即绘图时应用的尺寸单位，一般以"毫米"为单位，在绘制总平面图时，可以以"米"为单位。

3. 完成设置

设置"图形单位"完毕，单击 确定 按钮完成设置。如需重新设置或不保留设置，则单击 取消 按钮退出。

（二）设置图形界限

图形界限是指绘图区域的大小。在绘图前，可以根据图纸的规格设置图形界限，设置的绘图界限一般大于或等于图幅尺寸。具体步骤和要求如下：

1．打开【图形界限】命令

打开的方法主要有以下两种：

（1）在命令栏行中输入命令"LIMITS"，按回车键或空格键确认。

（2）选择【格式】下拉菜单，单击【图形界限】命令。

2．设置图形界限的大小

以确定左下角和右上角两点来确定图形界限的大小，输入的两点坐标为该点的绝对坐标。左下角可默认（0，0）坐标；右上角坐标分别对应图纸的横向边和纵向边，如 A2 横式图幅应输入（594，420）坐标。

计算机绘图的图幅尺寸、样式与手工绘图的图幅尺寸、样式相同。由于应用 AutoCAD 绘图一般按 1∶1 比例绘图，故在设置图幅尺寸时，放大到与出图时比例尺相应的倍数。如出图时图形为 1∶100 比例尺的 A2 横式图幅，在设置图形界限时，长边和短边分别设置为 59 400 mm 和 42 000 mm。

在执行【图形界限】命令的过程中，命令行中出现的"开（ON）/ 关（OFF）"提示选项起到控制打开或关闭图形界限功能的作用。在打开（ON）状态下，表示只能在设置的图形界限范围内绘制图形；在关闭（OFF）状态下，可以在图形界限内外的任意位置绘制图形。当用户开启或关闭图形界限功能后，还需要选择【视图】下拉菜单，单击【重生成】命令，设置才会生效。

（三）设置绘图区颜色和十字光标大小

制图员可以根据自己的习惯和喜好设置绘图区颜色和十字光标大小。在【选项】对话框"显示"页中设置绘图区颜色和十字光标大小。具体步骤和要求如下：

1．打开【选项】对话框

打开的方法主要有以下 4 种：

（1）在命令栏行中输入命令"OPTIONS"，按回车或空格键确认。

（2）选择【工具】下拉菜单，单击【选项】命令。

（3）在绘图区单击鼠标右键，在弹出的菜单中选择【选项】命令（图 3-6-5）。

（4）单击"应用程序"按钮，在打开的应用程序菜单右下角单击【选项】命令（图 3-6-6）。

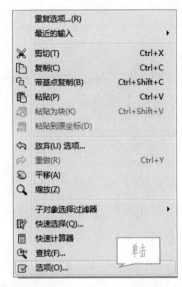

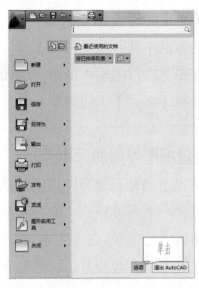

图 3-6-5　选择【选项】命令 1　　　　　图 3-6-6　选择【选项】命令 2

2．设置绘图区颜色

打开【选项】对话框后，选择【显示】选项卡，单击【窗口元素】栏中的
`颜色(C)...`按钮，弹出【图形窗口颜色】对话框，在对话框的【颜色】下拉列表
框中选择颜色。单击`应用并关闭(A)`按钮，返回【选项】对话框（图 3-6-7）。

3．设置十字光标大小

在【选项】对话框中的【十字光标大小】栏的文本框中输入光标大小值，或
直接拖动游标（图 3-6-7）。十字光标大小值在 1 ～ 99 时，十字光标为有限尺寸，
在绘图区内可见末端；当大小值为 100 时，十字光标则处于全屏布局状态，其末
端在绘图区内不可见。

4．完成设置

设置绘图区颜色和十字光标大小完毕，单击`确定`按钮，完成设置。如需重
新设置或不保留设置，则单击`取消`按钮退出。

（四）设置工作空间

为方便制图员在一个熟悉的绘图环境中工作，AutoCAD 提供了"二维草图
与注释""三维建模"和"AutoCAD 经典"3 种工作空间。工作空间中各个选项卡、
工具栏的栏目、位置可以由绘图者自己定义。设置工作空间在【自定义用户界面】

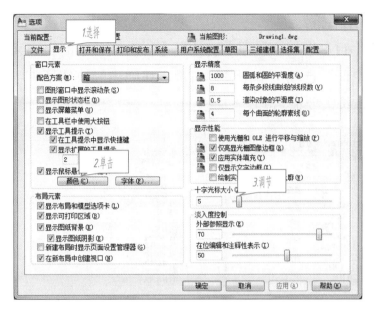

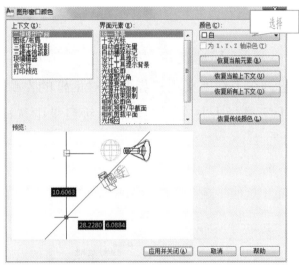

图 3-6-7　【选项】对话框和【图形窗口颜色】对话框

对话框中进行，具体步骤和要求如下：

1. 打开【自定义用户界面】对话框

打开方法主要有以下两种：

（1）选择【工具】下拉菜单，在【工作空间】栏中单击【自定义】选项。

（2）单击状态栏中的 初始设置工作空间 按钮，在弹出的快捷菜单中单击【自定义】选项（图 3-6-8）。

图 3-6-8　单击【自定义】选项

2．新建工作空间

在弹出的【自定义用户界面】对话框【所有文件中的自定义设置】栏的列表框中"工作空间"选项上单击鼠标右键。在弹出的快捷菜单中单击【新建工作空间】命令，按需要命名（图3-6-9）。

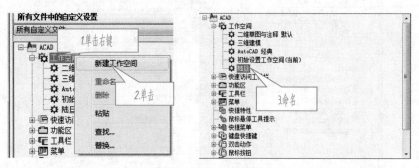

图 3-6-9　新建工作空间

3．设置【工具栏】

在【自定义用户界面】对话框的右侧【工作空间内容】栏中单击 自定义工作空间(C) 按钮。在【自定义用户界面】对话框的左侧【所有文件中的自定义设置】栏中选择【工具栏】,并在其展开的下级目录中选择需要的选项卡（图3-6-10）。

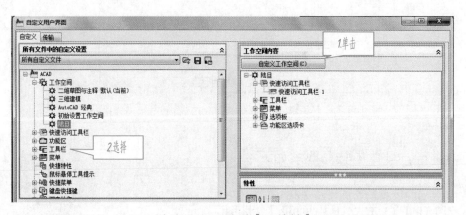

图 3-6-10　设置【工具栏】

4．完成设置

单击【工作空间内容】栏中的 完成(D) 按钮，单击【所有文件中的自定义设置】的 按钮，单击 确定 按钮完成工作空间设置（图3-6-11）。

图 3-6-11   完成工作空间设置

5．调用自定义工作空间

单击状态栏中的 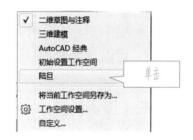 按钮，在弹出
的快捷菜单中调用自定义工作空间（图 3-6-12）。

二、设置图层

图 3-6-12   调用自定义工作空间

园林设计图尤其是总平面图中内容繁多，为了方便对图形的编辑、管理，在
绘图前应先设置图层，为清晰、准确、高效地进行绘图打下良好基础。

（一）新建图层

图层可根据不同途径、设计阶段、特性和使用对象等进行组织，设置时应具
有明确的逻辑关系，便于识别、记忆、软件操作和检索。一般将同一特性或同一
要素的图形归到一个图层。如可以将粗实线、中粗实线、细实线、中心线、标注、
文字分别设置一个图层，也可以将建筑、植物、水体、道路分别设置一个图层，
建筑图中还可以将墙、柱、门窗分别设置一个图层。设置图层并无一定规则，但
并非图层越多越好，图层过多，会给绘图造成不便，所以设置图层要方便绘图，
也尽量符合人们的绘图、识图习惯。

新图层名称可用汉字、拉丁字母、数字和连字符"－"的组合。在同一工程中，

应使用统一的图层名格式，图层名称应自始至终保持不变，且中文和英文的命名格式不混用。图层命名格式可参照《房屋建筑制图统一标准》中"计算机制图文件图层"的相关规定。新图层除名字外的其他各项特性与 0 图层相同，所以往往在创建完图层后，需要修改该层的其他特性。

需要注意的是，一般 0 图层不用来绘图。0 图层可以用来创建块，当插入在 0 图层中创建的块时，块直接成为插入时所在图层的图形，否则插入的块仍然在创建块时所在的图层。

（二）设置图层颜色

图层颜色即图层中图形的颜色，除 0 图层和 DEFPOINTS 图层使用默认的白色外，其他图层均在【选择颜色】对话框中选取。一般不同图层用不同的颜色，便于在绘图过程中区分。常用的颜色有 9 种，代号分别是 1——红色，2——黄色，3——绿色，4——青色，5——蓝色，6——洋红色，7——黑色或白色，8——灰色，9——浅灰色。线宽较宽的，可以选择亮度较高的颜色，如黄色、青色等；线宽较细的，可以选择亮度较暗的颜色，如灰色、浅灰色等，便于区分。

（三）设置线型

新建图层默认线型为实线即 Continous 线型，其他线型通过加载新的线型获得。点画线一般选用 ACAD_IS002W100 线型，虚线一般选用 ACAD_IS004W100 线型，这 3 种线型基本可满足园林设计图的绘图需要。实线代表可见轮廓线、设计物体轮廓线，虚线代表不可见轮廓线、原有物体轮廓线，点画线一般用作对称线、轴线。

图形线型特性的设置与设置图层线型的方法相似，用法相同。

（四）设置线宽

图形由不同的线宽组线条组成，在计算机制图时，线宽也需要手工设置。一个图层中可以只有一种线宽，也可以设置多种线宽。图形线宽特性的设置与设置图层的线宽方法相似，计算机制图的线宽要求与手工制图的线宽要求一致，做到粗细有别、层次分明（表 3-6-1）。

表 3-6-1　图形线宽的设置

线宽组	用途	常用线宽 /mm
特粗	图框线、地平线等	0.7
粗	标题栏外框线，水体轮廓线，建筑平、立面外轮廓线，剖面图剖切轮廓线，剖切符号、详图符号等	0.5
中	标题栏分格线、道路轮廓线、植物外轮廓线、建筑主要轮廓线、尺寸起止符号等	0.35
细	幅面线、建筑次要轮廓线、分隔线、尺寸线、辅助线、图例填充线、轴线、引出线、等高线、索引符号等	0.18

AutoCAD 制图中，只有当【线宽】命令打开时，不同线宽才显示区分出来。

绘图时，所绘图形的各种特性尽量与图层特性一致，即图形特性为 Bylayer，有助于绘图保持清晰、准确（表 3-6-2）。

表 3-6-2　图层设置实例

序号	图层名称	颜色	线型	线宽 /mm
0	0	7 白色	Continous	默认
1	粗实线	2 黄色	Continous	0.5
2	中粗实线	4 青色	Continous	0.35
3	细实线	9- 浅灰色	Continous	0.18
4	中心线	6- 洋红色	ACAD_IS002W100	0.18
5	虚线	颜色 -154	ACAD_IS004W100	0.18
6	等高线	8- 灰色	Continous	0.18
7	植物	颜色 -84	Continous	0.35
8	道路	1 红色	Continous	0.35
9	水体	5 蓝色	Continous	0.5
10	标注	7 白色	Continous	0.18
11	文字	3 绿色	Continous	0.18

若需要修改图层及其他多个特性，且修改的图形较多时，可考虑使用【特性匹配】命令或通过【特性】选项板修改，以提高绘图的效率。

1.【特性】选项板

【特性】选项板可以同时对图形的图层、颜色、线型、线宽、线型比例、三维图形高度、文本特性等特性进行修改，还可以对图形输出、视图设置、坐标系等特性进行修改。利用【特性】选项板修改图形特性的操作过程如下：

（1）打开【特性】选项板，打开方法主要有以下三种：

① 双击图形。

② 按"Ctrl+1"组合键。

③ 选择"修改"下拉菜单，单击【特性】命令。

打开后即弹出【特性】选项板（图 3-6-13）。

（2）在绘图区中选择需修改的图形，即

> **注意**：图形的图层等特性设置一般在绘图前完成，若图形完成后需要修改特性，如果只修改单个图形的某项特性，可在选中图形后，按设置特性的方法，重新选择或设置特性即可。

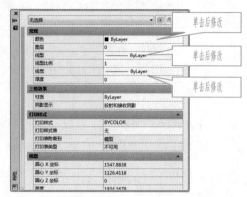

图 3-6-13 【特性】选项板

可显示出所选对象的当前特性设置。单击某项特性栏中某参数的下拉列表框，选择相应的特性设置或在文本框中输入相应的值，即可改变该图形的特性设置。

在绘图过程中，遇到线型或线宽重生成时，都会等一段时间才能完成，这是由于非连续线型和设置线宽增加了重生成和重画的时间。所以，在绘制图形时，可以先将所有线型上的线宽设置为"0"的连续线型，绘制完成后再统一修改图形的对象特性，以缩短绘图时间。

2.【特性匹配】命令

【特性匹配】命令类似于 Microsoft Office Word 中的"格式刷"，是将源对象图形的特性复制到目标对象，且可以复制颜色、线宽、线型、图层等特性中的任意 1 项或几项，所以在更改已经绘制好的图形特性时，使用该功能可以有效提高更改的效率。【特性匹配】命令的操作过程如下：

（1）打开【特性匹配】命令，打开方法主要有以下 4 种：

① 在命令栏行中输入"matchprop"（ma），按回车或空格键确认。

② 选择【修改】下拉菜单，单击【特性匹配】命令。

③ 选择【快速访问工具栏】下拉菜单，调选出【特性匹配】命令，单击 按钮。

④ 选择【常用】选项卡，在剪切板选项板中单击 按钮。

（2）执行命令，用拾取框选择特性的源对象，在命令栏行中输入"s"（设置），打开【特性设置】对话框。在对话框中选择在特性匹配过程中需要被复制的特性（图 3-6-14）。完成设置后，单击 确定 按钮，如无更改或取消更改，则单击 取消 按钮。

（3）选择目标对象，选择时可框选，可重复选择，完成特性修改后按"Esc"键退出。

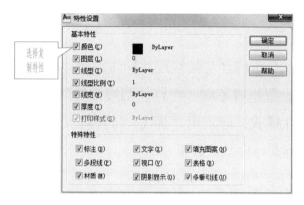

图 3-6-14 【特性设置】对话框

三、设置文字样式、标注样式

AutoCAD 制图时，文字和标注的注写要求与手工制图的要求相同，并在打印成图后，符合相应的标准规定。

文字样式根据用字类型不同，可设置中文、阿拉伯数字和拉丁字母三种文字样式，三种文字样式的主要参数可参考表 3-6-3。

表 3-6-3 文字样式设置表

样式名	字体名	字体样式	使用大字体	宽度比例
中文仿宋体	gbenor.shx	gbcbig.shx	使用大字体	—
阿拉伯数字	simplex.shx	—	—	0.667
拉丁字母	complex.shx	—	—	—

标注的类型多，涉及的规范性标准多。在设置标注样式时，尤其是标注尺寸较多的详图中，一般首先考虑设置较常用的线性尺寸标注的样式。AutoCAD 中线性尺寸标注样式的主要参数可参考表 3-6-4。

表3-6-4 线性标注样式的主要参数

样式名称	参数	样式名称	参数	样式名称	参数
基线间距	7	超出尺寸线	2	起点偏移量	2
箭头	建筑标记	箭头大小	1.5	文字样式	数字（见表3-6-3）
文字高度	3	文字位置		尺寸线上方，不带引线	
全局比例	根据图形比例定（如比例尺为1:100，全局比例设为100）				
小数分隔号	句点"."				

半径、直径标注和角度标注与线性尺寸标注在尺寸起止符号等形式上有所不同，所以标注样式的设置也有不同。在标注圆或圆弧的直径或半径及角度之前，为不影响线性尺寸标注样式，应采用"替代"标注样式的方式修改参数，更新标注样式。需要修改的相关特性及参数见表3-6-5。

表3-6-5 半径、直径标注及角度标注样式设置修改表

样式类型	箭头	文字对齐	精度
线性标注	建筑标记	与尺寸线对齐	0.0
角度标注	实心闭合	水平	0
半径、直径标注	实心闭合	与尺寸线对齐	0.0

四、绘制、修改、编辑图形

用 AutoCAD 制图时，力求准确、清晰、高效，要应用好软件中的绘图、修改和编辑功能。

1. 绘制图形

不管多么复杂的图形，都是由基本的直线、曲线和多边形组成的。绘制图形一般通过 AutoCAD 中的"绘图"命令完成。在实际操作中，激活"绘图"命令主要有两种方式：一是单击"绘图"命令条上的命令来执行命令；二是在命令栏行中输入命令，按回车或空格键确认后执行命令（表3-6-6）。同一图形有不同的绘制步骤和方法，可以由制图员根据自己对图形的理解选择不同的命令来完成。

为方便绘图，减少计算，一般计算机绘图时采用1:1的比例。

表 3-6-6　"绘图"命令与功能一览表

名称	图标	命令	默认快捷键	功能
直线		line	l	绘制直线
构造线		xline	xl	绘制无限长的线
多段线		pline	pl	绘制二维多段线
正多边形		polygon	pol	绘制等边闭合多段线
矩形		rectang	rec	绘制矩形多段线
圆弧		arc	a	绘制圆弧
圆		circle	c	绘制圆
云线		revcloud	—	绘制云线
样条曲线		spline	spl	绘制平滑曲线
椭圆		ellipse	el	绘制椭圆或椭圆弧
椭圆弧		ellipse	—	绘制椭圆弧
插入块		insert	i	插入创建成块的图形
创建块		block	b	创建块定义
点		point	po	绘制点
图案填充		hatch	h	对封闭区域进行图案填充
渐变色		gradient	—	对封闭区域进行渐变填充
面域		region	reg	将包含封闭区域的图形转换为面域图形
表格		table	—	创建表格
多行文字		mtext	mt	注写文字
多线		mline	ml	绘制平行线或多重平行线
圆环		donut	do	绘制圆环

2．修改图形

在绘制图形的过程中或基本完成图形的基础上，可采用"修改"命令对图形进行编辑或复制，"修改"功能能很大程度上提高绘图的准确度与效率，因此十分重要。"修改"命令的执行同"绘图"命令，主要功能见_{表 3-6-7}。

表 3-6-7　"修改"命令与功能一览表

名称	图标	命令	默认快捷键	功能
删除		erase	e	删除图形
复制		copy	co	复制图形到指定位置
镜像		mirror	mi	创建选定对象的镜像副本
偏移		offset	o	创建同心圆、平行线和等距虚线
阵列		array	ar	按指定方式排列多个对象副本
移动		move	m	移动图形到指定位置
旋转		rotate	ro	绕基点旋转图形
缩放		scale	sc	同比例放大或缩小图形
拉伸		stretch	s	拉伸图形
修剪		trim	tr	修剪线条至对象边
延伸		extend	ex	延伸线条至对象边
打断于点		break	—	在一点打断选定的图形
打断		break	br	在两点之间打断选定的图形
合并		join	j	合并相似图形形成一个完整的图形
倒角		chamfer	cha	用短线连接角
圆角		fillet	—	用圆弧连接角
分解		explode	—	分解复合图形
对齐		align	a	将一个图形与另一个图形对齐

　　绘制完成的多段线、样条曲线、多线等图形，因许多修改命令不能起到修改编辑的作用，所以需要专门的编辑命令来完成（表 3-6-8）。

表 3-6-8　特殊图形编辑功能一览表

名称	命令	菜单	功能	备注
多段线编辑	pedit		编辑多段线、多段线图形（矩形、正多边形等）	命令行中输入编辑类型，编辑多段线
样条曲线编辑	splinedit	"修改"菜单"对象"选项	对样条曲线的顶点、精度和反转方向等进行编辑	命令行中输入编辑类型，编辑样条曲线
多线编辑	mledit		编辑多线与多线的连接处	对话框选择编辑类型。多线的样式需另行设置

　　在执行绘图命令和修改命令过程中，还可以充分利用 AutoCAD 状态栏的辅助功能辅助绘图（表 3-6-9）。

表 3-6-9　状态栏辅助功能一览表

名称	图标	默认快捷键	功能
捕捉		F9	控制光标在捕捉点定位，一般与栅格同时使用
栅格		F7	在绘图区域出现栅格，一般与捕捉同时使用
正交		F8	控制光标水平或垂直移动，不能与极轴追踪同时使用
极轴		F10	光标移动到增量角的整数倍时出现辅助虚线，不能与正交同时使用
对象捕捉		F3	捕捉特殊点
对象追踪		F11	与捕捉的特殊点对齐，在对象捕捉开启的前提下进行
DUCS		—	允许/禁止动态 UCS
DYN		F12	在光标位置出现动态输入文本框
线宽		—	显示/隐藏线宽
QP		—	显示图层信息

AutoCAD 2010 及以上版本中新增了"几何约束"功能，利用该功能绘制图形时，可直接将线条限制为水平、垂直、同心、相切等特性，从而快速对图形进行编辑处理。选择【参数化】选项卡，在【几何】面板中单击相应的几何约束命令（图 3-6-15）或在命令栏行中执

图 3-6-15　【几何】面板

行 "geomconstraint" 命令，选择相应选项（图 3-6-16）即可对图形进行限制。共有 12 种几何约束功能，使用方法见表 3-6-10。

```
命令: GeomConstraint
输入约束类型
【水平 (H) /竖直 (V) /垂直 (P) /平行 (PA) /相切 (T) /平滑 (SM) /重合 (C) /同心 (CON) /共线 (COL) /对称 (S) /相等 (E) /固定 (F) 】
<平行>:
```

图 3-6-16　命令栏行执行 "geom constraint" 命令

表 3-6-10　几何约束功能及操作一览表

名称	图标	代码	功能	操作过程
水平	☰	h	使一条直线或一对点与当前用户坐标系（UCS）的 x 轴保持平行	单击需要约束的对象，对于样条曲线类对象需要选择"两点"选项进行约束
竖直	⫴	v	使一条直线或一对点与当前用户坐标系（UCS）的 y 轴保持平行	
垂直	⊾	p	使两条直线或多段线线段互相垂直	依次选择需要约束的直线或多段线线段，第二条线与第一条线垂直
平行	∥	pa	使两条直线保持互相平行，平行约束只能用于两对象之间	依次选择需要约束的直线，后一条直线与前一条直线平行
相切	⌔	r	使两条圆弧、圆或椭圆保持相切或与其延长线保持相切	依次选择需要约束的圆或圆弧，第二个对象与第一个对象相切
平滑	⤳	sm	使一条曲线、直线、圆弧或多段线保持几何连续	依次选择需要约束的对象，后一个对象将会平滑于前一个对象
重合	⤒	c	使一个点位于曲线或延长线上或使约束点与某个对象重合	依次选择需要约束的点，后一个对象与前一个对象重合
同心	◎	con	使圆、圆弧、椭圆保持在同一中心上	依次选择需要约束的圆或圆弧，第二个对象与第一个对象同心

续表

名称	图标	代码	功能	操作过程
共线	 ✓	col	使两条或多条直线位于同一条无限长的直线上	依次选择需要约束的直线，后一条直线与前一条直线共线
对称	 ⊏⊐	s	使对象上的两条曲线或两个点关于选定直线对称	依次选择需要约束的对象和对称直线，后一个对象与前一个对象关于对称直线对称
相等	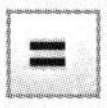 =	e	使两条直线或多段线线段长度相等或使圆弧半径相等	依次选择需要约束的对象，后一个对象将会等于前一个对象
固定	 🔒	f	将一个点或一条曲线固定到相对于世界坐标系（WCS）的指定位置和方向上	单击需要固定的图形对象

在绘制图形时，可能会出现圆或圆弧不光滑，呈现多边形状态的现象（图3-6-17），这是由于图形显示精度过小而产生的。可以打开【选项】对话框【显示】选项卡（图3-6-6），在右侧"显示精度"栏中调高"圆弧和圆的平滑度"的值，然后选择"视图"下拉菜单，单击"重生成"命令，使其生效。

当绘制的图形较复杂，在运用【对象捕捉】功能时，捕捉点未必是制图员想要捕捉的，这时可按"Tab"键切换捕捉点，光标捕捉的点会先后交替显示，其所属的图形也会变成虚线，为正确选择节点提供帮助。

一般来说，在绘图中能用修改、编辑命令完成的，尽量用修改、编辑命令而不用绘图命令，这样可以有效提高绘图的准确度，并且可以在一定程度上提高绘图效率。

3. 应用快捷键

在熟练掌握 AutoCAD 绘图功能的基础上，可通过使用快捷键进一步提高绘图速度。除以上各表中列出的快捷键外，还可以使用其他特定的功能键或组合快捷键，实现对某些功能的快速调用。主要的功能键和组合键见表3-6-11。AutoCAD 各命令的快捷键还可以通过单击【工具】下拉菜单【自定义】选项中的"编辑程序参数（acad.pgp）（P）"（图3-6-18），在"acad.pgp 记事本"中修改命令所对应的快捷键（记事本中前一列为快捷键，后一列为命令名称，见图3-6-19）。但是设置的快捷键不能与其他默认的快捷键重复，如复制命令（copy）的默认快捷键为"co"，不能将复制命令的快捷键简化为"c"，因为圆命令（circle）的默认快捷键为"c"。为方便记忆，可设置为"z"（"粘贴"的首字声母）或"k"（"拷贝"的首字声母）。一般根据个人习惯设定后，不随意改动快捷键。

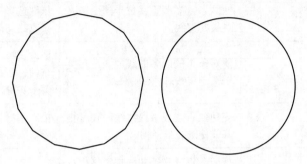

图 3-6-17　设置圆弧和圆的平滑度
左图为平滑度调整前，右图为平滑度调整后

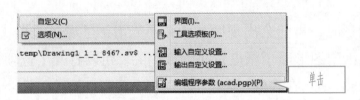

图 3-6-18 【自定义】选项

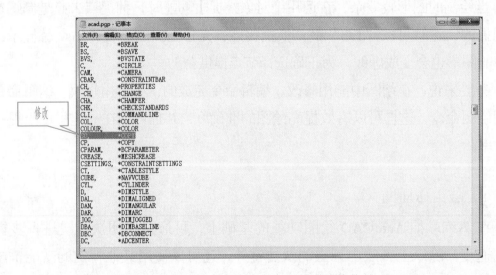

图 3-6-19　记事本修改命令所对应的快捷键

表 3-6-11　AutoCAD 的功能键和组合键

快捷键	功能	快捷键	功能
F1	显示 / 关闭帮助窗口	F4	控制使用图形输入板
F2	文本窗口开 / 关切换	F5	控制当前等距立体平面

续表

快捷键	功能	快捷键	功能
F6	动态坐标显示切换	Ctrl+M	打开选项对话框
Ctrl+1	打开特性对话框	Ctrl+P	打开打印对话框
Ctrl+2	打开图像资源管理器	Ctrl+S	保存文件
Ctrl+6	打开图像数据原子	Ctrl+X	剪切所选择的内容
Ctrl+C	将选择的对象复制到剪贴板上	Ctrl+Y	重做
Ctrl+V	粘贴剪贴板上的内容	Ctrl+Z	取消前一步的操作
Ctrl+K	超级链接	delete	删除
Ctrl+N	新建图形文件		

4．计算机制图需遵循的相关规定

（1）计算机制图的方向与指北针应符合下列规定：

① 平面图与总平面图的方向宜保持一致。

② 绘制正交平面图时，宜使定位轴线与图框边线平行（图 3-6-20）。

③ 绘制由几个局部正交区域组成且各区域互相斜交的平面图时，可选择其中任意一个正交区域的定位轴线与图框边线平行（图 3-6-21）。

④ 指北针应指向绘图区的顶部，并在整套图纸中保持一致（图 3-6-20）。

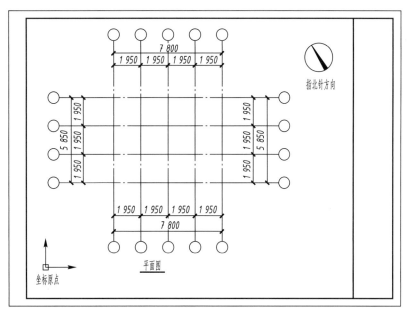

图 3-6-20　定位轴线与图框边线平行

（2）计算机制图的坐标系与原点应符合下列规定：

① 计算机制图时，可选择世界坐标系或用户定义坐标。

② 绘制总平面图工程中有特殊要求的图样时，也可使用大地坐标系。

③ 坐标原点的选择，宜使绘制的图样位于横向坐标轴的上方和纵向坐标轴的右侧并紧邻坐标原点（图 3-6-20、图 3-6-21）。

④ 在同一工程中，各专业应采用相同的坐标系与坐标原点。

（3）计算机制图的布局应符合下列规定：

① 计算机制图时，宜按照自下而上、自左至右的顺序排列图样；宜先布置主要图样，如平面图、立面图、剖面图等，再布置次要图样，如大样图、详图等。

② 表格、图纸说明宜布置在绘图区的右侧。

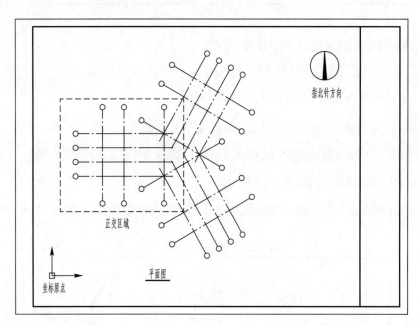

图 3-6-21　任意定位轴线与图框边线平行

五、标注文字、尺寸

标注文字和尺寸时，可以调用【常用】选项卡的【注释】面板或【注释】选项卡（图 3-6-22）中的命令，这些命令用来创建文字、表格，标注图形尺寸。文字、尺寸是图纸的重要内容，主要表示图形的尺寸、规格及其他图形无法表示的文字说明。

1. 使用文字和表格说明图形

注写文字可以用"单行文字"和"多行文字"两种命令方式进行。使用"单

【注释】面板

【注释】选项卡

图 3-6-22　调用"注释"命令

行文字"命令创建文字时，每一段文字都是一个独立的对象，通常在文字较少的情况使用；使用"多行文字"命令创建的文字则是一个整体，可对多行文字同时进行编辑，文字多少均可使用。注写文字时可按文字类型调用已设置好的文字样式，并设置文本段落和字高，一般在设置文字样式时字高默认为"0"，这样可以在注写时根据需要设置任意字高，否则注写的文字字高都按文字样式的字高显示，无法对其进行编辑。文字的字高设置要考虑出图时的实际字高，设置的字高应为出图时的实际字高乘以出图时比例尺的倍数。如要对已输入的文字做修改，双击需要修改的文字对象，并利用【文字编辑器】选项卡进行二次编辑即可（图 3-6-23）。

图 3-6-23　【文字编辑器】选项卡

　　插入、编辑表格的方法与 Microsoft Office Word 中插入、编辑表格的方法和过程相似，不同的是 AutoCAD 中首先要设置表格样式。设置时打开【表格样式】对话框（图 3-6-24），单击 新建(N)... 按钮，弹出【新建表格样式】对话框，表格样式设置在该对话框中进行（图 3-6-25），设置完毕后单击 确定 完成设置。制图员可以按实际需要插入、编辑表格。插入表格时通过【插入表格】对话框设置表格形式（图 3-6-26），编辑表格在【表格单元】选项卡中进行（图 3-6-27）。

2. 标注图形尺寸

　　进行尺寸标注时，除用上述方法激活标注命令外，还可调用【标注】工具栏选取标注方式（图 3-6-28）。常用的图形尺寸标注方式有线性标注、对齐标注、半径标注、直径标注、角度标注等，其主要功能和操作方法见表 3-6-12。

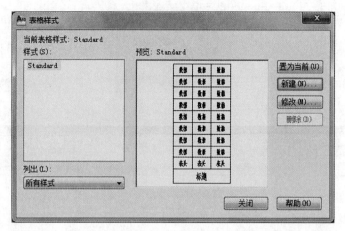

图 3-6-24 【表格样式】对话框

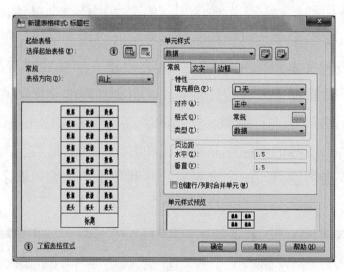

图 3-6-25 【新建表格样式】对话框

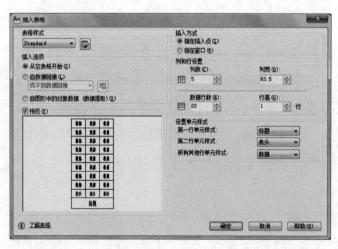

图 3-6-26 【插入表格】对话框

图 3-6-27 【表格单元】选项卡

图 3-6-28 【标注】工具栏

表 3-6-12　尺寸标注的类型、功能及操作方法一览表

名称	图标	功能	操作过程
线性标注	⊢	标注水平和垂直方向的长度尺寸	首先捕捉被标注线条的两个端点，指定标注尺寸的长度范围，然后在适当位置单击鼠标确定尺寸线的位置
对齐标注	⟍	标注非水平和垂直方向的长度尺寸	
半径标注	⊘	标注圆或圆弧的半径尺寸	首先选择被标注圆或圆弧，然后在适当位置单击鼠标确定尺寸线的位置
直径标注	⊘	标注圆或圆弧的直径尺寸	
角度标注	△	标注平面角度数	首先选择被标注角的两边，确定角的大小，然后在适当位置单击鼠标确定尺寸线的位置

　　为提高制图效率和准确性，在绘图过程中，尽量使用"基线标注""连续标注""快速标注""引线标注"等特殊标注命令，其主要功能和操作方法见表 3-6-13。

表 3-6-13　特殊尺寸标注的类型、功能及操作方法一览表

名称	图标	功能	操作过程
基线标注	⊢	以已有的尺寸标注为基准，从同一基线处标注多个尺寸，可以对线性尺寸和角度尺寸进行基线标注	首先选择基准尺寸，然后捕捉被标注线条的下一个端点即可。若后一标注仍以前一标注为基准，则继续捕捉下一个端点；若不是以前一标注为基准，则回车后按需选择
连续标注	⊞	以已有的尺寸标注为基准，快速标注出同一方向上的连续线性尺寸或角度尺寸，避免使用多次命令	
快速标注	⊟	选择图形轮廓快速标注各部位尺寸，可以对线性尺寸、角度尺寸、半径、直径进行快速标注	首先选择要标注的几何图形，然后输入尺寸类型，最后指定并调整尺寸线位置
引线标注	⌐	对图形进行引线说明	首先指定引线箭头位置，然后指定引线基线位置，标注文字或序号

六、查询对象信息

AutoCAD 提供查询功能，主要查询图形对象的时间、距离、面积、周长、列表和点坐标等信息，用来检查绘图结果。在实际工作过程中，查询可以辅助统计，为编制预算提供依据。各查询功能的主要类型、内容和操作方法见表 3-6-14。

表 3-6-14　查询功能的主要类型、内容及操作方法一览表

查询类型	查询内容	操作过程
查询时间	查询图形的日期和时间统计信息、图形的编辑时间、最后一次修改时间等信息	执行 time 命令或选择工具 / 查询 / 时间命令
查询状态	查询当前图形中对象的数目和当前空间中各种对象的类型	执行 status 命令或选择工具 / 查询 / 状态命令
查询对象列表	查询图形对象中各个点的坐标值、长度、宽度、高度、旋转、面积、周长及所在图层等信息	执行 list 命令或选择工具 / 查询 / 列表命令，选择对象后回车确认
查询距离	查询两点间的长度和角度	执行 dist（di）命令或选择工具 / 查询 / 距离命令，依次捕捉两点
查询面积及周长	查询图形的面积和周长	执行 area 命令或选择工具 / 查询 / 面积命令，捕捉图形各顶点或选择闭合对象
查询点坐标	查询点的坐标	执行 id 命令或选择工具 / 查询 / 点坐标命令，捕捉点

在命令栏行中输入命令"purge"或选择【文件】下拉菜单中【绘图实用程序】，单击【清理】命令，弹出【清理】对话框，选择"查看能清理的项目"，即可列出当前图形中未使用的、可被清理的命名对象（图 3-6-29）。选择要清理的项目，单击 清理(P) 按钮执行清理。也可单击 全部清理(A) 按钮，将未使用的项目全部清理。但是【清理】命令不会从块或锁定图层中删除长度为零的几何图形或空文字和多行文字对象。

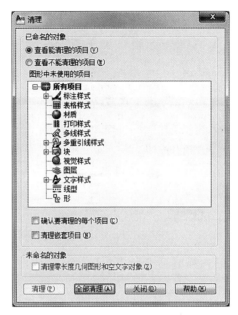

注意：绘图完毕后，可对图形中不使用的块、图层、线型、文字样式、标注样式、多线样式等对象进行清理，以减少图形占用空间。

图 3-6-29　【清理】对话框

七、保存图形文件

在绘图过程中，随时保存文件是一个良好的习惯。保存图形不一定是在图形绘制完成后才进行，在图形文件创建后或图形编辑过程中都可以对图形文件进行保存。保存文件的方法主要有直接保存、另存为和自动保存。

为了保障一些重要文件的安全性，可以将图形文件加密。操作步骤如下：

在【图形另存为】对话框中的【工具】下拉列表框中选择"安全选项"选项（图 3-6-30），然后在打开的【安全选项】对话框中设置密码即可（图 3-6-31）。

为文件解除密码可右键单击绘图区域打开【选项】对话框，单击【打开和保存】选项卡（图 3-6-32），然后单击"文件安全措施"栏中 安全选项(O)... 按钮，在打

图 3-6-30　【工具】下拉列表框

图 3-6-31　【安全选项】对话框

开的【安全选项】对话框的【密码】选项卡中的"用于打开此图形的密码或短语"文本框中输入设置的密码，单击 确定 按钮即可（图3-6-33）。

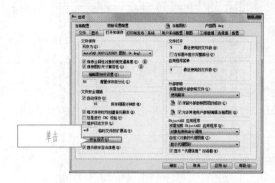

图 3-6-32 【打开和保存】选项卡

图 3-6-33 输入密码

八、计算机制图文件管理

1．一般规定

（1）计算机制图文件可分为工程图库文件和工程图纸文件。工程图库文件可在一个以上的工程中重复使用；工程图纸文件只能在一个工程中使用。

（2）建立合理的文件目录结构，可对计算机制图文件进行有效的管理和利用。

2．工程图纸编号

（1）工程图纸编号应符合下列规定：

① 工程图纸根据不同的子项（区段）、专业、阶段等进行编排，宜按照设计总说明、平面图、立面图、剖面图、详图、清单、简图等的顺序编号。

② 工程图纸编号应使用汉字、数字和连字符"-"的组合。

③ 在同一工程中，应使用统一的工程图纸编号格式，工程图纸编号应自始至终保持不变。

（2）工程图纸编号格式应符合下列规定：

① 工程图纸编号可由区段代码、专业缩写代码、阶段代码、类型代码、序列号、更改代码和更改版本序列号等组成（图3-6-34），其中区段代码、类型代码、更改代码和更改版本序列号可根据需要设置。区段代码与专业缩写代码、阶段代码与类型代码、序列号与更改代码之间用连字符"-"分隔开。

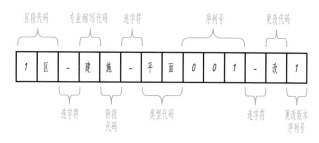

图 3-6-34 工程图纸编号组成

② 区段代码用于工程规模较大、需要划分子项或分区段时，区别不同的子项或分区，由 2 ~ 4 个汉字和数字组成。

③ 专业缩写代码用于说明专业类别，由 1 个汉字组成，园林专业代码可参照《房屋建筑制图统一标准》中"常用工程图纸编号与计算机制图文件名称举例"设置。

④ 阶段代码用于区别不同的设计阶段，由 1 个汉字组成，常用阶段代码见表 3-6-15。

表 3-6-15　常用阶段代码列表

设计阶段	阶段代码名称	英文阶段代码名称	备注
可行性研究	可	S	含预可行性研究阶段
方案设计	方	C	—
初步设计	初	P	含扩大初步设计阶段
施工图设计	施	W	—

⑤ 类型代码用于说明工程图纸的类型，由 2 个字符组成，常用类型代码见表 3-6-16。

表 3-6-16　常用类型代码列表

工程图纸文件类型	类型代码名称	英文类型代码名称
图纸目录	目录	CL
设计总说明	说明	NT
平面图	平面	PL

续表

工程图纸文件类型	类型代码名称	英文类型代码名称
立面图	立面	EL
剖面图	剖面	SC
大样图	大样	LS
详图	详图	DT
三维视图	三维	3D
清单	清单	SH
简图	简图	DG

⑥ 序列号用于标识同一类图纸的顺序，由001—999依次编排。

⑦ 更改代码用于标识某张图纸的变更图，用汉字"改"表示。

⑧ 更改版本序列号用于标识变更图的版次，由1—9依次编排。

3. 计算机制图文件命名

（1）工程图纸文件命名应符合以下规定：

① 工程图纸文件可根据不同的工程、子项或分区、专业、图纸类型等进行组织，命名规则应具有一定的逻辑关系，便于识别、记忆、操作和检索。

② 工程图纸文件名称应使用拉丁字母、数字、连字符"–"和井字符"#"的组合。

③ 在同一工程中，应使用统一的工程图纸文件名称格式，工程图纸文件名称应自始至终保持不变。

（2）工程图纸文件命名格式应符合下列规定：

① 工程图纸文件名称可由工程代码、专业代码、类型代码、用户定义代码和文件扩展名组成，其中工程代码和用户定义代码可根据需要设置，专业代码与类型代码之间用连字符"–"分隔开；用户定义代码与文件扩展名之间用小数点"."分隔开，AutoCAD的默认文件扩展名为DWG（图3-6-35）。

② 工程代码用于说明工程、子项或区段，可由2～5个字符和数字组成。

③ 专业代码用于说明专业类别，由1个字符组成，与工程图纸编号格式相统一。

④ 类型代码用于说明工程图纸文件的类型，由2个字符组成，与工程图纸编

号格式相统一。

⑤ 用户定义代码用于进一步说明工程图纸文件的类型，宜由 2 ~ 5 个字符和数字组成，其中前两个字符为标识同一类图纸文件的序列号，后两位字符表示工程图纸文件变更的范围与版次（图 3-6-36）。

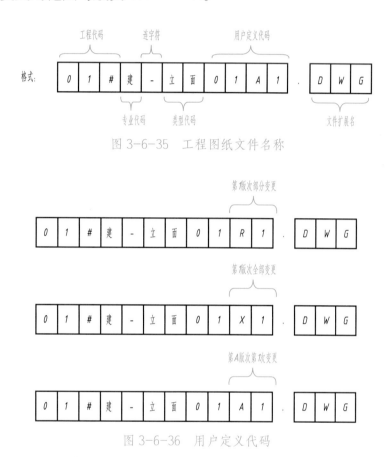

图 3-6-35　工程图纸文件名称

图 3-6-36　用户定义代码

4．计算机制图文件夹

（1）计算机制图文件夹可根据工程、设计阶段、专业、使用人和文件类型等进行组织。计算机制图文件夹的名称可以由用户或计算机制图软件定义，并应在工程上具有明确的逻辑关系，便于识别、记忆、管理和检索。

（2）计算机制图文件夹名称可使用汉字、拉丁字母、数字和连字符"–"的组合，但汉字与拉丁字母不得混用。

（3）在同一工程中，应使用统一的计算机制图文件夹命名格式，计算机制图文件夹名称应自始至终保持不变，且不得同时使用中文和英文的命名格式。

5. 计算机制图文件的使用与管理

（1）工程图纸文件应与工程图纸一一对应，以保证存档时工程图纸与计算机制图文件的一致性。

（2）计算机制图文件宜使用标准化的工程图库文件。

（3）文件备份应符合下列规定：

① 计算机制图文件应及时备份，避免文件及数据的意外损坏、丢失等。

② 计算机制图文件备份的时间和份数可根据具体情况自行确定，宜每日或每周备份一次。

（4）应采取定期备份、预防计算机病毒、在安全的设备中保存文件的副本、设置相应的文件访问与操作权限、文件加密，以及使用不间断电源（UPS）等保护措施，对计算机制图文件进行有效保护。

（5）计算机制图文件应及时归档。

任务实施

用 AutoCAD 软件绘制园林工程图

应用 AutoCAD 软件，绘制园林设计、施工图。要求：

（1）绘制图形符合相关规范要求，图形清晰、尺寸准确、图例使用正确、符合原图意图。

（2）灵活应用 AutoCAD 软件的绘图、修改、编辑命令，绘图效率高，在规定时间内保质保量完成。

（3）绘图环境、图层、文字样式、标注样式设置合理，满足绘图需要。

（4）图面布置合理，出图效果好。

（5）通过实践总结一套符合自身实际的 AutoCAD 绘图经验和技巧。

具体步骤如下：

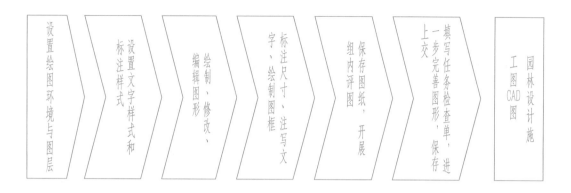

第一步　设置绘图环境与图层。

按制图需要、个人习惯和规范化标准要求，设置图形单位、图形界限、绘图区颜色、十字光标大小、工作空间。按绘制工程图纸需要新建图层，并设置图层颜色、线宽、线型。

第二步　设置文字样式和标注样式。

按制图需要和标注字体、尺寸相关要求，设置常用文字样式和线性尺寸标注样式。

第三步　绘制、修改、编辑图形。

按原图稿尺寸，以 1∶1 的比例抄绘原稿，编辑图形并修改图像相关特性。

第四步　标注尺寸、注写文字、绘制图框。

按规范化标准要求标注尺寸、注写文字，按出图要求绘制图框和标题栏。按相关要求布置图面。

第五步　保存图纸，开展组内评图。

将所绘工程图纸按要求保存成图，组内成员开展评图，找出图中错误，分析原因，探讨修改解决方案。

第六步　填写任务检查单（表 3-6-17），进一步完善图形，保存上交。

表 3-6-17 任务检查单

图纸名称				完成日期	
检查内容	完成要求	完成情况			
		学生自评、互评			教师修改意见及评分
		是	否	修改意见	
一、绘图准备和图形绘制、编辑	1. 设置以个人姓名命名的绘图环境，绘图环境设置合理（5分）				
	2. 图层设置合理，便于图形绘图与管理（5分）				
	3. 文字样式设置符合要求，能满足使用需要，文字注写规范，字高符合要求（5分）				
	4. 标注样式符合要求，标注清晰、规范、准确（15分）				
	5. 图形清晰、尺寸准确，图例使用正确，符合原图，使用命令合理，无多余线条（30分）				
	6. 线宽设置合理、线型使用规范（10分）				
	7. 各类符号画法符合标准，标注清晰、规范（10分）				
	8. 图面布置合理，出图效果好（5分）				
二、学习情况	在遇到问题时，能寻找解决问题的方案，顺利完成任务（5分）				
三、完成情况	绘图效率高，图形完整，能在规定时间内完成任务，完成质量好（10分）				
任务得分					
记录与反思					

任务 3.7　AutoCAD 图形输出

任务目标

知识目标：1. 掌握 AutoCAD 图形的导入和导出。

2. 理解 AutoCAD 图纸打印的方法与参数设置。

技能目标：1. 会将栅格图像插入 AutoCAD 图中进行描图调整。

2. 会将 AutoCAD 图输出到 Photoshop 中。

3. 会进行 AutoCAD 图纸打印设置与输出。

任务准备

一、AutoCAD 图形输出相关知识

在园林设计中，我们会需要把手绘方案草图用 Photoshop 软件制作成彩色平面图，或者用 3ds Max 软件制作成三维效果图，AutoCAD 软件可以起到桥梁的作用。通过扫描仪将草图输入电脑后，便可在 AutoCAD 软件中通过【光栅图像参照】命令打开，如同一张底图，描绘 AutoCAD 平面图就方便了很多。为了与实际尺寸一致，描图前可通过【距离】查询，将结果与实际尺寸对比，再通过【缩放】命令将该光栅图像放大或缩小。用 AutoCAD 将方案草图描出后，可以输出到 Photoshop 制作，也可以转到 3ds Max 建模。

AutoCAD 图形输出到 Photoshop 做效果图时，为了获得高分辨率的清晰底图，可以通过虚拟打印把 DWG 文件转成 EPS 文件输出。所谓虚拟打印，就是在 AutoCAD 中添加一个虚拟的打印机，可以使用它来输出文件，不同的打印机支持不同的打印输出格式。常见的格式有：jpg、pdf、eps、png 等。EPS 文件是大多数矢量绘图软件都能识别的比较通用的矢量文件，可以随意放大，适度编辑。

二、图形输出

AutoCAD 绘制图形完成后，尤其是方案设计图，常常会导入 Photoshop 软件进行后期处理，以增强表现效果。在 AutoCAD 2010 的图形文件格式中，只有".eps"格式可以与 Photoshop 进行数据交换，且 AutoCAD 与 Photoshop 软件之间的数据交换是单向的，即只能将 AutoCAD 图形文件输出为".eps"格式文件，使用 Photoshop 软件打开，但是不能使用 AutoCAD 软件打开 Photoshop 软件输出的图形文件。将 AutoCAD 图形文件输出为".eps"文件格式，主要是在【选项】对话框中添加一个绘图仪，然后通过打印输出实现。操作的主要步骤和要求如下：

（1）打开【选项】对话框，选择【打印和发布】选项卡，单击"新图形的默认打印设置"栏中的 添加或配置绘图仪(P)... 按钮（图 3-7-1）。

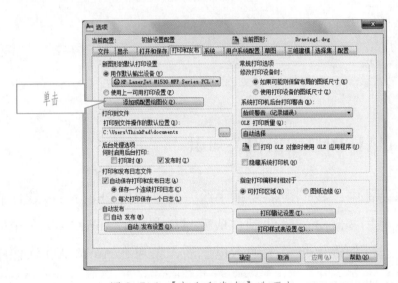

图 3-7-1 【打印和发布】选项卡

（2）在打开的对话框中双击"添加绘图仪向导"快捷图标，打开【添加绘图仪】对话框（图 3-7-2）。

（3）在【添加绘图仪 – 简介】对话框中直接单击 下一步(N)> 按钮，打开【添加绘图仪 – 开始】对话框（图 3-7-3）。

（4）在对话框中选中"我的电脑"单选按钮，单击 下一步(N)> 按钮，打开【添加绘图仪 – 绘图仪型号】对话框（图 3-7-4）。

（5）在对话框的【生产商】列表框中选择"Adobe"选项，在【型号】列表框中选择"PostScript Level 2"选项，单击 下一步(N)> 按钮（图 3-7-5）。

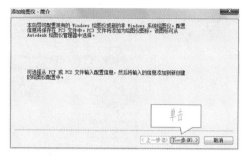

图 3-7-2 双击"添加绘图仪向导"快捷图标   图 3-7-3 【添加绘图仪 – 简介】对话框

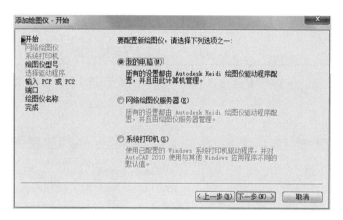

图 3-7-4 【添加绘图仪 – 开始】对话框

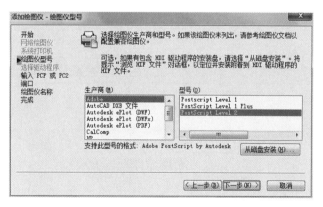

图 3-7-5 【添加绘图仪 – 绘图仪型号】对话框

（6）在打开的【添加绘图仪 – 输入 PCP 或 PC2】对话框中，直接单击
下一步(N) >按钮（图 3-7-6）。

（7）在【添加绘图仪 – 端口】对话框中选中"打印到文件"单选按钮，单击下一步(N)按钮（图3-7-7）。

（8）在打开的【添加绘图仪 – 绘图仪名称】对话框的【绘图仪名称】对话框中输入绘图仪名称为"EPS格式输出"，单击下一步(N)按钮，在打开的对话框中单击完成(F)按钮，完成绘图仪的添加（图3-7-8、图3-7-9）。

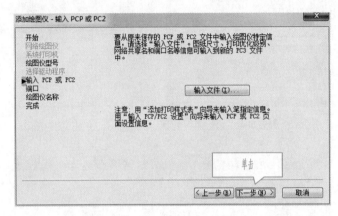

图3-7-6 【添加绘图仪 – 输入PCP或PC2】对话框

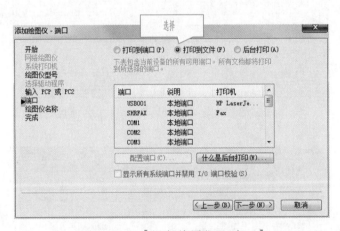

图3-7-7 【添加绘图仪 – 端口】

图3-7-8 【添加绘图仪 – 绘图仪名称】对话框

（9）返回到【选项】对话框中，单击 确定 按钮，返回绘图区。在应用程序中单击"打印"，在打开的【打印 – 模型】对话框的"打印机/绘图仪"栏的"名称"下拉列表框中选择"EPS 格式输出 .pc3"选项（图 3-7-10）。

（10）在打开的对话框中将"打印范围"设置为"窗口"，返回到绘图区中，框选需要打印的对象。

> **注意**：在 AutoCAD 2010 中导出的".eps"格式文件，用 Photoshop 软件打开后背景是透明色，并且图形处于顺时针旋转 90° 状态。需要制图员在 Photoshop 软件启动后，新建一个图层将其填充为其余颜色，并将图像逆时针旋转 90°，方便查看、编辑图形。

（11）返回【打印 – 模型】对话框，单击 确定 按钮，打开【浏览打印文件】对话框。在该对话框中找到需要保存文件的位置，在"文件名"文本框中输入文件名，以".eps"格式保存文件（图 3-7-11）。

（12）使用 Photoshop 软件打开该文件，对文件进一步处理。

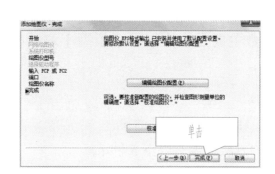

图 3-7-9 【添加绘图仪 – 完成】对话框

图 3-7-10 【打印 – 模型】对话框

图 3-7-11 【浏览打印文件】对话框

三、图纸打印

在打印图形前，需先设置打印参数。

设置打印参数主要是在【打印－模型】对话框中进行，设置打印参数的步骤和要求如下：

1．打开【打印－模型】对话框

打开对话框的方法主要有以下 5 种：

（1）在命令栏行中输入命令"PLOT"，按回车或空格键确认。

（2）单击应用程序按钮，在下拉菜单中选择"打印"命令。

（3）单击标题栏中的按钮。

（4）选择"文件"下拉菜单，单击"打印"命令。

（5）按"Ctrl+P"组合键。

2．选择打印设备

在【打印－模型】对话框"打印机／绘图仪"栏"名称"下拉列表框中选择打印设备（图 3-7-12）。

3．指定打印样式表

（1）在【打印－模型】对话框"打印样式表"下拉列表框中选择要使用的打印样式的选项（图 3-7-13）。

　　在"打印样式表"下拉列表框中选择打印样式表后，会自动打开一个"问题"提示框，提示制图员"是否将此打印样式表指定给所有布局？"（图 3-7-14），制图员可以根据打印要求单击 是(Y) 或 否(N) 按钮。如果在该下拉列表框中没有符合要求的打印样式，用户还可以选择其中的"新建"选项，创建一个新的打印样式。

　　（2）单击编辑按钮，打开【打印样式表编辑器】对话框（图 3-7-15），修改打印样式，设置图形对象在输出时的颜色、线型、线宽等特性。修改打印样式不影响图形对象的特性。

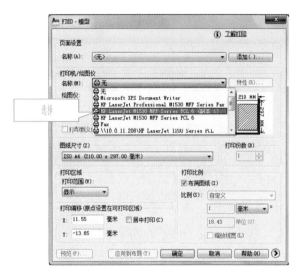

图 3-7-12　【打印－模型】对话框

图 3-7-13　"打印样式表"下拉列表框　　　　图 3-7-14　"问题"提示框

图 3-7-15 【打印样式表编辑器】对话框

4. 选择图纸大小

根据需要,在【打印-模型】对话框"图纸尺寸"下拉列表框中选择图纸(图3-7-16)。同一型号图纸有两个尺寸类型,前一数据为 x 轴尺寸,后一个数据为 y 轴尺寸。如 A4(210.00 mm×297.00 mm)长边垂直,为竖式 A4 图幅,A4(297.00 mm×210.00 mm)长边水平,为横式 A4 图幅。

图 3-7-16 "图纸尺寸"下拉列表框

5. 设置打印区域

在【打印-模型】对话框"打印区域"栏中设置打印区域。这是打印图形时必须设置的一个步骤。尤其当打印的图形文件中有多个图形时,合理设置打印区域可以更准确地打印出需要的图形。

"打印区域"栏中"打印范围"下拉列表框中有"窗口""图形界限""显示"三个选项(图3-7-17)。选择"窗口"选项,将返回绘图区,通过框选指定要打印的窗口,打印时只打印框选框内的图形对象。选择打印区域后,又立即返回【打印-模型】对话框,"打印范围"下拉列表框右侧会出现"窗口"按钮(图3-7-18),单击该按钮可以返回绘图区重新指定打印区域。选择"图形界限"选项,打印时会打印出绘制的图形界限内的所有图形对象。选择"显示"选项,打印时会打印模

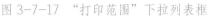

图 3-7-17　"打印范围"下拉列表框　　图 3-7-18　"窗口"按钮

型空间当前视口中或布局空间中当前图纸空间视图的图形对象。制图员可根据需要选择合理的打印区域类型。

6. 设置打印比例

在【打印 – 模型】对话框"打印比例"栏中设置图形的打印比例，设置打印比例是为了控制图形单位与打印单位之间的相对尺寸。

选择"布满图纸"复选框，打印的图形将布满所选尺寸的图纸。在未选择该复选框时，可以在"比例"下拉列表框、"毫米"和"单位"文本框中设置自定义比例因子。

（1）"比例"下拉列表框用于定义打印的比例，一般将缩放比例设置为 1∶1。

（2）"毫米"文本框中输入的数值是指定与单位数等价的英寸数、毫米数或像素数，指的是打印图纸的数值。

（3）"单位"文本框中输入的数值是指定与英寸数、毫米数或像素数等价的单位数，指的是计算机绘图时的数值。

如果是在"布局"选项卡中进行打印，则可以进行"缩放线宽"操作，选中该复选框，表示与打印比例成正比缩放线宽。一般的操作是：指定打印对象的线宽并按线宽尺寸打印而不考虑打印比例（图 3-7-19）。

图 3-7-19　设置打印比例

7. 设置打印方向

在【打印 – 模型】对话框"图形方向"栏中设置图形的打印方向，主要通过选中该栏中的单选按钮或复选框来设置。图纸图标代表所选图纸的介质方向，字母图标代表图形在图纸上的方向（图 3-7-20）。

选择"纵向"单选按钮，打印时将图纸的短边作为图形页面的顶部进行打印。

选择"横向"单选按钮，打印时将图纸的长边作为图形页面的顶部进行打印。

选择"上下颠倒打印"复选框，打印时图形在图纸上倒置，相当于将图形旋转 180°。

8. 设置打印偏移

打印偏移是指打印时移动图形在图纸中的位置，在【打印 – 模型】对话框"打印偏移"栏中设置偏移量，主要包括 X 和 Y 方向的偏移量或选择居中打印方式（图 3-7-21）。

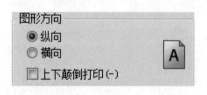

图 3-7-20　设置打印方向

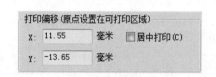

图 3-7-21　设置打印偏移

在"X"数值框内输入的数值表示打印原点在 X 轴即水平方向的偏移量。

在"Y"数值框内输入的数值表示打印原点在 Y 轴即垂直方向的偏移量。

选择"居中打印"复选框后，将会把图形打印到图纸的正中间，系统自动计算出 X 轴和 Y 轴的偏移值。

完成打印机参数设置后，可以将其保存，在使用相同的打印参数打印多个图形文件时，可以直接调用。

任务实施

一、栅格图描图

AutoCAD 中插入图片描图，具体步骤如下：

第一步　插入图片。

单击下拉菜单：【插入】→【光栅图像参照】，在弹出的对话框中选择要插入的图像文件，单击【打开】。打开后在弹出的【附着图像】对话框中分别确定插入图片的插入点、缩放比例、旋转角度等选项，单击【确定】后开始插入图片（图 3-7-22、图 3-7-23）。

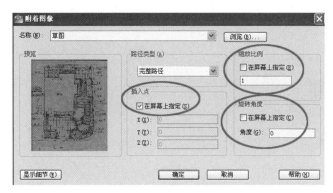

图 3-7-22　附着图像

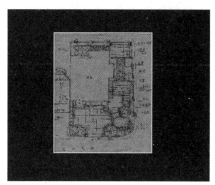

图 3-7-23　插入图片

第二步　调整图片大小。

用【距离】命令查询图片尺寸，与实际尺寸对比，再通过【缩放】命令将图片放大或缩小。也可以通过图形【对齐】命令进行图形大小的调整。

第三步　描图

用【直线】、【矩形】、【圆弧】、【样条曲线】等命令在草图上绘制图形（图 3-7-24）。

第四步　删除图片并保存文件。

绘制完毕后将图片删除，检查调整图形并保存文件，描图完成（图 3-7-25）。

> **注意**：描图过程中，如果图形被图片所覆盖，可以通过点击下拉菜单：【工具】→【绘图次序】命令来调整上下关系。

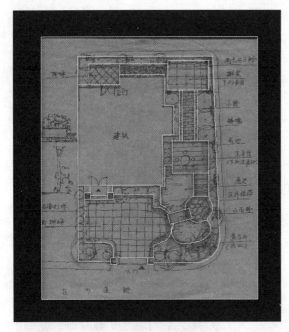
图 3-7-24 描图

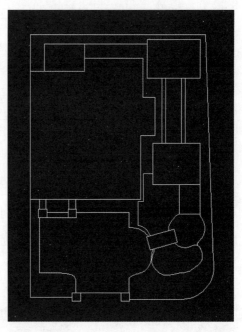
图 3-7-25 描图完成

二、AutoCAD 图纸虚拟打印

AutoCAD 图纸虚拟打印，具体步骤如下：

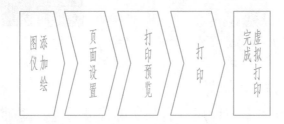

第一步 添加绘图仪。

点击下拉菜单：【文件】→【绘图仪管理器】，在弹出的对话框中双击【添加绘图仪向导】，按【下一步】直到【添加绘图仪－绘图仪型号】，生产商选择Adobe，型号选择 Postscript Level 2。按【下一步】直到【添加绘图仪－端口】，选择【打印到文件】。接着按【下一步】直到虚拟打印机安装完成（图 3-7-26至图 3-7-28）。

第二步 页面设置。

（1）打开图形文件，点击下拉菜单：【文件】→【页面设置管理器】，弹出【页面设置管理器】对话框（图 3-7-29）。单击【修改】按钮，弹出【页面设置－模型】对话框，在【打印机／绘图仪】组合选框中选择"Postscript Level 2"型号的绘图仪，

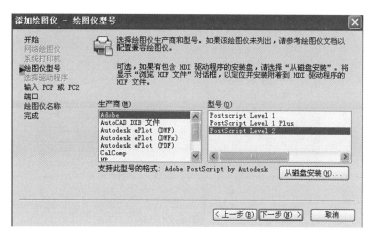

图 3-7-26　添加绘图仪

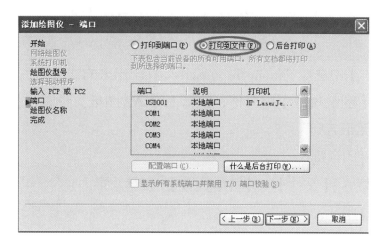

图 3-7-27　端口设置

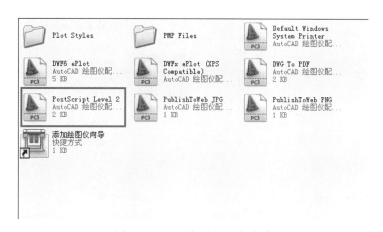

图 3-7-28　绘图仪添加完成

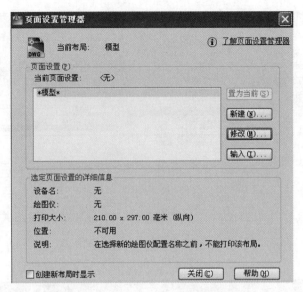

图 3-7-29　页面设置管理器

在【打印样式表】中选择"monochrome.ctb",打印出来的线条为黑色（图 3-7-30）。

（2）单击【图纸尺寸】组合框,选择 ISO A2 图纸,设置"打印偏移""打印比例"及"图形方向"（图 3-7-31）。

第三步　打印预览。

点击下拉菜单:【文件】→【打印预览】,预览效果。

第四步　打印。

图 3-7-30　选择绘图仪和打印样式表

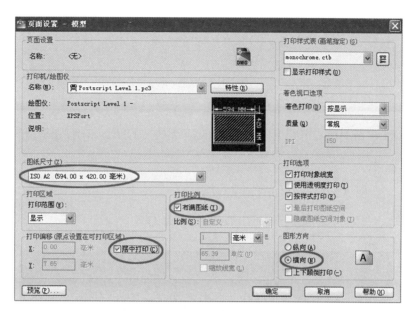

图 3-7-31　打印设置

点击下拉菜单:【文件】→【打印】，单击【确定】后将打印出来的 EPS 文件保存至电脑磁盘，虚拟打印完成（图 3-7-32、图 3-7-33）。

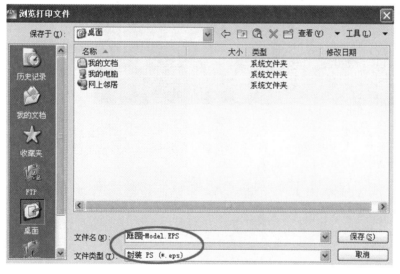

图 3-7-32　打印输出

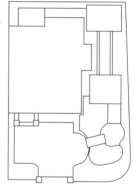

图 3-7-33　虚拟打印
完成

三、AutoCAD 图纸打印

AutoCAD 图纸打印，具体步骤如下：

要在模型空间中打印输出图形，必须先在模型空间中设置打印页面，然后才能打印输出。

第一步 绘制 A2 图框并制作成图块。

新建图纸，绘制 A2 图框并制作成外部块保存（图 3-7-34）。

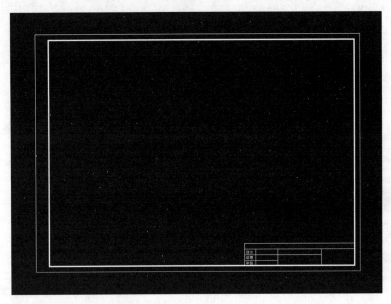

图 3-7-34 绘制 A2 图框

第二步 插入图框并调整。

打开需要打印的图，用【插入块】命令插入 A2 图框，将其扩大 50 倍，调整好位置并填写相关信息（图 3-7-35、图 3-7-36）。

第三步 打印页面设置。

（1）点击下拉菜单：【文件】→【页面设置管理器】，弹出【页面设置管理器】对话框，单击【修改】按钮，弹出【页面设置-模型】对话框。在【打印机／绘图仪】组合选框中选择"DWF6 ePlot.pc3"型号的绘图仪，在【打印样式表】中选择"acad.ctb"（图 3-7-37）。

（2）单击【打印机／绘图仪】组合框中的【特性】按钮，在弹出的【绘图仪配置编辑器】对话框中的【设备和文档设置】选项卡中，单击【修改标准图

图 3-7-35　插入块

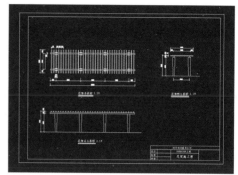

图 3-7-36　插入图框

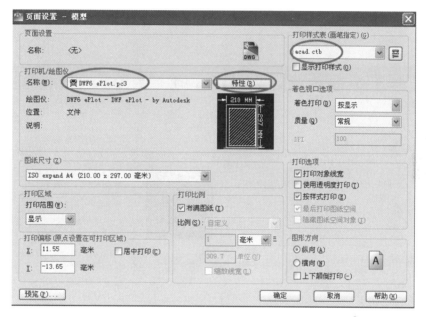

图 3-7-37　选择绘图仪和打印样式表

纸尺寸（可打印区域）】项。在下面的"修改标准图纸尺寸"列表框中选择 ISO A2（图3-7-38）。单击【修改】按钮，弹出【自定义图纸尺寸 – 可打印区域】对话框，将四边的非打印区域均设为"0"（图 3-7-39），完成图纸尺寸的修改。

（3）返回【页面设置—模型】对话框，打开【图纸尺寸】组合框，选择 ISO A2 图纸，设置"打印范围"为"窗口"，在模型空间中框选打印范围。接着再进行"打印偏移""打印比例"及"图形方向"的设置（图 3-7-40）。

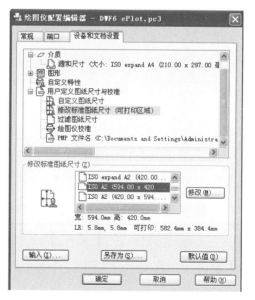

图 3-7-38　绘图仪配置编辑器

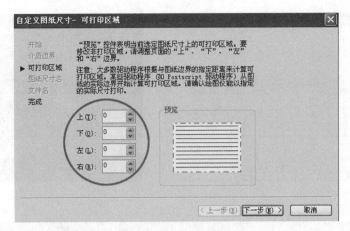

图 3-7-39　修改标准图纸尺寸

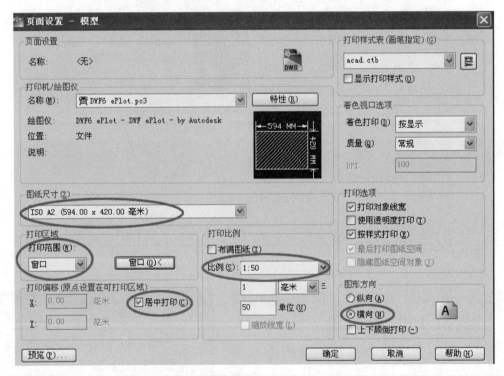

图 3-7-40　打印设置

第四步　打印预览。

点击下拉菜单 :【文件】→【打印预览】, 预览效果。

第五步　打印。

点击下拉菜单 :【文件】→【打印】, 单击【确定】后将打印出来的 DWF 文件保存至电脑磁盘, 图纸打印完成 (图 3-7-41, 图 3-7-42)。

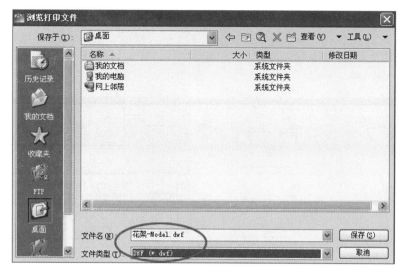

图 3-7-41　打印输出

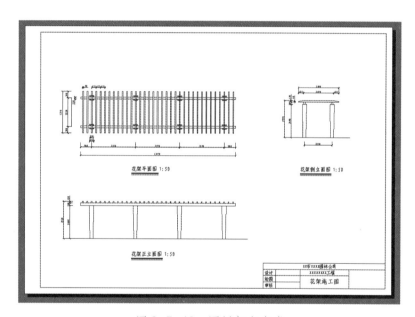

图 3-7-42　图纸打印完成

注意：（1）在【打印机／绘图仪】选框中如果选择与电脑连接的实体打印机，执行【打印】命令后将直接输出图纸。

（2）DWF 文件是由 Autodesk 开发的一种开放、安全的文件格式，它可以将丰富的设计数据高效率地分发给需要查看、评审或打印这些数据的任何人。DWF 文件的打开和查看需要用到相关的软件。

项目小结

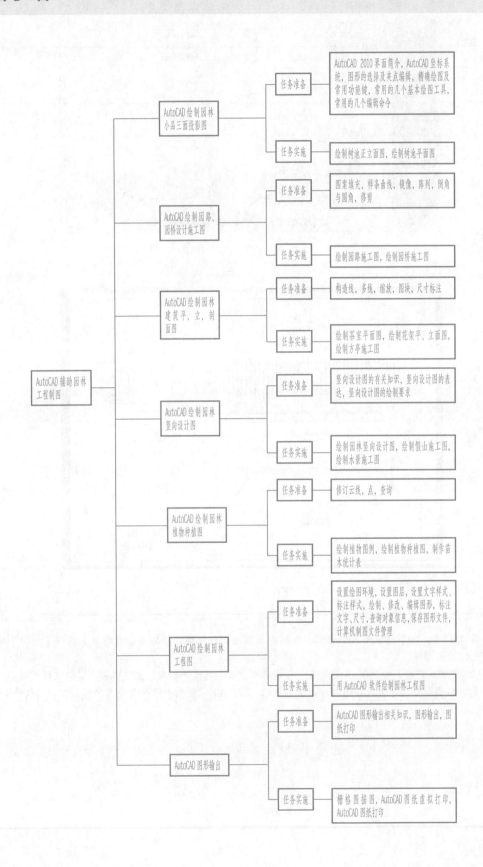

AutoCAD 辅助园林工程制图

- AutoCAD 绘制园林小品三面投影图
  - 任务准备：AutoCAD 2010界面简介，AutoCAD坐标系统，图形的选择及夹点编辑，精确绘图及常用功能键，常用的几个基本绘图工具，常用的几个编辑命令
  - 任务实施：绘制树池正立面图，绘制树池平面图
- AutoCAD 绘制园路、园桥设计施工图
  - 任务准备：图案填充，样条曲线，镜像，阵列，倒角与圆角，修剪
  - 任务实施：绘制园路施工图，绘制园桥施工图
- AutoCAD 绘制园林建筑平、立、剖面图
  - 任务准备：构造线，多线，缩放，图块，尺寸标注
  - 任务实施：绘制茶室平面图，绘制花架平、立面图，绘制方亭施工图
- AutoCAD 绘制园林竖向设计图
  - 任务准备：竖向设计图的有关知识，竖向设计图的表达，竖向设计图的绘制要求
  - 任务实施：绘制园林竖向设计图，绘制假山施工图，绘制水景施工图
- AutoCAD 绘制园林植物种植图
  - 任务准备：修订云线，点，查询
  - 任务实施：绘制植物图例，绘制植物种植图，制作苗木统计表
- AutoCAD 绘制园林工程图
  - 任务准备：设置绘图环境，设置图层，设置文字样式、标注样式，绘制、修改、编辑图形，标注文字、尺寸，查询对象信息，保存图形文件，计算机制图文件管理
  - 任务实施：用 AutoCAD 软件绘制园林工程图
- AutoCAD 图形输出
  - 任务准备：AutoCAD 图形输出相关知识，图形输出，图纸打印
  - 任务实施：栅格图描图，AutoCAD 图纸虚拟打印，AutoCAD 图纸打印

项目测试

一、完成如下水池平面图（图形文件见学习卡"3- 水池平面大样 .dwg"）

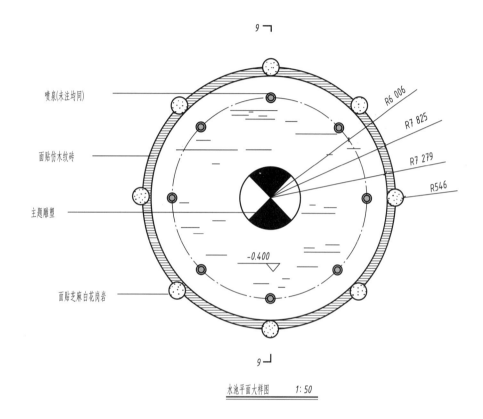

水池平面大样图　　　1:50

二、完成如下水池剖图大样图（图形文件见学习卡"3- 水池剖面大样 .dwg"）

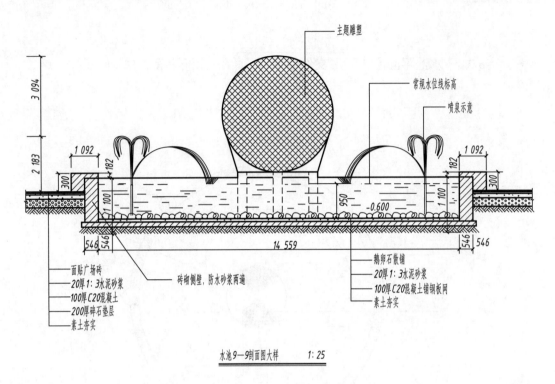

主题雕塑

常规水位线标高

喷泉示意

面贴广场砖
20厚1：3水泥砂浆
100厚C20混凝土
200厚碎石垫层
素土夯实

砖砌侧壁，防水砂浆两遍

鹅卵石散铺
20厚1：3水泥砂浆
100厚C20混凝土铺钢板网
素土夯实

水池9—9剖面图大样　　1：25

三、打开"3- 别墅平面原始图 .dwg"，完成效果参照"3- 别墅平面完成 .dwg"（见学习卡）

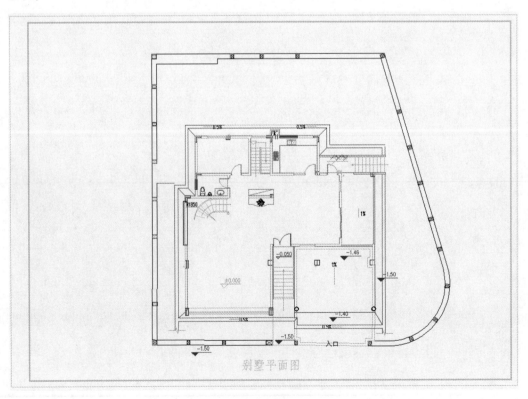

别墅平面图

四、完成效果参照"3- 别墅平面完成 .dwg"（见学习卡）

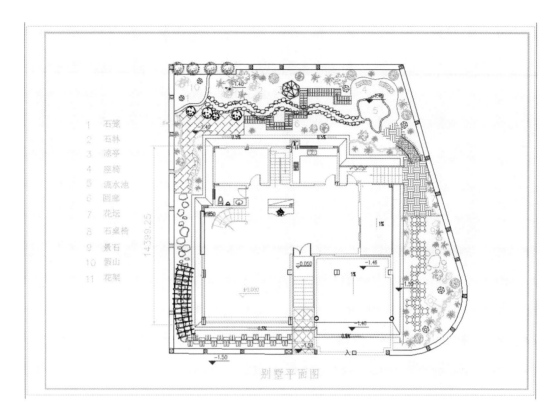

1　石笼
2　石林
3　凉亭
4　座椅
5　流水池
6　回廊
7　花坛
8　石桌椅
9　景石
10　假山
11　花架

别墅平面图

参 考 文 献

[1] 王玲,高会东. AutoCAD2008 中文版园林设计全攻略. 北京:电子工业出版社，2007

[2] 陈敏，赵景伟，刘文栋. 聚焦 AutoCAD2008 之园林设计. 北京：电子工业出版社，2009

[3] 郭耀邦，王小林. 园林绿化识图与 CAD 绘图. 北京：高等教育出版社，2012

[4] 史小娟. 园林制图与计算机绘图. 北京：中国劳动社会保障出版社，2008

[5] 常会宁. 园林计算机辅助设计. 北京：高等教育出版社，2004

[6] 陈瑜. 园林计算机制图. 2 版. 北京：高等教育出版社，2013

[7] 周业生. 园林制图. 北京：高等教育出版社，2001

[8] 麓山文化. 中文版 AutoCAD 园林设计与施工图绘制实例教程. 北京：机械工业出版社，2011

[9] 黄东兵. 园林绿地规划设计. 2 版. 北京：高等教育出版社，2012

[10] 刘卫斌. 园林工程. 北京：中国科学技术出版社，2003

[11] 董南，园林制图. 北京：高等教育出版社，2005

[12] 吴机际. 园林制图. 广州：华南理工大学出版社，2006

[13] 黄晖. 园林制图. 重庆：重庆大学出版社，2006

[14] 张淑英. 园林制图. 北京：中国科学技术出版社，2003

郑重声明

高等教育出版社依法对本书享有专有出版权。任何未经许可的复制、销售行为均违反《中华人民共和国著作权法》，其行为人将承担相应的民事责任和行政责任；构成犯罪的，将被依法追究刑事责任。为了维护市场秩序，保护读者的合法权益，避免读者误用盗版书造成不良后果，我社将配合行政执法部门和司法机关对违法犯罪的单位和个人进行严厉打击。社会各界人士如发现上述侵权行为，希望及时举报，我社将奖励举报有功人员。

反盗版举报电话　（010）58581999　58582371

反盗版举报邮箱　dd@hep.com.cn

通信地址　北京市西城区德外大街4号　高等教育出版社法律事务部

邮政编码　100120

读者意见反馈

为收集对教材的意见建议，进一步完善教材编写并做好服务工作，读者可将对本教材的意见建议通过如下渠道反馈至我社。

咨询电话　400-810-0598

反馈邮箱　zz_dzyj@pub.hep.cn

通信地址　北京市朝阳区惠新东街4号富盛大厦1座
　　　　　高等教育出版社总编辑办公室

邮政编码　100029

防伪查询说明

用户购书后刮开封底防伪涂层，使用手机微信等软件扫描二维码，会跳转至防伪查询网页，获得所购图书详细信息。

防伪客服电话

（010）58582300

学习卡账号使用说明

一、注册/登录

访问http://abook.hep.com.cn/sve，点击"注册"，在注册页面输入用户名、密码及常用的邮箱进行注册。已注册的用户直接输入用户名和密码登录即可进入"我的课程"页面。

二、课程绑定

点击"我的课程"页面右上方"绑定课程"，在"明码"框中正确输入教材封底防伪标签上的20位数字，点击"确定"完成课程绑定。

三、访问课程

在"正在学习"列表中选择已绑定的课程，点击"进入课程"即可浏览或下载与本书配套的课程资源。刚绑定的课程请在"申请学习"列表中选择相应课程并点击"进入课程"。

如有账号问题，请发邮件至：4a_admin_zz@pub.hep.cn。